溪洛渡水电站

特高拱坝建设管理创新与实践

中国三峡建工（集团）有限公司 编著

中国三峡出版传媒
中国三峡出版社

图书在版编目（C I P）数据

溪洛渡水电站特高拱坝建设管理创新与实践 / 中国三峡建工（集团）有限公司编著.
— 北京 : 中国三峡出版社, 2022.12
ISBN 978-7-5206-0262-4

Ⅰ. ①溪… Ⅱ. ①中… Ⅲ. ①水电站－高坝－拱坝－水利建设
②水电站－高坝－拱坝－水利管理 Ⅳ. ①TV642.4

中国版本图书馆CIP数据核字(2022)第254618号

责任编辑：彭新岸

中国三峡出版社出版发行
（北京市通州区新华北街 156 号　101100）
电话：（010）57082645　57082577
http://media. ctg. com. cn

北京世纪恒宇印刷有限公司印刷　新华书店经销
2022 年 12月第 1 版　2022 年 12月第 1 次印刷
开本：787毫米×1092毫米 1/16　印张：12.5
字数：320千字
ISBN 978-7-5206-0262-4　定价：90.00 元

《溪洛渡水电站特高拱坝建设管理创新与实践》

编　委　会

前　言

溪洛渡水电站是中国第三大、世界第四大水电站。电站位于四川省雷波县和云南省永善县接壤的金沙江峡谷河段，是国家“西电东送”的骨干电源之一，工程以发电为主，兼有防洪、拦沙、改善下游河段通航条件等综合利用效益。工程由混凝土双曲拱坝、泄洪消能设施、引水发电建筑物等组成，拱坝最大坝高285.5m，电站最大装机容量1 386万kW，也是世界上首座建成的千万千瓦级高拱坝电站。电站具有高拱坝、高烈度、大泄量、大洞室等特点，其地震设防标准、泄洪功率、坝基地质条件及坝身结构复杂程度均为世界特高拱坝之最，仅水推力一项，就高达1400万t。地震设防标准0.355g、坝身泄洪流量32 255m^3/s及泄洪功率位居世界特高拱坝之首，大坝结构复杂程度（4层25孔口）为世界拱坝之最，综合技术难度极大。

2004年6月，中国长江三峡集团公司的前身——中国长江三峡工程开发总公司成立溪洛渡工程建设部，全面负责溪洛渡水电站建设管理工作。溪洛渡水电站建设期间，溪洛渡工程建设部会同参建各方，按照“五控制、一综合”（质量、安全、环保、进度、造价控制，施工区综合治理）管理要求，全力做好现场建设管理工作。一方面，以建设“世界一流精品工程”为目标，坚持“零质量事故、零安全事故”双零目标要求，遵循“精细管理、和谐发展、追求卓越”的质量管理理念，不断完善管理体系，持续改进施工工艺；另一方面，以问题为导向开展技术攻关和科技创新工作，成功攻克超大型复杂围堰群拆除爆破、拱肩槽边坡开挖爆破高精控制、300m级特高拱坝智能化建设和安全控制、低热硅酸盐水泥混凝土特性与应用、大坝混凝土温控防裂、大流量高流速泄洪洞群建设、地下洞室群围岩稳定、巨型机组地下厂房洞室群安全环保高效建设、770MW水轮发电机组研制、工程建设全过程数字化动态管控等一系列重大关键技术难题，取得了丰富的创新成果，实现了工程优良质量与安全稳定运行，打造了水电行业典范。

本书针对特高拱坝建设过程中坝肩开挖、基础处理、混凝土原材料选择、大坝混凝土施工、温控防裂、数字大坝建设等难题，开展了管理创新和技术科技攻关，取得了一系列创新成果，保证溪洛渡水电站特高拱坝优质、按期建成。本书内容全面，既有传统施工工艺工法，也涉及多学科交叉，涵盖物联网、移动通信、三维仿真、预警预判和决策支持等多种技术，为特高拱坝施工期质量控制、温控防裂等提供了科技支撑和系统解决方案，也可为相关领域人员提供一定参考和借鉴。

由于施工工艺工法、理论技术发展的阶段性和局限性，以及作者的学识和水平有限，书中不足之处在所难免，恳请读者批评指正。

作　者

2022年8月于溪洛渡工地

目　录

1 概　论

1.1 枢纽简介

溪洛渡水电站位于四川省雷波县与云南省永善县接壤的金沙江溪洛渡峡谷中，下游距四川省宜宾市184km（河道里程），左岸距四川省雷波县城约15km，右岸距云南省永善县城约8km。溪洛渡水电站坝址原貌见图1-1。

图1-1　溪洛渡水电站坝址原貌

溪洛渡水电站枢纽由拦河大坝、泄洪建筑物、引水发电建筑物等组成。拦河大坝为混凝土双曲拱坝，最大坝高285.50m；泄洪建筑物采取“分散泄洪、分区消能”的布置原则，在坝身布设7个表孔、8个深孔与两岸4条泄洪洞共同泄洪，坝后设有水垫塘消能；发电厂房为地下式，分设在左、右两岸山体内，各安装9台单机容量为770MW的水轮发电机组，总装机容量13 860MW。施工期左、右岸各布置有3条导流隧洞，其中左、右岸各2条与厂房尾水洞结合。溪洛渡水电站枢纽布置三维图见图1-2。

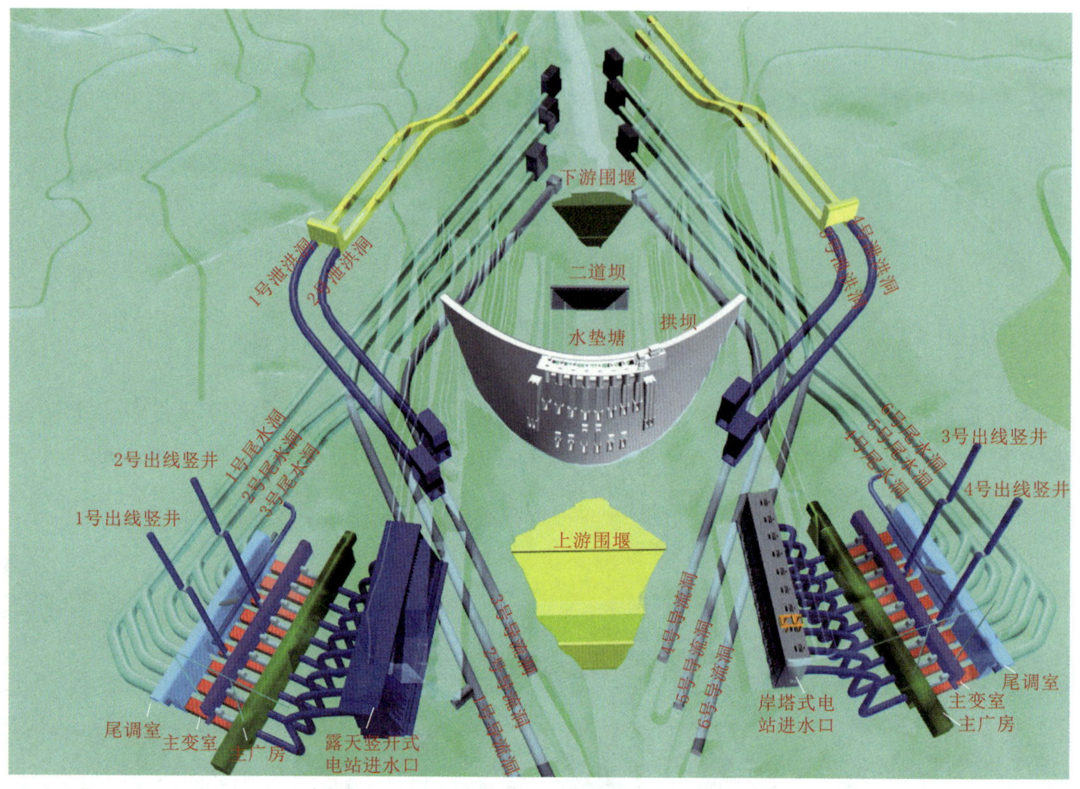

图 1-2　溪洛渡水电站枢纽布置三维图

1.2　大坝工程概况

溪洛渡水电站大坝为混凝土双曲拱坝，建基面最低高程 324.50m，坝顶高程 610.00m，最大坝高 285.50m，坝顶拱冠厚度 14.00m，坝底拱冠厚度 60.00m，最大中心角 95.58°，顶拱中心线弧长 681.51m，厚高比 0.210，弧高比 2.387。溪洛渡大坝基本体型见图 1-3。

溪洛渡水电站大坝从左岸至右岸依次划分为 1~31 号坝段，左岸共计 3 个置换混凝土区，右岸共计 5 个置换混凝土区。

坝身布设 7 个表孔、8 个深孔，与两岸 4 条泄洪洞共同宣泄洪水。坝顶溢流表孔对称布置于溢流中心线两侧，7 个表孔在平面上呈圆弧形布置，表孔堰顶处控制点轨迹线平面半径为 283.00m，控制断面尺寸 12.50m×13.50m（宽×高），溢流前缘总宽 156.50m，堰顶高程 586.50m，设弧形工作闸门挡水，相邻孔口由 11.50m 宽的闸墩隔开。表孔溢流堰面采用 WES 溢流曲线，溢流表孔沿纵向采用平面扩散布置，表孔末端出口型式采用俯角大差动连续式鼻坎加分流齿坎的消能工。8 个泄洪深孔沿溢流中心线对称布置，进口堰顶高程分别为 502.80m、499.30m、495.70m、490.70m，深孔进口尺寸为 5.20m×14.00m（宽×高），进水口为喇叭形，孔顶采用椭圆曲线，体型设计采用“压力上翘型并结合下弯型”，深孔出口为俯角的孔身采用下弯型，为挑角的孔身采用上翘型，深孔出口控制断面尺寸 6.00m×6.70m（宽×高），出口底高程 499.50~501.00m，工作水头 100.00m，进口段设事故检修闸门，出口设弧形工作闸门。

坝身临时导流底孔分别设置在高程 410.00m、450.00m。其中在 13～18 号坝段内高程 410.00m 布置了 6 个临时导流底孔（1～6 号），孔口尺寸 5.00m×10.00m（宽×高），采用坝面收缩型压力进口段，进口上缘采用椭圆曲线，孔身段为平底直线型，洞身不扩散。1～6 号临时导流底孔上游进口设平板闸门，尺寸 5.00m×14.74m（宽×高）。3、4 号临时导流底孔下游出口设弧形闸门，尺寸 5.00m×10.00m（宽×高）。在 11、20 号坝段 450.00m 高程分别布置 2 个临时导流底孔（7、8 号，9、10 号），孔口尺寸均为 3.50m×8.00m（宽×高），采用坝面收缩型压力进口段，进口上缘采用椭圆曲线，孔身段为平底直线型，洞身不扩散。7～10 号临时导流底孔上游进口设平板闸门，尺寸 3.50m×12.17m（宽×高），下游出口设弧形闸门，尺寸 3.50m×8.00m（宽×高）。

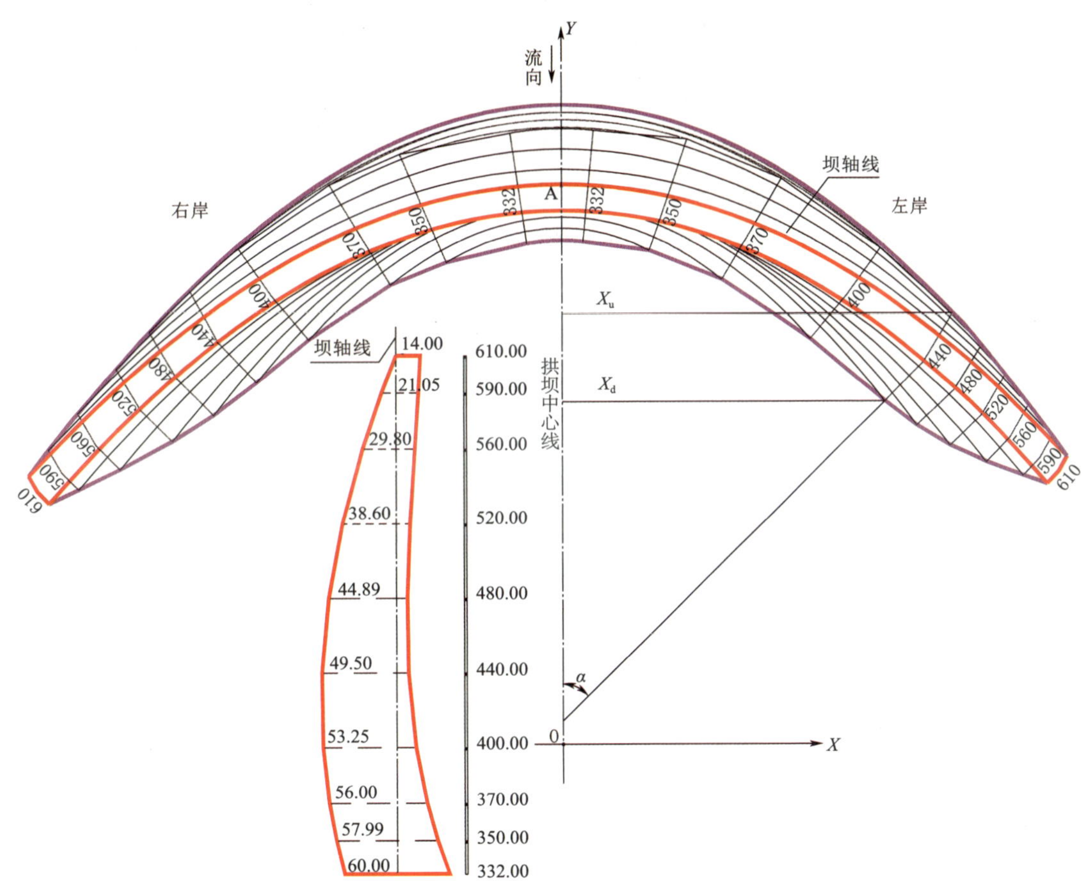

图 1-3 溪洛渡大坝基本体型图（单位：m）

为提高坝基的均匀性和整体性，增强基础的承载能力和防渗效果，对拱坝全坝基进行固结灌浆处理，并采取斜孔方式向坝踵上游和坝趾下游外各延伸 5.00m 和 10.00m 左右（水平投影距离）的扩大固结灌浆区。固结灌浆分为常规灌浆和加密灌浆两大类。常规灌浆主要用于对坝基各级岩体；加密灌浆主要针对层间、层内错动带。

大坝防渗帷幕中心线在坝体内近似平行于拱坝轴线，在坝头分别折向上游与厂前帷幕接为一体。大坝防渗帷幕灌浆主要在基础廊道和灌浆平洞内完成，部分在坝顶公路上完成。各层灌浆平洞之间的高差在 36.00～75.00m 之间。河床坝基对于中等偏强透水带（$q \geq$ 30.00Lu）区域采用三排帷幕灌浆，其他区域采用两排帷幕灌浆。对于三排帷幕灌浆，其中一排为主帷幕，孔深约 167.00m，孔底高程 180.50m，其余两排为副帷幕（深度为 2/3 主帷幕），孔深约 117.00m，孔底高程 230.00m。两岸岸坡高程 347.00～563.00m 间采用两排或三排灌浆孔；高程 563.00～610.00m 间采用一排灌浆孔。终孔孔距为 2.00m，三排孔排距 1.30m，两排孔排距 1.50m。

大坝排水系统由大坝坝基下第一道横向排水幕、坝趾处第二道排水幕以及左右岸坝肩山体内各两道纵向排水幕和四道横向排水幕组成，除坝趾处第二道排水幕在坝趾贴角平台实施外，其他各道排水幕均分别在五个高程的排水平洞内实施。坝基排水幕最大深度 72.00m，排水孔孔径均采用 ϕ110.00mm。坝基排水幕由一排排水孔形成，孔距 3.00m；坝趾处排水幕由一排排水孔形成，孔距 5.00m；抗力体内排水幕由三排排水孔形成，孔距 5.00m，排距 0.50m。

1～5 号及 25～31 号坝段的混凝土与建基面基岩之间以及所有浇筑混凝土与岩石开挖面之间坡度大于 50°～60°的陡壁面，均须结合坝基固结灌浆和帷幕灌浆进行接触灌浆。

水垫塘和二道坝作为溪洛渡工程重要的消能建筑物，承担设计泄洪流量为 32 278.00m^3/s 的大流量消能，要承受强大的动水冲击压力和脉动压力。设计水垫塘为复式梯形断面，底宽 60.00m，底板厚 4.00m，表面 60cm 范围内采用抗冲磨硅粉混凝土；二道坝为重力坝梯形断面，坝顶高程 386.00m，最大坝高 52.00m，共分 8 个坝段，含有固结/帷幕灌浆、洞井开挖支护等施工项目。

溪洛渡水电站大坝工程特性见表 1-1。

表 1-1　溪洛渡水电站大坝工程特性

序号	大　坝	水垫塘和二道坝
1	坝型：双曲拱坝	水垫塘型式：平板型
2	地基特性：峨眉山玄武岩	长度：400m
3	地震基本烈度：Ⅷ	底高程：335m
4	坝顶高程：610.00m	顶高程：411m
5	建基高程：324.50m	马道：3 级
6	坝高：285.5m	二道坝：重力式
7	坝顶弧长：681.51m	底高程：334m
8	表孔：7 孔	顶高程：386.0m
9	表孔堰顶高程：586.50m	坝高：52m
10	闸门尺寸：12.5m×13.5m	
11	深孔：8 孔	
12	深孔坎底高程：499.50m	
13	闸门尺寸：6.0m×6.7m	

1.3 大坝建设过程

1. 缆机平台土石方开挖及缆机安装

缆机平台土石方开挖于2005年2月开工，2005年9月完成；2005年10月开始浇筑缆机轨道混凝土并进行轨道锚索施工等，2006年2月完成；2006年3月开始安装第一台缆机，2006年7月投入运行。

用于坝体混凝土浇筑的4台30t平移式缆机同轨道布置，后3台缆机在2008年5月底之前全部安装调试完毕。

根据工程需要，2009年年底决定新增一台30t平移式缆机，即第5台缆机，于2010年9月投入使用。

2. 坝肩开挖

坝肩（高程610~400m）开挖于2006年6月开工，2007年8月开挖至高程400m，高程610~500m和高程500~400m之间分2段集中进行基础置换处理。

左、右岸坝肩开挖平均强度分别为9.5万m^3/月、11.3万m^3/月，坝肩开挖平均下降高度13.3m/月。

3. 基坑开挖

大坝基坑高程400m以下开挖于2007年11月下旬开工，2008年6月下旬开挖至高程370m，2008年11月初开挖至建基面高程324.5m，2009年2月完成高程400m以下置换开挖。高程400~370.0m开挖平均强度约4.5万m^3/月，月平均开挖下降高度为4.3m/月；高程370~324.5m以下基坑开挖高峰强度13.3万m^3/月，月平均开挖下降高度为6.4m/月。

4. 大坝混凝土浇筑

大坝混凝土供应采用3座4×4.5m^3拌和楼拌制（高程600m混凝土系统为新增，于2010年10月投产），30t侧卸汽车运输，5台30t平移式缆机配9m^3吊罐入仓，平仓机平仓，振捣机振捣，手持式振捣器辅助。

2009年3月27日开始浇筑大坝主体混凝土，2014年3月6日大坝全线浇筑到坝顶高程610m。截至2014年4月底，1~29层灌区高程587m以下、30~31层灌区1~5号及26~30号横缝接缝灌浆施工完成。

2014年5月中旬，完成3、4、7~10号导流底孔封堵体接缝灌浆；2014年6月中旬，完成30、31层剩余横缝接缝灌浆。

5. 大坝金属结构安装

导流底孔闸门、启闭机：1~6号导流底孔闸门启闭机于2010年12月—2011年12月安装；7~10号导流底孔出口工作闸门启闭机于2011年9月—2012年6月安装。于2013年7月完成7~10号底孔进口封堵门下闸，并在水位抬升前将全部固定卷扬式启闭机回收。

表孔闸门、启闭机：闸门及启闭机安装于2013年9月启动，目前已完成1~7号孔底坎、支铰和门叶（4节）安装，2014年6月已全部完成。

6. 导流洞及大坝导流底孔封堵

2012年9月下旬已完成4号导流洞进口闸门下闸，10月下旬至11月中旬分别完成5、2、3号导流洞进口闸门下闸，2013年4月完成封堵混凝土上游段接触灌浆施工，2013年6

月完成封堵施工。

1、2、5、6号导流底孔已下闸并进行封堵施工，2013年5月初3、4号导流底孔下闸并进行临时封堵，水库开始蓄水，2013年6月23日蓄水至540.0m水位。2013年7月7~10号导流底孔下闸，并与3、4号导流底孔一起进行封堵，于2014年2月封堵完成。

1.4 大坝工程施工布置

1.4.1 骨料加工

大坝工程设置2个人工骨料加工系统，分别为塘房坪粗骨料加工系统和大戏厂—马家河坝人工砂加工系统，其中，塘房坪粗骨料加工系统料源为塘房坪渣场玄武岩渣料，设计规模为成品粗骨料生产能力1 410t/h，毛料处理能力1 880t/h；大戏厂—马家河坝人工砂加工系统料源为大戏厂灰岩料场，设计规模为成品砂生产能力370t/h，毛料处理能力480t/h。

1.4.2 混凝土生产

2010年10月1日前，由布置在右岸高程610m的2座4×4.5m^3的拌和楼（右岸高程610m混凝土系统）生产，可供应出机口最低温度为7℃的预冷混凝土，2座拌和楼合计铭牌生产能力：常态混凝土为600m^3/h（四级配），预冷混凝土为500m^3/h（四级配）。2010年10月1日之后，由布置在右岸高程600m的2座拌和楼和布置在右岸4号路进口的一座4×4.5m^3的拌和楼（右岸高程600m混凝土系统）共同生产。3座拌和楼的铭牌生产能力：常态混凝土为900m^3/h（四级配），预冷混凝土为750m^3/h（四级配），可满足混凝土月浇筑强度20万m^3的需要。

右岸高程610m混凝土系统的辅助设施包括1座制冷楼、2座二次筛分楼、2座一次风冷骨料料仓、1座一次风冷制冷车间，4个粗骨料竖井、2个细骨料竖井，以及骨料运输系统、胶凝材料储运系统、供风供排水供电及控制系统、污水处理系统等。制冷楼、筛分楼、一次风冷制冷车间与拌和楼均布置在高程610m平台上，混凝土出料平台高程610.0m，出料线为环线布置，熟料由25t侧卸汽车运至缆机供料平台。骨料储存设施、胶凝材料储存设施、外加剂车间、供风设施均布置在705m高程平台上。混凝土细骨料由大戏厂—马家河坝人工砂加工系统生产，粗骨料由塘房坪骨料加工系统生产，均采用胶带运输机运输至本系统。

右岸高程600m混凝土系统的辅助设施包括1座制冷楼、1座一次风冷骨料料仓、1座一次风冷制冷车间，3个粗骨料仓、2个细骨料仓，以及骨料运输系统、胶凝材料储运系统、供风供排水供电及控制系统、污水处理系统等。粗骨料采用胶带机由塘房坪骨料加工系统运至混凝土系统，直线运输距离为450m，成品混凝土运输距离1.4km。鉴于粗骨料运输距离较短，高程600m混凝土生产系统未设置二次筛分楼。

混凝土系统水泥按满足施工高峰期15d的需用量储备，粉煤灰按施工高峰期30d的需用量储备。粗、细骨料竖井容量满足混凝土高峰施工时段3d的需要量。

1.4.3 缆机与供料线

为满足施工需要，在大坝上方布置了5台30t单平台平移式无塔架缆机（1台为2010年

9月新增)，作为坝体混凝土和施工材料垂直运输主要设备。缆机工作范围为坝0-055.60m~坝0+182.40m。缆机配置参数见表1-2。

表1-2 缆机配置参数

<table>
<tr><th>序号</th><th colspan="2">项目名称</th><th>单位</th><th>参数</th><th>备注</th></tr>
<tr><td>1</td><td colspan="2">型式</td><td></td><td>单平台平移式无塔架</td><td></td></tr>
<tr><td>2</td><td colspan="2">台数</td><td>台</td><td>5</td><td></td></tr>
<tr><td>3</td><td colspan="2">起重机工作级别</td><td></td><td>(F.E.M.) A7</td><td></td></tr>
<tr><td>4</td><td colspan="2">额定起重量</td><td>t</td><td>30</td><td></td></tr>
<tr><td>5</td><td colspan="2">跨距(设计/实用)</td><td>m</td><td>750/708.68</td><td></td></tr>
<tr><td>6</td><td colspan="2">吊钩扬程</td><td>m</td><td>330</td><td></td></tr>
<tr><td>7</td><td colspan="2">满载时承载索最大垂度</td><td>m</td><td>5%跨距</td><td></td></tr>
<tr><td>8</td><td colspan="2">左岸轨道长</td><td>m</td><td>250</td><td></td></tr>
<tr><td>9</td><td colspan="2">右岸轨道长</td><td>m</td><td>250</td><td></td></tr>
<tr><td>10</td><td colspan="2">左岸主索铰点高程</td><td>m</td><td>700</td><td></td></tr>
<tr><td>11</td><td colspan="2">右岸主索铰点高程</td><td>m</td><td>720</td><td></td></tr>
<tr><td>12</td><td colspan="2">缆机浇筑高程范围</td><td>m</td><td>332~610</td><td></td></tr>
<tr><td>13</td><td colspan="2">小车运行速度</td><td>m/s</td><td>7.5</td><td></td></tr>
<tr><td>14</td><td colspan="2">满载起升速度</td><td>m/s</td><td>2.5</td><td></td></tr>
<tr><td>15</td><td colspan="2">满载下降速度</td><td>m/s</td><td>3.5</td><td></td></tr>
<tr><td>16</td><td colspan="2">空载升降速度</td><td>m/s</td><td>3.5</td><td></td></tr>
<tr><td>17</td><td colspan="2">大车运行速度</td><td>m/s</td><td>0.3</td><td></td></tr>
<tr><td>18</td><td colspan="2">两台缆机靠近时承载索间最小距离</td><td>m</td><td>11</td><td></td></tr>
<tr><td rowspan="2">19</td><td rowspan="2">风压</td><td>工作状态计算风压</td><td>N/m^2</td><td>250</td><td></td></tr>
<tr><td>非工作状态计算风压</td><td>N/m^2</td><td>700</td><td></td></tr>
<tr><td>20</td><td colspan="2">缆机非正常工作区范围</td><td>m</td><td colspan="2">左右两端均为跨度的10%</td></tr>
</table>

根据大坝施工要求，左、右岸均设供料线，右岸以吊运混凝土为主，左岸以吊运钢筋、模板、金属结构及设备等为主。

1. 右岸供料线(含供料平台和卸料平台)

右岸供料线为混凝土供料线，结合右岸坝头高程610m马道布置，部分横跨右拱肩槽，由供料平台、卸料平台、运输道、高线混凝土系统进车道路组成。混凝土运输车从右岸坝肩下游高线混凝土系统行驶至供料平台，卸料后经402号交通洞、4号公路、高线系统进车道路回至混凝土拌和楼下，形成循环线。为解决侧卸车在4号洞内与其他施工车辆、社会车辆的通行干扰问题，重新在右岸40号洞与402号洞之间开挖了混凝土侧卸车循环通行洞，解决了侧卸车与其他车辆的通行干扰问题。

供料平台长约242m，最小宽度约20m，高程610m，靠河床侧为一个宽度约4.5m、高程605m的卸料平台。为了降低栈桥高度，尽量少占压坝段，跨拱肩槽部位供料线在满足最小宽度的前提下，其外边缘向坡脚移动4.5m，供料平台和卸料平台下游段跨拱肩槽部位仅占压31、30号和29号坝段很小部分。供料平台和卸料平台下游段跨拱肩槽部位采用钢栈桥、钢筋混凝土面板结构。满足25t侧卸车满载通行。结构布置为3列6.5~35m高角钢格构柱，柱列间距约30m、20m；柱上布置组合焊接工字形钢梁，梁跨度为30m级、20m级、10m级三种规格。梁上铺30cm厚的预制混凝土板，板上设8cm厚的现浇钢筋混凝土面层。平台外缘长约79m，最宽处宽32m，最大钢柱高度33m，钢材总量约880t。

2. 左岸供料线

发包人在大坝左岸高程610m布置了左岸供料线，由左岸供料平台、运输道组成，为本合同工程钢筋、模板、金属结构及设备等物料上坝输送线。整个供料线由3号公路→301号上坝交通洞→左岸供料平台→左岸610m高程马道→302号支线隧洞→3号公路形成循环线。

左岸供料平台与左岸坝肩610m高程马道相结合，610m高程马道在左岸坝头位置宽约7m，其他位置宽约12m，长约220m，全处于缆机正常工作区范围之内。

1.4.4 大坝冷却通水

根据溪洛渡大坝冷却通水的需要，结合杭州华源公司生产的移动式冷水站系列产品，选用A、B两种型式的移动式冷水站。其中：A型移动式冷水站2台，单台制冷量为1 055kW，冷水产量为163m^3/h；B型移动式冷水站10台，单台制冷量为1 934kW，冷水产量为300m^3/h。移动式冷水站对称布置在左右岸坝后台阶或宽马道上，先后分413m、463m、517m及559m高程四层，各高程冷水站对应一定冷却范围，当对应区冷却完成后，移动式冷水站及管路均转入下一个冷却循环中，直到大坝混凝土冷却完工。

考虑到施工主供水和冷却供水管的布置、坝体冷却施工以及接缝灌浆施工的需要，在坝后永久坝后桥、临时钢栈桥及水垫塘贴角部位共铺设13层坝后主供水管路，高程分别为341m（水垫塘轮廓线）、359m、377m、395m、413m、431m（永久性坝后桥）、449m、470m（永久性坝后桥）、485m、503m、527m（永久性坝后桥）、548m、566m。坝后主供水管采用ϕ377mm钢管，通过水包头（ϕ159mm钢管）和埋入坝内混凝土的竖向引管连接，实现分仓供水；两岸冷水厂至坝后主供水管采用ϕ426mm钢管连接，并沿坝趾处布置，形成冷却水循环管路。

冷水厂内各移动式冷水站并联在补水管（ϕ219mm）上，补水管从大坝供水系统将常温水送至各冷水站内的补水箱内，完成对大坝冷却循环水损耗的补充。

主供水管路采用双层橡塑保温，厚度4cm；水包头采用单层橡塑保温，厚度2cm。

1.5 大坝工程特点与难点

溪洛渡大坝施工建设主要面临两大挑战：

一是溪洛渡大坝混凝土施工期温控防裂。由于混凝土材料自身抗裂特性先天不足，尽管开展了大坝混凝土施工配合比和性能试验，其自身体积变形仍为20~40$\mu\varepsilon$（设计20$\mu\varepsilon$），在这种背景下，溪洛渡大坝的建设目标就是不出现温度裂缝，至少绝对不能出现危害性裂缝。

二是溪洛渡工程2007年顺利截流后，进入河床坝基开挖阶段，针对河床水文地质条件的新情况，经对比分析和慎重技术咨询与决策，虽然形成了“扩大基础、整体结构、连续浇筑、加强固灌”的共识，但是这种地质变化带来的设计调整造成的影响至少有三个方面：一是地基与坝体的整体安全；二是扩大基础后下部20m深岩体范围内包含的14%需要处理的弱卸荷下限岩体的基础处理质量控制；三是在保证安全和质量目标的前提下，大坝按期蓄水发电和分年建设进度控制与度汛安全。

2　拱坝拱肩及基础开挖

2.1　基本情况

溪洛渡水电站位于四川省雷波县和云南省永善县境内，是金沙江“西电东送”的骨干电站，拦河大坝为混凝土双曲拱坝，为我国目前在建的装机容量最大的高拱坝。坝区位于豆沙溪沟口至溪洛渡沟口全长约4km的溪洛渡峡谷段，河道顺直，谷坡陡峻，临江坡高300~430m，河谷断面呈较对称的U形。左岸坡度40°~75°，右岸坡度55°~75°，两岸谷肩高程680~860m以上为第四纪堆积缓坡平台，地形宽阔平缓，缓倾下游。坝区河床基岩及两岸谷坡主要由二叠系上统峨眉山玄武岩（$P_2\beta$）组成。枢纽区地层产状平缓，主要构造形迹为发育于岩流层层间和层内的构造错动带与节理裂隙系统。

溪洛渡大坝从左至右依次编号为1~31号。对应的坝基开挖部位如下：

左岸高程610~400m建基面包含1~7号共7个坝段，坝段间平均高差30m，高程610~440m建基面平均开挖坡度61°~63°，高程440~400m建基面平均开挖坡度35°，高程440m为建基面“陡变缓”的分界位置。

右岸高程610~400m建基面包含31~24号共8个坝段，坝段间平均高差26m，高程610~440m建基面平均开挖坡度52°，高程440~400m建基面平均开挖坡度46°，高程440m为建基面“陡变缓”的分界位置。

基坑高程400~324.5m建基面包含8~23号共16个坝段；地质缺陷置换开挖前，左岸高程390~324.5m建基面平均开挖坡度23.1°~27.7°，右岸高程400~324.5m建基面平均开挖坡度24.4°~30.9°，高程324.5m水平建基面66.8m×69.8m（垂直河水流向×顺流向）共4663m^2。大坝开挖工程量见表2-1。

表2-1　大坝开挖工程量

工程项目	单位	左岸坝肩（高程610~400m）	右岸坝肩（高程610~400m）	基坑开挖（高程400~324.5m）	合计
土石方	万m^3	109.4	149.8	101.5	360.7
地质缺陷开挖	万m^3	7.0	2.3	18.6	28.0

2.2　施工特点与难点

（1）溪洛渡水电站大坝拱肩槽开挖总方量约400万m^3，开挖高度210m，开挖轮廓面约

4.4 万 m^2，工程规模巨大。

(2) 拱肩槽建基面顶部 610m 高程宽度 18.3m，底部 400m 高程宽度 68.6m，体型自上而下发散呈扇形分布，坡面形状十分不规则。

(3) 建基面既是一个斜坡面，又是一个扭面，呈缓—陡—缓地形，预裂孔既不在同一平面内，又不互相平行，预裂成型难度大。

(4) 拱肩槽建基面自坝顶 610m 高程至底部 400m 高程一坡到底，中间未设计马道，给预裂孔的钻机架设和开孔带来困难。

(5) 地质条件复杂、岩性不均一，柱状节理发育，地下水丰富，钻孔时均要穿越层间/层内错动带、挤压带、基体裂隙等结构面以及各条地勘洞。高程 440m 以上陡坡段开挖，岩体以Ⅱ~Ⅲ2 类岩石为主，局部为Ⅳ1 类，下游半幅岩石局部较破碎，风化卸荷严重；高程 440m 以下缓坡段开挖，岩体以Ⅲ2 类岩石为主，少量为Ⅱ类，局部为Ⅳ1 类，岩体风化卸荷严重，整体较破碎。右岸拱肩槽建基面地质结构主要有层间/层内错动带、挤压破碎带、柱状节理和构造裂隙。上游面以Ⅱ类和Ⅲ1 类岩石为主；下游面以Ⅲ2、Ⅳ类岩石为主。岩体大部分为镶嵌结构，局部为碎裂结构，弱卸荷，柱状节理发育，层内错动带、短小裂隙发育，裂面普遍轻度到中度锈染。右岸拱肩槽所处地质条件对开挖质量的平整度、超欠挖、半孔率等指标以及声波、爆破振动等的测试结果数据均有较大影响。

2.3 精细爆破技术要点与特点

2.3.1 高程 610~400m 坝肩开挖

溪洛渡水电站两岸边坡主要包含两部分：第一部分是拱肩槽以上边坡，即高程 610m 以上边坡；第二部分是拱肩槽边坡，主要是高程 610~400m 边坡。这两部分共同组成了溪洛渡水电站两岸边坡。这两部分边坡由于所处的位置不同，开挖要求侧重点也不同。高程 610m 以上的拱肩槽以上边坡沿河纵向长度较大，强调边坡的长期稳定；高程 610~400m 的拱肩槽边坡，由于是大坝建基面，这部分开挖质量要求高，设计对拱坝建基面的超欠挖、平整度、残孔率、爆破影响深度、爆前爆后声波衰减等均有严格的要求。高程 610m 以下坝基拱肩槽边坡大部分位于微新Ⅱ级和弱风化下段Ⅲ1 级岩体上，开挖坡比 1∶0.15~1∶0.25。拱坝河床建基面高程 332m，两岸拱端建基面高程 560m 以下主要置于Ⅱ级和Ⅲ1 级岩体上；高程 560m 以上坝基部分利用经处理后的Ⅲ2 级岩体。

两岸坝肩高程 610~400m 开挖采用自上而下分层分区、超欠平衡、预裂爆破一次到位的爆破施工方案。开挖次序为：高程 400m 低线集渣平台开挖、坝肩槽前缘块自上而下次序分层开挖、建基面分层开挖。

坝肩槽前缘块按 10~15m 高差分层，在平面再细分为小的开挖块，各开挖块的开挖方量控制在 2 万 m^3 以内，爆破总装药规模在 5~6t（岩石炸药单耗 0.4~0.45kg/m^3），前缘块开挖由外及里形成 2~3 个开挖台阶，形成多台阶有利于掀渣。坝肩槽前缘块台阶开挖爆破参数见表 2-2。

表 2-2　坝肩槽前缘块台阶开挖典型爆破参数

前缘块开挖	布孔参数	装药及联网参数
主爆孔	3m×3.5m（排距×孔距）；孔径 105mm	采用非电起爆网络、电雷管起爆。排间多采用 MS5 分段雷管，孔间多采用 MS3 分段雷管，入孔起爆雷管多采用 MS12 段雷管；主爆孔单孔单响，单响药量不大于 80kg
预裂孔	孔距 2.0m；孔径 105mm	施工预裂孔线装药密度 1kg/m，2~3 孔一响，单响药量不大于 70kg

建基面按 10m 高差分层开挖，每 10m 高差台阶处设置了水平向 40cm 超欠平台（各级台阶在坡顶水平向欠挖 0.2m、坡脚水平向超挖 0.2m，即“超欠平衡法”），解决建基面预裂孔钻孔摆钻的问题。建基面台阶开挖爆破参数见表 2-3。

表 2-3　建基面台阶开挖典型爆破参数

建基面开挖	布孔参数	装药及联网参数
主爆孔	3m×3.5m（排距×孔距）；孔径 105mm	采用非电起爆网络、电雷管起爆。排间多采用 MS5 分段雷管，孔间多采用 MS3 分段雷管，入孔起爆雷管多采用 MS12 段雷管；主爆孔单孔单响，单响药量不大于 70kg
缓冲孔	1.5m×2.0m（排距×孔距）；孔径 90mm	底部 3.0m 采用 ϕ70mm 药卷连续装药，上部线装药密度 2.8kg/m，堵塞长度 2.0m
预裂孔	孔距不大于 85cm；孔径 90mm	线装药密度 300~340g/m（孔底加强药量 2~3kg），5 孔一响，单响药量不大于 40kg

2.3.2　缓坡坝段建基面开挖

高程 400~330m 缓坡坝段建基面开挖方法与高程 610~400m 基本相同。为保证开挖质量，梯段高度由原来的 10m 降低至 5~6m；预裂孔和缓冲孔采用 YQ-100B 潜孔钻钻孔，主爆孔和上下游边坡预裂孔采用 SM351 钻机钻孔。缓坡坝段建基面开挖爆破参数见表 2-4。

表 2-4　缓坡坝段建基面开挖爆破参数

爆破孔类型	布孔参数	装药及联网参数
主爆孔	3m×3.5m（排距×孔距）；孔径 105mm	采用非电起爆网络、电雷管起爆。排间多采用 MS5 分段雷管，孔间多采用 MS3 分段雷管，入孔起爆雷管多采用 MS12~13 段雷管；主爆孔单孔单响，单响药量不大于 50kg
缓冲孔	2.0m×2.0m（排距×孔距）；孔径 90mm	缓冲孔线装药密度 2kg/m；缓冲孔 2 孔一响，单响药量不大于 50kg
预裂孔	最大孔底间距不大于 80cm；孔径 90mm	线装药密度 300~320g/m（孔底加强药 10~12 节 ϕ32mm 炸药连续装药），5 孔一响，单响药量不大于 30kg

2.3.3 河床坝段建基面开挖

根据高程 400m 以下两岸坝肩及河床坝基开挖揭示的地质条件，坝基下游区域岩体受风化卸荷和层间、层内错动带发育影响，岩体完整性较差。河床岩体呈微风化，次块状、局部镶嵌结构，浅表有约 0~6m 厚的角砾熔岩，主要为Ⅲ1 级岩体，部分Ⅲ1 偏差~Ⅲ2 级岩体。

河床底部建基面集中分布有两区Ⅲ2 级岩体（基面约 20%），厚度一般在 0.5~3.0m；建基面以下 20m 深度内，受错动带影响的Ⅲ2 级岩体约占 15%；岩体平均声波 4 600m/s，不能满足大坝建基要求。因此，在拱坝结构及基础处理方案比较分析研究的基础上，决定对左岸坝肩高程 374m 以下、右岸坝肩高程 390m 以下建基面实施整体扩挖处理，并对河床底部大坝结构进行相应的扩大处理，河床建基面高程由 332.00m 调整至 324.50m。

河床底部结构扩大设计方案要求拱坝基本体型不变，高程 400m 以下扩挖区回填混凝土、坝基下游延伸开挖区贴角混凝土与大坝混凝土整体浇筑，共同形成扩大的拱端基础断面。河床坝段扩挖区整体浇筑示意图见图 2-1。

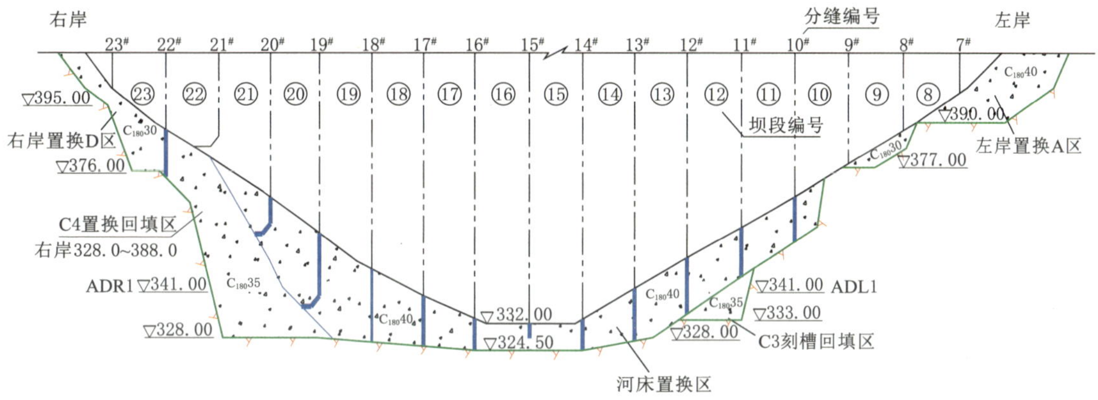

图 2-1 河床坝段扩挖区整体浇筑示意图（立面）（单位：m）

坝基高程 330~324.5m 开挖前，在 16 号坝段开挖形成先锋槽（底宽 5m，底部高程 324m）；先锋槽开挖完成后，形成两个工作面同时向左、右岸推进。保护层开挖分 2 层进行：

第 1 层采用 CM351 钻机钻孔，孔底控制高程 326.5m，底部预留 2m 保护层。

第 2 层采用双水平光面爆破施工方法。上部采用手风钻造主爆孔（铅直密孔）；下部采用手风钻造 2 排水平光爆孔，上排孔距 0.8m，下排孔距 0.4m，排距 0.5m，光爆进尺为 3m 循环。为满足钻机摆放需要，也采用了超欠平衡的施工方法（每循环孔口欠挖 0.1m，孔底超挖 0.1m）。高程 330~324.5m 开挖爆破参数见表 2-5。

表 2-5 高程 330~324.5m 开挖爆破参数

爆破孔类型	布孔参数	装药及联网参数
竖向爆破孔	1m×1.2m（排距×孔距）；孔深 1.0~2.0m，孔径 42mm	采用非电起爆网络、电雷管起爆。排间多采用 MS3、MS5 分段雷管，孔间多采用 MS3 分段雷管，入孔起爆雷管多采用 MS13 段雷管；单响药量不大于 15kg

续表

爆破孔类型	布孔参数	装药及联网参数
水平光爆孔	孔距 50cm；孔深不大于 3.0m；孔径 42mm	线装药密度 200~220g/m，单响药量不大于 15kg

2.3.4 地质缺陷开挖

地质缺陷开挖前，先搭设排架辅助脚手架，形成一定宽度施工平台，并按设计要求在周边进行锁口锚杆施工，锁口锚杆注浆龄期满足要求后进行爆破施工（后期为保证施工进度，取消上、下游侧面锁口锚杆施工，采取减小预裂孔孔距和线装药密度等措施以减少对周边岩体的损伤）。

对于范围较小的地质缺陷，一般采用周边预裂爆破、底部光面爆破方法一次爆破成型，如右岸地质缺陷 A 区；对于范围较大的地质缺陷，采用分层开挖、超欠平衡方法进行施工，分层高度一般在 5~8m。对于高度达 120m（高程 510~390m）的右岸地质缺陷 D 区，在高程 430m 增加工作面，上、下部分同时施工，并在高程 360m 处设置挡渣平台，以减少对下部施工的影响。

周边预裂孔及底部光爆孔采用 YQ－100B 潜孔钻造孔，孔距 40~60cm；预裂孔采用 ϕ32mm 药卷间隔装药，竹片绑扎，线装药密度取 200~220g/m（底部 1m 范围内药量增大 2~4 倍），孔口堵塞长度 60cm。主爆孔采用 YQ－100B 潜孔钻和手风钻造孔，孔排距 1.2m×0.8m，主爆孔孔底距离底部光爆面不小于 1m；采用 ϕ32mm 药卷连续装药，竹片绑扎，单耗 0.5~0.6kg/m^3，并根据实际情况控制最大单响药量。

在左岸地质缺陷 A 区（高程 390~438m）底板预留保护层，进行水平建基面保护层开挖试验。保护层开挖分 2 次进行，第 1 次进尺 10m，第 2 次进尺 15m，每次试验分 4 个试验区，选择不同孔距及光爆孔装药参数进行试验。光爆孔均采用 YQ－100B 型潜孔钻机造孔，孔距 0.8~0.9m，光爆孔线装药密度 300~333g/m，单响药量不大于 30kg。主爆孔采用手风钻造孔，孔排距 1.5m×1.0m，采用 ϕ32mm 药卷连续装药，单耗 0.4kg/m^3，单响药量不大于 50kg。

2.4 精细爆破管控措施

1. 开展了爆破试验

优化了爆破方法及参数，优选了钻孔机具，配置了高精度的钻孔检测仪器。试验确定了坝肩槽开挖高程 610~400m 采用 10m 梯段爆破，高程 400~328m 采用 6m 梯段爆破，高程 328~324.5m 采用双层光面爆破；拱肩槽开挖时，拱端采用 YQ－100B 潜孔钻机，上、下游边坡预裂孔采用 CM351 钻机，主爆孔、缓冲孔采用 CM351 钻机和 YQ－100B 钻机并用，配置了精度为 0.1°的电子量角器。

2. 开展爆破设计

根据设计要求、爆破参数及爆破分区，结合每个梯段地质预报，进行布孔、装药及网络设计，并根据上一梯段爆破效果对爆破设计进行优化调整。开挖过程中，始终执行“一炮一设计”制度，提高了开挖质量。

3. 精确放样

预裂孔、缓冲孔孔位和方向点采取测量逐孔放样，预裂孔孔位前后50cm范围内要求清至基岩，确保预裂孔样点放至基岩上，方向点样点放在搭设牢固的钢管样架上。

4. 建立“三定”和“三次校钻”制度

严格执行“三定”制度，即定人、定机、定孔作业。

严格执行“三次校钻”制度：开孔时遵循“小冲击、慢钻进”原则，钻进深度达到20cm时，进行第一次预裂孔倾角、方位的校核纠偏，合格后方可正常钻进；钻进1m时进行第二次校核，以后每换一根钻杆校核一次，发现偏差及时纠正。

5. 严格执行“三证”管理

开挖爆破施工严格执行“准钻孔证”“准装药证”“准爆证”，确保钻爆施工过程受控，确保了最终开挖质量。

6. 建立了地质缺陷处理快速反应机制

成立了“地质缺陷处理快速工作组”，装药前深入现场，根据造孔时收集的岩粉记录及爆区情况对装药结构进行局部调整；爆破清基后对揭露的地质缺陷进行及时辨识。

7. 执行“一炮一总结”制度，持续提高开挖质量

在每次爆破完成后，及时召开开挖质量总结会。通过对预裂面残孔率、平整度、超欠挖、爆破振动质点速度、声波衰减等反馈数据进行分析，客观总结上一梯段钻爆开挖取得的经验和存在的问题，制定相应的措施，在下一梯段施工中改进。

2.5 实施效果与评价

2.5.1 超欠挖检测

建基面及地质缺陷开挖施工过程中，共对19 835个测点进行超欠挖检测，超挖平均值为10.0cm，欠挖平均值为3.7cm，测点合格率为95.7%，均满足设计要求（见表2-6）。

表2-6 超欠挖统计表

开挖部位	测点数量（个）	超挖（cm）		欠挖（cm）		测点合格率（%）
		最大值	平均值	最大值	平均值	
高程400m以上	14 562	41.2	10.1	17.0	3.4	96.1
高程400m以下	5 273	87.9	9.9	30.8	4.5	94.5
汇总	19 835	87.9	10.0	30.8	3.7	95.7
设计要求		≤20		≤10（有配筋、预埋件时不允许欠挖）		≥90

注：高程400m以下含地质缺陷开挖。

2.5.2 平整度及残孔率检测

建基面及地质缺陷开挖施工过程中，共对6 433个测点进行平整度及残孔率检测，不平

整度最大值为 18.0cm，平均值为 6.6cm，测点合格率为 98.2%，残孔率为 98.1%，均满足设计要求（见表 2-7）。

表 2-7　平整度及残孔率统计

开挖部位	测点数量（个）	不平整度			残孔率（%）
		最大值（cm）	平均值（cm）	测点合格率（%）	
高程 400m 以上	5 193	18.0	6.1	99.3	99.0
高程 400m 以下	1 240	18.0	8.4	96.9	94.5
汇总	6 433	18.0	6.6	98.2	98.1
设计要求		≤15		≥90	≥90

注：高程 400m 以下含地质缺陷开挖。

2.5.3　质点振动速度测试

在建基面（含地质缺陷）开挖施工过程中，共进行 114 次质点振动速度测试，测点 388 个，其中左岸建基面开挖监测 40 次 134 个测点，右岸建基面开挖监测 31 次 118 个测点，地质缺陷开挖监测 43 次 136 个测点。质点振动速度测试成果统计见表 2-8。

表 2-8　质点振动速度测试成果统计

开挖部位	测试次数（次）	测点数量（个）	测点最大质点振动速度（cm/s）		
			最小值	最大值	平均值
高程 400m 以上	48	178	2.30	15.10	7.37
高程 400m 以下	66	210	0.91	9.96	5.43
合计	114	388	0.91	15.10	6.25
设计要求			<10		

注：高程 400m 以下含地质缺陷开挖。

测点最大质点振动速度为 0.91～15.10cm/s，仅 4 个测点不满足质点振动速度小于 10cm/s 的设计要求：

（1）左岸高程 580～570m 梯段，高差 10m 处最大质点振动速度为 12.5cm/s。

（2）左岸高程 550～540m 梯段，高差 10m 处最大质点振动速度为 13.3cm/s。

（3）左岸高程 490～480m 梯段，高差 10m 处最大质点振动速度为 10.0cm/s。

（4）右岸高程 450～440m 梯段，高差 10m 处最大质点振动速度为 15.1cm/s。

2.5.4　爆破声波测试

在建基面（含地质缺陷）开挖施工过程中，共进行 70 次浅孔声波测试、9 次中孔声波测试及 12 次地质缺陷处理声波测试，爆破最大影响深度在 0.4～1.4m，爆破影响段爆前平均声波值在 3 245～6 504m/s，爆后平均声波值在 6 045～2 727m/s，最大变化率在-4.3%～-42.0%，1m 处最大变化率在-1.4%～-9.3%。爆破声波测试成果统计见表 2-9。

表 2-9 爆破声波测试成果统计

开挖部位	测试次数（次）	爆破最大影响深度（m）	爆破影响段平均波速（m/s）		最大变化率（%）	1m 处最大变化率（%）
			爆破前	爆破后		
高程 400m 以上	42	0.5~1.4	3 245~6 504	2 803~6 045	-4.3~-42.0	-1.4~-9.3
高程 400m 以下	42	0.4~1.0	3 334~5 495	2 727~4 907	-5.9~-21.6	-1.5~-7.8
汇总	82	0.4~1.4	3 245~6 504	2 727~6 045	-4.3~-42.0	-1.4~-9.3
设计要求						≤10

注：高程 400m 以下含地质缺陷开挖。

（1）左岸爆破影响深度一般在 0.2~0.8m，仅在高程 540~530m 梯段因岩性破碎，裂隙较发育，爆破影响深度超过设计要求的 1m，为 1.4m。

（2）右岸Ⅲ类岩体中，爆破前测试时边坡的松弛深度一般为 0.2~1.0m；爆破后大部分测区内岩体的松弛深度没有加深，小部分测区内加深 0.2m（原松弛岩体的再度松弛；深度超过原松弛深度后，爆破影响不明显）。

2.6 经验总结和改进意见

溪洛渡水电站大坝拱肩槽开挖工程规模大；柱状节理裂隙发育、层间/层内错动带密集、开挖轮廓面呈扇形扩散的扭面结构，爆破成型难度大；大坝受力复杂，对建基面开挖质量要求高。根据边坡的地形地质条件，按照开挖施工中实际采用的开挖方案、爆破参数和起爆网络，进行了大量的现场试验和理论分析。对边坡的爆破开挖技术进行了研究，利用爆破开挖施工过程中的爆破质点振动速度监测成果，结合岩体松弛范围检测和宏观调查，通过对成果的分析，提出了边坡开挖的爆破参数、爆破安全控制标准、爆破振动衰减传播规律。在开挖中，贯彻精细爆破理念，初步创立了水电工程开挖精细爆破技术体系，在科研、设计、施工、管理、环保等方面实现了系列创新，主要成果有：

（1）形成了定量化的爆破效果评估体系。建立了以质点振动速度、岩石声波、钻孔电视、平整度和超欠挖检测等对爆破效果进行定量评估的评价体系。

（2）建立了定量化的精细爆破设计方法。采用多段毫秒延时、大面积预裂等爆破技术，实现了炸药能量的有效利用，达到了岩石破碎及爆破效果的有效控制。

（3）形成了拱肩槽施工的专项设备。在拱肩槽开挖中，对钻机进行了改造，在钻机两侧各加焊了两根 ϕ48mm 钢管，增加了限位板，加装扶正器，并对钻机样架进行了改造，采用单机单架钻孔，同时还改进了施工量角器。水电八局还对钻杆直径进行了改造，常规 YQ-100B 潜孔钻机钻杆直径为 ϕ45mm，该钻杆在钻孔过程中易出现挠性变形，造成漂钻，导致孔底超挖现象严重，开挖质量难以满足规范要求。水电八局在采购 YQ-100B 钻机时，特意向厂家定制 ϕ60mm 钻杆，将钻杆直径从 ϕ45mm 调整为 ϕ60mm，由于直径更大，刚度也就更大，避免了钻杆在岩石中发生的挠性变形。通过上述一系列创造性的工艺改造，形成了拱肩槽施工的专项设备。

（4）形成了拱肩槽精细爆破施工工艺。此施工工艺使施工钻孔的精度大大提高，整个施工过程控制更加精细，对预裂面的成型质量起到了至关重要的保障作用。

（5）形成了精细爆破的管理体系。施工过程中，建设单位和监理单位形成了爆破施工和管理的精细爆破管理体系。在程序上，形成了爆破设计及审批→开挖区域大面找平→清面→测量放线→布孔→技术交底→打设插筋、YQ-100B 钻机加固、就位→钻孔→清孔→钻孔质量检查→钻孔保护→装药→网络连接→网络检查→起爆→出碴→坡面清理→开挖边坡测量检测→爆破效果分析→下一循环。在质量控制上，形成了“一炮一总结”“一梯段一预验收”“一坝段一验收”，及时对本梯/坝段经验教训进行总结，以指导改进下一梯/坝段的施工。严格执行“三定”（定人、定机、定孔）、“三证”（准钻证、准装药证、准爆证）、“三次校钻”（0.2m、1.0m、2.0m）等各项制度。上述程序和质量控制的集成技术为溪洛渡拱肩槽边坡开挖做出了重大贡献。

（6）形成了爆破降尘技术。在爆区上方敷设高压水管喷水雾进行降尘，有效地降低了爆破对环境和施工作业人员的有害影响，开创了大规模开挖的水雾降尘环保爆破新方法。

（7）形成了爆破振动效应研究成果。推荐了拱肩槽边坡爆破振动控制标准，采用经验公式 $V = K\rho^{\alpha}e^{\beta H}$ 回归了爆破振动沿边坡方向的传播规律，并对高边坡的爆破振动进行了预报。经过对预裂前后爆破振动传播规律的对比分析，了解了预裂缝对上一马道处的振动隔振效果，为爆破设计充分利用预裂隔振提供了依据。提出应以爆区上一马道坡脚处的质点振动速度峰值作为高边坡爆破安全的工程控制标准。分析了爆破振动产生的原因及控制办法。探讨了监测与反馈施工之间的关系。

（8）形成了边坡爆破开挖技术。施工中对深孔台阶爆破方式及爆破参数等逐步进行微调，通过参与爆破设计、现场技术指导、爆破效果调查、爆破振动监测及声波测试的方式，获取了预裂爆破、深孔台阶爆破的参数以及相应的起爆网络，形成了规格化的开挖爆破程序。研究结果要求，拱肩槽永久坡面前最后一次爆区的宽度以控制在16m 左右为宜，起爆排数不宜超过 7~8 排，同时应使预裂爆破提前最先起爆的主爆破孔 100ms 以上起爆。排间时差应大于孔间分段时差；孔间时差较小可以形成共同向前作用，有利于提高破岩作用及抛掷效率；孔内雷管段别应保证其延时误差不大于排间雷管延时时间。施工中不得压渣爆破，应切实注意爆区周边处理问题，保证爆破有良好的临空条件。

（9）形成了爆破振动的综合控制措施。分析了影响岩石边坡爆破振动速度的主要因素，包括爆破参数、边坡坡度、预裂缝缝宽、预裂孔前面主爆破孔的排数、波形叠加等，通过分析，认为爆破振动有三个关键因素：爆源、传播途径以及振动和保护物的相互作用关系。要保证边坡的爆破安全，需要从这三个方面做工作。根据试验和研究结果，提出了合理优化爆破参数和起爆网络以控制爆源，采用预裂缝或者减震孔以切断传播途径，预先加固以提高边坡抗震能力的综合振动灾害控制技术，对于控制爆破振动、保护边坡安全和建基面质量具有重要作用。

定量化的爆破效果评价和爆破设计，精细爆破的施工工艺和管理体系，使溪洛渡大坝拱肩槽的开挖取得了巨大成功。建基面法线方向的平均超欠挖、平整度、残孔率的整体合格率分别为 97.2%、98.8%、99.8%，采用钻孔声波法检测平均爆破影响深度基本在 1.0m 以内，精细爆破后形成的建基面光滑平整，平整度、半孔率整体达到优秀水平，爆破对建基面岩石的损伤得到有效控制。溪洛渡大坝拱肩槽开挖质量见图 2-2。

图 2-2 溪洛渡大坝拱肩槽开挖质量

3　坝基处理方案及措施

3.1　基本情况

3.1.1　工程地质条件

溪洛渡坝址峡谷长 4km，河道顺直，河谷呈较对称的 U 形，谷坡陡峻，山体雄厚，无沟谷和断层切割。坝址区出露岩性主要为二叠系上统峨眉山组玄武岩（$P_2\beta$），根据岩相变化分为 14 个岩流层（$P_2\beta^{14}$~$P_2\beta^{1}$），大坝建基面从高高程至低高程揭露了 $P_2\beta^{12}$~$P_2\beta^{3}$ 共 10 个岩流层，各岩流层上部约 1/5~1/4 层厚以角砾熔岩为主，下部以玄武岩为主。二叠系下统茅口组石灰岩（P_1m）深埋于坝基以下约 90m。

溪洛渡拱坝建基面高程 430m 以下利用弱风化下段Ⅲ1 级偏里的岩体；高程 430~560m 陡壁区主要置于Ⅲ1 级岩体；高程 560m 以上局部利用Ⅲ2 级岩体。河床坝段建基面部分岩体受风化卸荷和层内错动带的影响，岩体完整性较差，出露有部分Ⅲ2 级岩体；河床 328~324.5m 建基面以下 20m 深度范围内的岩体以Ⅲ1 为主，约占 86%，Ⅲ2 级岩体所占比例约 14%，其最低高程约为 300m；右岸高程 360~400m 下游侧出露 2~3m 厚Ⅲ2 级岩体，两岸局部有规模较小的错动带密集发育区。河床建基面以下的Ⅲ2 级岩体主要受缓倾角的层内错动带及影响带控制，弱风化、错动带以角砾为主，少量岩屑，无泥，V_p=2 500~4 000m/s，完整性和均匀性差；其空间展布平缓，在不同高程上呈夹层状分布，空间上连续性差，平面延伸长度一般为 10~30m，厚度一般为 2~3m。河床坝基岩体总体上能满足设计要求，仅局部层间、层内错动带发育部位声波值偏低，考虑到河床坝段岩体中分布的层间、层内错动带展布与拱坝梁的荷载近于垂直，是基础变形的关键部位，需要加强固结灌浆，改善岩体的均匀性和地基的刚度。

3.1.2　固结灌浆设计

拱坝划分为 31 个坝段，设计对拱坝全坝基进行固结灌浆处理，并采取斜孔方式向坝踵上游和坝趾下游外各延伸 5.00m 和 10.00m 左右（水平投影距离）的扩大固结灌浆区，根据各部位的不同地质条件和受力情况，采用了不同固结灌浆参数。

河床坝段（13~19 号）采用有混凝土盖重灌浆，混凝土盖重厚度不小于 7.5m，相邻坝段混凝土厚度不小于 6.0m，梅花形布孔，孔排距 3.0m×1.5m（横河向×顺河向）。坝基上游约 1/3 范围为入岩 25m，下游为入岩 30m。

缓坡坝段（6~12 号，20~24 号）根据现场条件，采用有混凝土盖重灌浆、无盖重灌浆加引管有盖重灌浆、岩体盖重固结灌浆加混凝土盖重灌浆等。方格型布孔，排距分别为

3m×3m（横河向×顺河向）、2m×3m（横河向×顺河向）；坝基上游约1/3区域灌浆孔孔深入岩25m，大坝帷幕灌浆区域（约10m范围）固结灌浆孔孔深入岩25m，其他区域灌浆孔孔深入岩15m。

陡坡坝段（1~5号，25~31号）采用无盖重灌浆加引管有盖重灌浆方式。采用方格型布孔，排距分别为3m×3m（横河向×顺河向）、2m×3m（横河向×顺河向）。坝基上游约1/3区域灌浆孔孔深15m，帷幕灌浆区域（约10m范围）固结灌浆孔深25m，其他区域灌浆孔孔深20m。

固结灌浆按“分序加密”的原则施工。灌浆分Ⅲ序进行（部分Ⅱ序）。灌浆采用“自下而上（或自上而下）、孔内循环”的灌浆方法，最大灌浆压力3.5MPa。上下游贴角部位由于地层较破碎部分采用了“孔口封闭法”。

固结灌浆质量检查采用声波测试为主，钻孔变模和钻孔全景图像为辅，并结合压水试验、灌浆前物探成果、有关灌浆施工资料以及钻孔取芯资料等综合评定。

1. 灌后岩体声波合格标准

根据《大坝坝基固结灌浆质量验收标准（第三版）》要求，固结灌浆质量检查孔声波波速按照每个坝段的平均波速和单孔或对穿孔的平均波速进行评价。对于灌后的不合格段，不应集中在局部区域，并应消除集中分布的低波速段。灌后检查验收标准见表3-1和表3-2。

表3-1 坝段岩体平均声波速度检查验收标准

坝段编号	声波速度检查验收标准
1、30、31号	（1）全坝段0~5m段声波平均值≥4 600m/s，小于4 000m/s波速的百分比应≤15%。 （2）全坝段5m以下段声波平均值≥4 800m/s，小于4 000m/s波速的百分比应≤15%
2~29号	（1）全坝段0~5m段声波平均值≥4 800m/s，小于4 000m/s波速的百分比应≤12%。 （2）全坝段5m以下段声波平均值≥5 000m/s，小于4 000m/s波速的百分比应≤12%

表3-2 坝段岩体单孔（或对穿）声波速度检查验收标准

坝段编号	声波速度检查验收标准
1、30、31号	（1）0~5m段声波平均值≥4 400m/s，小于4 000m/s波速的百分比应≤15%。 （2）5m以下段声波平均值≥4 600m/s，小于4 000m/s波速的百分比应≤15%。 （3）声波速度小于4 000m/s的段不能5段以上连续分布。 （4）每个坝段检查孔合格率应达到85%以上，不合格的孔不应集中分布
2~29号	（1）0~5m段声波平均值≥4 600m/s，大坝中心线以上小于4 000m/s波速的百分比应≤12%，中心线以下应≤10%。 （2）5m以下段声波平均值≥4 800m/s，大坝中心线以上小于4 000m/s波速的百分比应≤12%，中心线以下应≤10%。 （3）建基面以下20m范围内声波速度小于4 000m/s的段不能5段以上连续分布。 （4）每个坝段可分大坝中心线上下游2个区验收，区内检查孔合格率应达到85%以上，不合格的孔不应集中分布

2. 岩体透水率检查要求

灌后压水试验应在该部位灌浆结束7d后进行，试验采用单点法。检查孔的数量不应少于灌浆孔总数的5%，一个单元工程内至少应布置一个检查孔。

固结灌浆压水试验的标准为透水率不大于3Lu，孔段合格率在85%以上，不合格孔段的透水率不超过设计规定的150%，且不集中。

3. 其他

上游贴角和下游水垫塘边坡区域应按设计要求严格控制灌浆过程，灌后不做声波检测，按灌浆总孔数的2%进行压水试验，检查灌浆质量，对于大于10Lu部位需进行补强灌浆。

下游贴角区按灌浆总孔数的5%布置灌后检查孔，大坝基础范围内灌后声波平均波速≥4400m/s。压水试验吕荣值不作为控制标准，但要作为补灌标准，对于大于7Lu部位需进行补强灌浆。

3.2 施工特点与难点

（1）坝基固结灌浆钻孔深度大（30m），工程量大，与混凝土施工干扰大；河床坝基采用混凝土盖重灌浆，为保证混凝土浇筑间歇期，每次占用混凝土仓面时间有限，需钻孔灌浆设备多次上面。

（2）混凝土盖重固结灌浆混凝土盖重较厚，钻孔孔向要求与基岩面垂直，混凝土内埋件较多，主要有冷却水管及观测仪器等，进行固结灌浆钻孔施工时如何避开这些埋件是难点之一。

（3）混凝土盖重灌浆既要保证满足灌浆压力的要求又要防止混凝土抬动造成开裂是难点之一。

（4）玄武岩地层地质条件复杂，对灌浆质量要求高。

3.3 坝基处理施工方案

3.3.1 灌浆方式

坝基固结灌浆在缓坡段（高程440m以下）一般采用有混凝土盖重灌浆，在陡坡段采用无盖重加引管有混凝土盖重灌浆，坝后扩大灌浆区域的固结灌浆孔一般在贴角上进行有盖重固结灌浆，若无混凝土覆盖时，可采用无盖重灌浆。采用有混凝土盖重灌浆时，盖重混凝土厚度一般不小于7.5m。固结灌浆采用“三进三出”利用混凝土浇筑间歇期施工。

3.3.2 钻孔方法

为保证钻孔满足灌浆要求，除要求取芯的钻孔外，有盖重混凝土部位均采用液压冲击钻（ROC 742、ROC D7等钻机）钻孔，取芯孔采用XY-2型地质钻机钻孔，无盖重混凝土部位根据施工需要，可以使用各种适宜的钻机钻孔，主要采用XY-2型地质钻机及YQ-100B型风钻。

3.3.3 灌浆方法

主要采用孔口封闭、自上而下的循环式的方法灌浆，陡坡无盖重灌浆区可使用自下而上或自上而下的分段卡塞的循环式灌浆方法。

采用分段卡塞的方法灌浆时，使用先进的循环式水压式灌浆塞。

3.4 坝基处理施工工艺要点与特点

1. 钻孔布置

混凝土盖重灌浆时，需考虑钻孔布置与冷却水管的协调。冷却水管间排距一般为1.0m×1.0m或1.5m×1.5m，钻孔布置需考虑相同的模数，同时要考虑加密灌浆时钻孔的布置。

2. 钻孔设备的选择

施工初期，河床坝段（13~19号）采用高风压潜孔钻机。该钻机移动方便，钻孔效率高，适应高强度施工要求。施工中混凝土出现裂缝，经分析，由于混凝土龄期短，冲击振动对混凝土有一定的损伤，因此对钻孔设备进行了调整，混凝土采用岩芯钻机钻孔，基岩采用合适的钻机钻孔。

3. 钻孔过程中预埋管线及仪器的保护

由于灌浆孔布置密度大，监测仪器、线路多，管线仪器保护难度大。施工中主要采取以下措施：

（1）规范管线的埋设，对冷却水管具备条件时采用钢管，采用塑料管时，尽量布置规范，并用管卡固定，避免在混凝土振捣中移位。仪器、线路布设时应提前避让灌浆孔位，以减少相互影响。施工完成后编制管线及仪器埋设实际布置图，并以坐标标识。

（2）根据坐标绘制固结灌浆布孔图，对整个仓面进行统一布置，避让管线与预埋设备，布孔图由混凝土专业与监测单位会签。

（3）现场钻孔放线由专业测量人员进行。钻孔时应严格控制孔斜，发现异常情况应及时与相关专业沟通。

尽管采取了以上措施，还是有部分冷却水管被打断，经采取措施进行封堵，未对混凝土温控造成大的影响。

4. 混凝土盖重厚度的调整

河床坝段（13~19号）初期采用有混凝土盖重灌浆，混凝土盖重厚度不小于6m，相邻坝段不小于4.5m，利用混凝土浇筑间歇期进行施工。在施工过程中混凝土出现抬动变形和裂缝，经研究，将混凝土盖重厚度调整为不小于7.5m，相邻坝段不小于6m。

5. 灌浆方式的调整

根据河床坝段的经验在分析缓坡坝段地层条件的基础上对缓坡坝段的灌浆时机进行了调整，根据实际条件分区采用了有混凝土盖重灌浆、岩体盖重+混凝土盖重、无盖重+引管有盖重等方式。

6. 引管方式的调整

原设计陡坡坝采用岩体盖重加引管灌浆，引管采用“单孔单引”，即先对5m以下岩体进行灌浆，保证5m以下灌浆合格后，对上部5m钻孔冲洗后引管，或对5m钻孔进行封孔，并在旁边重新钻孔引管。该方法存在的问题是需要大面积引管，在混凝土达到盖重要求后再进行灌浆，检查孔施工难度大，出现不合格后补强难度大。经分析使地层资料灌浆成果，将灌浆方式调整为无盖重灌浆加引管有盖重灌浆，即对岩体进行无盖重灌浆，使无盖重灌浆不合格部位通过加密灌浆达到合格；如经加密灌浆后仍不合格，再进行引管灌浆。陡坡坝段采用无盖重灌浆，保证了灌浆超前混凝土浇筑两个坝段，减少了对混凝土的干扰。

7. 灌浆参数的调整

灌浆初期，由于采用的压力与灌浆注入率之间关系控制不严，造成了注灰量偏大、混凝土抬动变形等问题，经专家咨询，对灌浆压力参数进行了三次大的调整。原设计压力参数及压力参数调整见表3-3～表3-6。

表3-3　原设计压力参数

<table>
<tr><th rowspan="2">孔深（m）</th><th colspan="3">灌浆压力（MPa）</th></tr>
<tr><th>Ⅰ序</th><th>Ⅱ序</th><th>Ⅲ、Ⅳ序</th></tr>
<tr><td>0～5</td><td>1.5～2.0</td><td>2.0～2.5</td><td>2.5～3.0</td></tr>
<tr><td>5～10</td><td>2.0～2.5</td><td>2.5～3.0</td><td>3.0～3.5</td></tr>
<tr><td>10～15</td><td>2.5～3.0</td><td>3.0～3.5</td><td>3.5</td></tr>
<tr><td>15～20</td><td>3.0～3.5</td><td>3.5</td><td>3.5</td></tr>
<tr><td>20以上</td><td>3.5</td><td>3.5</td><td>3.5</td></tr>
</table>

表3-4　第一次压力参数调整

<table>
<tr><th rowspan="2">段次（m）</th><th colspan="3">灌浆压力（MPa）</th></tr>
<tr><th>Ⅰ序</th><th>Ⅱ序</th><th>Ⅲ、Ⅳ序</th></tr>
<tr><td>0～2</td><td>0.8</td><td>1.0</td><td rowspan="2">1.5</td></tr>
<tr><td>2～5</td><td>1.5</td><td>1.5</td></tr>
<tr><td>5～10</td><td>2.0</td><td>2.0</td><td>2.5</td></tr>
<tr><td>10～15</td><td>2.5</td><td>2.5</td><td>3.0</td></tr>
<tr><td>15～20</td><td>3.0</td><td>3.0</td><td>3.5</td></tr>
<tr><td>20以上</td><td>3.0</td><td>3.0</td><td>3.5</td></tr>
</table>

表3-5　第二次压力参数调整

<table>
<tr><th rowspan="2">段次（m）</th><th colspan="3">灌浆压力（MPa）</th></tr>
<tr><th>Ⅰ序</th><th>Ⅱ序</th><th>Ⅲ、Ⅳ序</th></tr>
<tr><td>0～2</td><td>0.8</td><td>0.8</td><td rowspan="2">1.0</td></tr>
<tr><td>2～5</td><td>1.0</td><td>1.0</td></tr>
<tr><td>5～10</td><td>1.5</td><td>1.5</td><td>1.5</td></tr>
<tr><td>10～15</td><td>2.0</td><td>2.0</td><td>2.0</td></tr>
<tr><td>15～20</td><td>2.0</td><td>2.0</td><td>2.5</td></tr>
<tr><td>20以上</td><td>2.0</td><td>2.0</td><td>2.5</td></tr>
</table>

表 3-6　第三次压力参数调整

<table>
<tr><th rowspan="2">段次（m）</th><th colspan="3">灌浆压力（MPa）</th></tr>
<tr><th>Ⅰ序</th><th>Ⅱ序</th><th>Ⅲ、Ⅳ序</th></tr>
<tr><td>0~2</td><td>1.0</td><td>1.5</td><td rowspan="2">1.5</td></tr>
<tr><td>2~5</td><td>1.5</td><td>1.5</td></tr>
<tr><td>5~10</td><td>2.0</td><td>2.0</td><td>2.0</td></tr>
<tr><td>10~15</td><td>2.0</td><td>2.0</td><td>2.5</td></tr>
<tr><td>15~20</td><td>2.0</td><td>2.5</td><td>2.5</td></tr>
<tr><td>20 以上</td><td>2.5</td><td>2.5</td><td>2.5</td></tr>
</table>

第一阶段：溪洛渡拱坝河床坝段混凝土仓面裂缝处理专题会议要求对压力和水灰比进行适当调整。第二阶段：2009 年 8 月召开专题专家咨询会，对固结灌浆工艺参数进行调整；各次参数调整后，单位注入量均有较大的降低。第三阶段：根据不同透水率的孔序将开灌浆液的水灰比适当调大，并将压力适当提高。2009 年 9 月起灌浆工作组先后召开 20 余次工作例会，根据现场固结灌浆情况对灌浆参数适时进行了调整，对可灌性的提高有一定作用。各次参数调整均取得一定效果。

8. 初期检查不合格处理

在河床坝段初期检查中发现部分检查孔孔段透水率超过设计标准，灌浆小组通过对灌浆资料进行分析，在灌浆施工中采取了以下措施：

（1）根据对灌浆资料的分析，对检查不合格区域布置了补强灌浆孔，并再次检查，直到合格。

（2）针对Ⅲ2 类岩体分布区域采用预加密措施。

（3）在灌浆施工过程中，系统地整理分析Ⅲ、Ⅳ序孔灌前压水及灌浆注入量情况，甄别出灌后检查可能不合格的区域，在检查孔施工前采取预补强措施。

（4）对灌后检查不合格的部位，采取局部后补强措施。

（5）针对“吸水不吸浆”的部位，开灌水灰比采用 3∶1，使用磨细水泥。

3.5　坝基处理施工管控措施

1. 成立了专业的管理小组

由于固结灌浆工程利用混凝土浇筑间歇期施工，工期紧，施工强度高、难度大，为保证工程的顺利实施，在主体工程开工前，业主、监理、施工单位都成立了专业的管理机构，由施工、监理、设计、业主单位联合成立了灌浆工作小组，具体负责灌浆过程的控制，以及施工过程中工序协调、技术问题快速处理等。

2. 制定详细的管理办法

针对坝基固结灌浆施工特点，项目部编制了《灌浆工程监理管理细则》，对施工质检、监理人员的岗位要求、职责、检查流程、检查要点、检查频次、控制要点、检查标准等都做了详细规定。

3. 实行图纸会签制度

坝基固结灌浆钻孔布置设计单位只提供布孔原则，施工单位根据布孔原则和现场条件进行施工图纸绘制。为保证施工单位布孔满足要求，施工图纸均需报监理审批，盖重灌浆时，为避免灌浆孔钻坏预埋仪器和冷却水管，灌浆孔位布置图需经所有相关施工、监测单位会签，放点都经测量部门进行。

4. 实行仓面设计、明白卡及准灌证制度

盖重灌浆利用混凝土间歇期施工，多次进出仓面，每次工作面上都要重新布孔，为避免出现重复施工、漏灌等，要求每次进入工作面前编写仓面设计。仓面设计包括内容依据、施工方法、施工要求、施工参数、本单元工程量、投入主要施工设备、施工人员、仓面布置等，开工前报监理审批。

根据仓面设计成果，制作该单元固结灌浆施工明白卡。明白卡包括施工程序、灌浆钻孔、钻孔冲洗、压水、灌浆等主要工作内容，开工前向施工人员交底。

灌浆单元工程实行准灌证制度，准灌条件必须满足设计要求和施工准备工作就绪，监理签了准灌证。

5. 统一采购和管理记录仪，并将记录仪厂家纳入灌浆质量管理体系

施工初期，由业主对记录仪厂家进行准入控制，确定了4家记录仪厂家的记录仪可以用于本工程施工，记录仪由施工单位自购和管理。在施工中发现，施工单位利用记录仪的软件漏洞或外接设备作假，而监理人员非记录仪专业人员，对此类问题很难发现，为此溪洛渡工程建设部统一采购了记录仪，并将记录仪厂家纳入质量管理体系。溪洛渡工程建设部制定出台了《记录仪管理办法》，施工单位只负责操作，管线标识，系统由业主委托记录仪厂家管理。记录仪厂家面对的顾客由施工单位转变为业主。同时由于是业主和记录仪厂家共同管理，针对过程中发现的漏洞能够及时发现和防范，对控制施工作假起到了一定的作用。

6. 变形观测采用全自动监测和报警系统

原来的抬动观测装置为千（百）分表，采用人工观测，观测人员的责任心对观测效果会有直接影响。有时即使发生了抬动，观测人员也不记录，对分析资料带来了不便。为克服以上问题，由业主统一采购了抬动自动监测仪。该装置可连续监测变形过程，并能根据设定值自动报警，以便提醒施工作业人员及时调整灌浆压力，为减少抬动的发生起到了很好的作用。

7. 采用灌浆数据信息系统

灌浆资料分析是指导下一步施工的关键，但由于数据量大，人工统计整理周期长，往往失去了时效性。本工程由业主主持开发了灌浆数据信息系统，通过数据录入和导入系统，即时统计分析各种数据，方便指导施工。该系统还在进一步完善，以逐步实现远程监控。

8. 出台《水泥核销管理办法》

灌浆工程是隐蔽工程，施工单位为追求利润，往往存在作假行为。业主出台了《水泥核销管理办法》，通过对水泥入库、拌制、灌注、正常消耗等进行过程考核签证，每周进行核算、平衡分析、评价，对控制作假起到了一定作用。

3.6 实施效果与评价

3.6.1 坝基固结灌浆成果

固结灌浆成果统计见表3-7。

表3-7 固结灌浆成果统计（1~31号坝段）

坝段编号	孔序	完成孔数（个）	基岩灌浆进尺（m）	注灰量（kg）	单位注灰量（kg/m）	平均透水率（Lu）
1号	Ⅰ序	30	700	27 957.1	39.94	1.18
	Ⅱ序	47	1 085	21 488.4	19.8	0.7
	Ⅲ序	17	385	685.52	1.78	0.29
合计		94	2 170	50 131.02	23.1	0.78
2号	Ⅰ序	106	1 826.3	35 843.1	19.63	2.02
	Ⅱ序	183	3 286.8	21 856.06	6.65	0.91
	Ⅲ序	76	1 433.7	1 270.8	0.89	0.3
合计		365	6 546.8	58 969.96	9.01	1.08
3号	Ⅰ序	88	1 701.1	63 600.2	37.39	5.93
	Ⅱ序	166	3 123.1	69 540	22.27	1.78
	Ⅲ序	81	1 504	6 774.8	4.5	0.54
	加密	25	500	505.2	1.01	0.27
合计		360	6 828.2	140 420.2	20.56	2.29
4号	Ⅰ序	106	1 993.5	22 385.3	11.23	9.83
	Ⅱ序	201	3 687.9	5 817.5	1.58	0.62
	Ⅲ序	95	1 692.9	642.2	0.38	0.16
	加密	69	690	23.7	0.03	0.02
	补强	119	595	353.3	0.59	0.25
合计		590	8 659.3	29 222	3.37	2.58
5号	Ⅰ序	118	2 599	160 928.8	10.14	12
	Ⅱ序	225	4 306.5	244 382.19	5.58	6.03
	Ⅲ序	111	1 813	35 976.4	5.56	5.56
	加密	32	320	113.2	0.35	0.39
	补强	8	120	309.7	2.58	0.48
合计		494	9 158.5	441 710.29	48.23	7.31

续表

坝段编号	孔序	完成孔数（个）	基岩灌浆进尺（m）	注灰量（kg）	单位注灰量（kg/m）	平均透水率（Lu）
6号	Ⅰ序	153	2 658.4	177 929.61	66.93	7.44
	Ⅱ序	254	4 523.2	201 356.16	44.52	2.92
	Ⅲ序	111	2 024.9	25 265.13	12.48	1.16
合　计		518	9 206.5	404 550.9	43.94	3.84
7号	Ⅰ序	73	1 355.5	94 045.43	66.74	9.42
	Ⅱ序	123	2 404	87 953	34.64	2.74
	Ⅲ序	49	1 017.6	18 324.87	16.98	2.36
	补强	47	282	1613.3	5.72	1.15
合　计		292	5 059.1	201 936.6	39.92	4.54
8号	Ⅰ序	97	1 670.7	109 344.2	65.45	10.98
	Ⅱ序	150	2 549.3	86 027.5	33.75	9.53
	Ⅲ序	52	878.6	24 862.76	28.3	17.03
	补强	119	687	5 052.1	7.35	0.95
合　计		418	5 785.6	225 286.56	38.94	10.07
9号	Ⅰ序	111	1 786.4	56 191.2	31.45	40.75
	Ⅱ序	213	3 015.4	40 077.1	13.29	3.13
	Ⅲ序	102	1 462.2	21 941.9	15.01	2.89
	Ⅳ序	13	75	2 044.8	27.26	7.4
合　计		439	6 339	120 255	18.97	12.6
10号	Ⅰ序	218	3 900.4	333 771.22	85.57	22.52
	Ⅱ序	293	4 950.6	82 386.26	16.64	5.36
	Ⅲ序	75	1 181.4	12 059.58	10.21	1.12
	补强	164	837.2	3 469	4.14	0
合　计		750	10 869.6	431 686.06	43.03	12.42
11号	Ⅰ序	137	2 178	173 957.67	79.87	10.77
	Ⅱ序	234	3 340.8	73 080.81	21.88	3.37
	Ⅲ序	85	1 124.8	19 784.28	17.59	2.09
合　计		456	6 643.6	266 822.76	40.16	5.55

续表

坝段编号	孔序	完成孔数（个）	基岩灌浆进尺（m）	注灰量（kg）	单位注灰量（kg/m）	平均透水率（Lu）
12号	Ⅰ	79	1 782	77 652.35	43.58	10.43
	Ⅱ	93	2 180.8	26 825.12	12.3	8.61
	Ⅲ	125	2 723.3	14 421.2	5.3	0.68
	Ⅳ	15	95.7	2 513	26.26	12.74
合　计		312	6 781.8	121 411.67	17.9	6.24
13号	Ⅰ	141	4 259.9	2 291 510.17	538	87
	Ⅱ	158	4 914.9	1 162 143.06	236	39
	Ⅲ	107	3 157.9	328 648.64	104	17
	Ⅳ	118	3 315.8	70 114.98	21	4
合　计		532	15 648.5	3 852 416.85	246	39
14号	Ⅰ序	191	5 218.8	1 491 331.1	285.8	48.33
	Ⅱ序	186	5 313.3	500 176.72	94.14	14.86
	Ⅲ序	142	3 707.6	146 419.84	39.49	7.24
	Ⅳ序	206	5 234	52 953.92	10.12	3.28
	加密	7	200	0	0	0
	补强	4	120	89.06	0.742	2.7
合　计		736	19 793.7	2 190 970.64	110.7	18.77
15号	Ⅰ序	145	3 991.9	1 545 757.04	387.22	63.21
	Ⅱ序	135	3 558.5	973 417.47	273.55	37.15
	Ⅲ序	126	3 570.3	355 659.51	99.62	14.11
	Ⅳ序	101	2 874	185 914.67	64.69	8.6
	加密	75	1 125	193 183.35	171.72	17.76
	补强	80	2 000	26 844.89	13.42	1.68
合　计		662	17 119.7	3 280 776.93	191.64	27.75
16号	Ⅰ序	158	4 357.8	2 266 868.7	520.19	105.07
	Ⅱ序	177	4 816.6	496 302.56	103.04	16.77
	Ⅲ序	155	4 140.4	52 730.81	12.74	4.59
	Ⅳ序	126	3 037.3	21 682.31	7.14	3.22
	加密	57	1 590	5 004.4	3.15	3.92
	补强	48	474	4 928.18	10.4	4.48
合　计		721	18 416.1	2 847 516.96	154.62	31.27

续表

坝段编号	孔序	完成孔数（个）	基岩灌浆进尺（m）	注灰量（kg）	单位注灰量（kg/m）	平均透水率（Lu）
17号	Ⅰ序	143	4 235.8	1 360 452.24	321.18	54.01
	Ⅱ序	171	5 170	665 134.08	128.65	18.66
	Ⅲ序	131	3 805	201 840.44	53.05	7.31
	Ⅳ序	114	2 906.1	97 906.38	33.69	6.24
	加密	68	1 860	22 344.63	12.01	2.39
	补强	29	524	2 622.72	5.01	2.19
合　计		656	18 500.9	2 350 300.49	127.04	20.37
18号	Ⅰ序	159	4 951.9	859 093.52	167.66	82.55
	Ⅱ序	159	4 965.8	390 619.24	79.21	30.94
	Ⅲ序	89	2 465.4	51 171.36	21.03	20.69
	Ⅳ序	82	2 290	30 661.37	13.39	11.63
	加密	148	4 160	24 149.87	5.81	8.54
合　计		637	18 833.1	1 355 695.36	57.42	30.87
19号	Ⅰ序	131	4 094.7	920 980.73	224.92	171.84
	Ⅱ序	142	4 749.7	576 397.31	121.35	49.22
	Ⅲ序	95	3 002.1	142 653.29	47.52	13.93
	Ⅳ序	84	2 385	56 491.96	23.69	14.6
	加密	126	3 590	20 890.09	5.82	4.89
合　计		578	17 821.5	1 717 413.38	96.37	57.89
20号	Ⅰ序	114	2 384.8	343 691.59	144.12	31.19
	Ⅱ序	143	2 842.4	219 407.27	77.19	24.93
	Ⅲ序	45	890.5	33 065.55	37.13	15.99
	补强	17	85	461.2	5.43	2.75
合　计		319	6 202.7	596 625.61	96.19	26.29
21号	Ⅰ序	115	2 656.3	361 638.7	136.14	34.19
	Ⅱ序	166	3 820.5	208 551.27	54.59	29.2
	Ⅲ序	51	1 131	43 860.17	38.78	17.09
	补强	30	150	364.4	2.43	0
合　计		362	7 757.8	614 414.54	79.2	29.14

续表

坝段编号	孔序	完成孔数（个）	基岩灌浆进尺（m）	注灰量（kg）	单位注灰量（kg/m）	平均透水率（Lu）
22 号	Ⅰ序	349	5 460. 4	724 203. 25	132. 63	13. 29
	Ⅱ序	378	6 160. 6	244 957. 48	39. 76	9. 57
	Ⅲ序	58	1 120. 7	9 248. 2	8. 25	4. 82
合　计		785	12 741. 7	978 408. 93	76. 79	10. 74
23 号	Ⅰ序	241	4 395. 5	162 718. 5	37. 02	17. 43
	Ⅱ序	361	6 657	77 140. 5	11. 59	2. 99
	Ⅲ序	119	2 247. 1	12 266. 3	5. 46	1. 47
合　计		721	13 299. 6	252 125. 3	18. 96	7. 51
24 号	Ⅰ序	170	4 245. 9	68 964. 7	16. 24	7. 38
	Ⅱ序	262	6 181. 9	77 629. 8	12. 56	3. 67
	Ⅲ序	84	1 938. 2	25 516. 3	13. 16	1. 1
合　计		516	12 366	172 110. 8	13. 92	4. 54
25 号	Ⅰ序	170	3 280	63 725. 3	19. 43	6. 31
	Ⅱ序	266	5 200	39 447. 3	7. 59	1. 77
	Ⅲ序	95	1 905	9 889. 2	5. 19	0. 86
	Ⅳ序	33	1 685	37 686. 51	22. 37	19. 32
合　计		564	12 070	150 748. 31	12. 49	5. 31
26 号	Ⅰ序	168	3 205. 7	96 507. 9	30. 11	8. 24
	Ⅱ序	257	4 869. 3	37 289. 1	7. 66	1. 3
	Ⅲ序	90	1 703. 3	6 131. 6	3. 6	0. 68
	Ⅳ序	29	192	56	0. 29	0. 6
合　计		544	9 970. 3	139 984. 6	14. 04	3. 41
27 号	Ⅰ序	169	3 926. 5	223 103. 7	56. 82	9. 24
	Ⅱ序	280	6 439. 5	160 796. 2	24. 97	1. 23
	Ⅲ序	111	2 513	20 210. 21	8. 04	0. 38
合　计		560	12 879	404 110. 11	31. 38	3. 47
28 号	Ⅰ序	156	3 442	275 945. 67	80. 17	4. 43
	Ⅱ序	231	4 955. 9	81 076	16. 36	0. 78
	Ⅲ序	75	1 496. 2	2 029. 1	1. 36	0. 36
合　计		462	9 894. 1	359 050. 77	36. 29	1. 98

续表

坝段编号	孔序	完成孔数（个）	基岩灌浆进尺（m）	注灰量（kg）	单位注灰量（kg/m）	平均透水率（Lu）
29号	Ⅰ序	120	2 379.8	26 751.9	11.24	11.69
	Ⅱ序	193	3 843.7	7 312.1	1.9	0.59
	Ⅲ序	72	1 447.1	1 189.5	0.82	0.28
合　计		385	7 670.6	35 253.5	4.6	3.97
30号	Ⅰ序	86	1 723	50 742.2	29.45	1.89
	Ⅱ序	127	2 622.9	24 105.8	9.19	0.58
	Ⅲ序	38	823.1	4 852.06	5.89	0.21
合　计		251	5 169	79 700.06	15.42	0.96
31号	Ⅰ序	39	829.6	4 330.7	5.22	0.76
	Ⅱ序	75	1 602.7	4 306.8	2.69	0.81
	Ⅲ序	36	780.5	1 043.2	1.34	0.51
合　计		150	3 212.8	9 680.7	3.01	0.72
汇　总		15 229	323 415.1	23 879 706.86	73.84	1.88

大坝基础固结灌浆1~31号坝段共钻灌固结灌浆孔15 229个，基岩段灌浆323 415.1m，共注入水泥23 879.71t，平均单位注灰量73.84kg/m，各坝段灌前平均透水率和单位注灰量随序递减，符合固结灌浆的正常规律。

3.6.2　检查成果

1. 压水试验成果

1~31号坝段共31个单元，每个单元分上游发散区、坝体及下游贴角区、下游发散区、水垫塘边坡。共布置检查孔761个、压水试验段3 256段，检查成果表明，经灌浆和补强灌浆后，各坝段检查孔压水孔段合格率均达到86%以上，满足设计标准值（85%），最大透水率一般不超过设计标准值的150%，个别超标孤点进行了补强灌浆处理，压水试验成果满足设计要求。坝基固结灌浆压水试验成果见表3-8。

表3-8　坝基固结灌浆压水试验成果

坝段编号	分区	检查孔数（个）	压水段数（段）	透水率区间分布（Lu）					合格标准（Lu）	坝段质量评价
				≤3	3~4.5	4.5~7	7~10	>10		
1号	坝体区	4	18	18	0	0	0	0	≤3	合格
	上游贴角区	1	5	5	0	0	0	0	≤10	
	全坝段	5	23	23	0	0	0	0		

续表

坝段编号	分区	检查孔数（个）	压水段数（段）	透水率区间分布（Lu）					合格标准（Lu）	坝段质量评价
				≤3	3~4.5	4.5~7	7~10	>10		
2号	坝体区	16	61	61	0	0	0	0	≤3	合格
	上游贴角区	3	9	9	0	0	0	0	≤10	
	全坝段	19	70	70	0	0	0	0		
3号	坝体区	16	66	66	0	0	0	0	≤3	合格
	上游贴角区	2	6	6	0	0	0	0	≤10	
	全坝段	18	72	72	0	0	0	0		
4号	坝体区	20	80	80	0	0	0	0	≤3	合格
	上游贴角区	2	6	6	0	0	0	0	≤10	
	全坝段	22	86	86	0	0	0	0		
5号	LA区Ⅳ单元	5	19	19	0	0	0	0	≤3	合格
	LA区Ⅴ单元	11	28	21	2	3	2	0	≤3	
	LA区Ⅴ单元补灌后	10	15	15	0	0	0	0	≤3	
	438~458m坝基	9	35	35	0	0	0	0	≤3	
	上游贴角区	1	3	3	0	0	0	0	≤10	
	下游贴角区	1	6	3	3	0	0	0	≤7	
	全坝段	37	106	96	5	3	2	0		
6号	坝体区	18	65	65	0	0	0	0	≤3	合格
	上游贴角区	2	6	6	0	0	0	0	≤10	
	下游贴角区及发散区	2	17	6	6	3	2	0	≤7 ≤10	
	全坝段	22	88	77	4	3	2	0		
7号	LA区Ⅰ单元	6	21	16	0	1	2	2	≤3	合格
	LA区Ⅰ单元补灌后	2	2	2	0	0	0	0	≤3	
	LA区Ⅱ单元	12	45	45	0	0	0	0	≤3	
	上游贴角区	2	6	6	0	0	0	0	≤10	
	下游贴角区	3	12	9	3	0	0	0	≤7	
	水垫塘边坡	3	8	2	3	2	1	0	≤10	
	全坝段	28	94	80	6	3	3	2		

续表

坝段编号	分区	检查孔数（个）	压水段数（段）	透水率区间分布（Lu）					合格标准（Lu）	坝段质量评价
				≤3	3~4.5	4.5~7	7~10	>10		
8号	LA区外坝体	8	20	20	0	0	0	0	≤3	合格
	LA区外上游贴角区	1	3	3	0	0	0	0	≤10	
	LA区内坝体	11	42	32	1	1	1	7	≤3	
	LA区内坝体补灌后	5	5	5	0	0	0	0	≤3	
	下游贴角区	2	7	4	3	0	0	0	≤7	
	全坝段	27	77	64	4	1	1	7		
9号	坝体区	12	42	42	0	0	0	0	≤3	合格
	上游贴角区	2	6	6	0	0	0	0	≤10	
	下游贴角区	2	4	2	2	0	0	0	≤7	
	水垫塘边坡	3	10	4	5	1	0	0	≤10	
	全坝段	19	62	54	7	1	0	0		
10号	上部缓坡区	7	26	26	0	0	0	0	≤3	合格
	陡坡区	14	59	56	2	1	0	0	≤3	
	下部缓坡区	5	20	20	0	0	0	0	≤3	
	上游贴角区	2	6	6	0	0	0	0	≤10	
	下游贴角区	2	4	4	0	0	0	0	≤7	
	水垫塘边坡	5	17	17	0	0	0	0	≤10	
	全坝段	35	132	129	2	1	0	0		
11号	坝体区	10	40	40	0	0	0	0	≤3	合格
	上游贴角区	1	4	4	0	0	0	0	≤10	
	下游贴角区	4	15	14	1	0	0	0	≤7	
	水垫塘边坡	3	9	3	4	2	0	0	≤10	
	全坝段	18	68	61	5	2	0	0		
12号	坝体区	10	40	40	0	0	0	0	≤3	合格
	上游贴角区	1	4	3	0	1	0	0	≤10	
	下游贴角区	4	11	5	0	6	0	0	≤7	
	水垫塘边坡	3	14	3	2	6	3	0	≤10	
	全坝段	18	69	51	2	13	3	0		

续表

坝段编号	分区	检查孔数（个）	压水段数（段）	透水率区间分布（Lu）					合格标准（Lu）	坝段质量评价
				≤3	3~4.5	4.5~7	7~10	>10		
13号	坝体区	21	110	106	4	0	0	0	≤3	合格
	上游贴角区	2	10	10	0	0	0	0	≤10	
	下游贴角区	3	7	3	4	0	0	0	≤7	
	水垫塘边坡	3	11	9	2	0	0	0	≤10	
	全坝段	29	138	128	10	0	0	0		
14号	坝体区	20	120	113	2	4	1	0	≤3	合格
	坝体区补检	3	9	8	1	0	0	0		
	上游贴角区	2	10	10	0	0	0	0	≤10	
	下游贴角区	2	12	12	0	0	0	0	≤3	
	下游发散区	2	10	10	0	0	0	0	≤7	
	全坝段	29	161	153	3	4	1	0		
15号	坝体区	19	105	59	16	19	10	1	≤3	合格
	坝体区补检	8	45	40	5	0	0	0	≤3	
	上游贴角区	2	12	12	0	0	0	0	≤10	
	下游贴角区	2	12	12	0	0	0	0	≤3	
	下游发散区	1	5	5	0	0	0	0	≤7	
	全坝段	32	179	128	21	19	10	1		
16号	坝体区	15	84	76	6	2	0	0	≤3	合格
	坝体区补检	7	38	35	3	0	0	0	≤3	
	下游贴角区	7	34	34	0	0	0	0	≤3	
	下游发散区	3	8	8	0	0	0	0	≤7	
	全坝段	32	164	153	9	2	0	0		
17号	坝体区	19	105	80	13	12	0	0	≤3	合格
	坝体区补检	4	22	22	0	0	0	0	≤3	
	上游贴角区	2	12	7	2	1	2	0	≤10	
	下游贴角区	6	29	29	0	0	0	0	≤3	
	下游发散区	5	27	27	0	0	0	0	≤7	
	水垫塘边坡	4	8	5	1	2	0	0	≤10	
	全坝段	40	203	170	16	15	2	0		

续表

坝段编号	分区	检查孔数（个）	压水段数（段）	透水率区间分布（Lu）					合格标准（Lu）	坝段质量评价
				≤3	3~4.5	4.5~7	7~10	>10		
18号	坝体区	20	113	99	14	0	0	0	≤3	合格
	上游贴角区	2	10	5	1	4	0	0	≤10	
	下游贴角区	3	18	18	0	0	0	0	≤3	
	下游发散区	3	18	15	1	2	0	0	≤7	
	水垫塘边坡	3	10	4	2	2	2	0	≤10	
	全坝段	31	169	141	18	8	2	0		
19号	坝体区	18	102	99	3	0	0	0	≤3	合格
	上游贴角区	2	12	8	3	1	0	0	≤10	
	下游贴角区	2	12	12	0	0	0	0	≤3	
	下游发散区	4	23	9	7	7	0	0	≤7	
	水垫塘边坡	4	22	12	7	1	2	0	≤10	
	全坝段	30	171	140	20	9	2	0		
20号	坝体区	9	27	26	1	0	0	0	≤3	合格
	上游贴角区	1	2	1	0	0	1	0	≤10	
	下游贴角区	1	5	5	0	0	0	0	≤3	
	水垫塘边坡	2	14	10	3	1	0	0	≤10	
	全坝段	13	48	42	4	1	1	0		
21号	328平台	5	15	15	0	0	0	0	≤3	合格
	下游发散区	7	33	33	0	0	0	0	≤7	
	内侧发散区	4	12	12	0	0	0	0	≤3	
	342平台	5	15	15	0	0	0	0	≤3	
	C3、C4区	16	72	72	0	0	0	0	≤3	
	上游贴角区	1	5	5	0	0	0	0	≤10	
	水垫塘边坡	3	25	16	4	5	0	0	≤10	
	全坝段	41	177	168	4	5	0	0		
22号	C1、C2区	8	24	24	0	0	0	0	≤3	合格
	上游贴角区	2	10	10	0	0	0	0	≤10	
	水垫塘边坡	5	35	29	5	1	0	0	≤10	
	全坝段	15	69	63	5	1	0	0		

续表

坝段编号	分区	检查孔数（个）	压水段数（段）	透水率区间分布（Lu）					合格标准（Lu）	坝段质量评价
				≤3	3~4.5	4.5~7	7~10	>10		
23号	坝体区	20	76	75	1	0	0	0	≤3	合格
	LC区	4	11	11	0	0	0	0	≤3	
	上游贴角区	1	3	3	0	0	0	0	≤10	
	下游贴角区	4	16	15	1	0	0	0	≤7	
	全坝段	29	106	104	2	0	0	0		
24号	坝体区	17	80	74	6	0	0	0	≤3	合格
	上游贴角区	2	8	8	0	0	0	0	≤10	
	下游贴角区	6	30	17	8	5	0	0	≤7	
	下游发散区	6	30	17	8	5	0	0	≤10	
	全坝段	25	118	99	14	5	0	0		
25号	坝体区	18	70	69	1	0	0	0	≤3	合格
	上游贴角区	2	6	4	1	1	0	0	≤10	
	下游贴角区	5	18	18	0	0	0	0	≤7	
	全坝段	29	104	101	2	1	0	0		
26号	坝体区	18	71	70	1	0	0	0	≤3	合格
	上游贴角区	1	3	3	0	0	0	0	≤10	
	下游贴角区	4	16	16	0	0	0	0	≤7	
	全坝段	23	90	89	1	0	0	0		
27号	坝体区	22	99	99	0	0	0	0	≤3	合格
	下游贴角区	6	30	30	0	0	0	0	≤7	
	全坝段	28	129	129	0	0	0	0		
28号	坝体区	16	69	69	0	0	0	0	≤3	合格
	上游贴角区	2	8	8	0	0	0	0	≤10	
	下游贴角区	6	30	30	0	0	0	0	≤7	
	全坝段	24	107	107	0	0	0	0		
29号	坝体区	16	67	67	0	0	0	0	≤3	合格
	上游贴角区	2	8	8	0	0	0	0	≤10	
	下游贴角区	2	8	8	0	0	0	0	≤7	
	全坝段	20	83	83	0	0	0	0		

续表

坝段编号	分区	检查孔数（个）	压水段数（段）	透水率区间分布（Lu）					合格标准（Lu）	坝段质量评价
				≤3	3~4.5	4.5~7	7~10	>10		
30 号	坝体区	9	35	35	0	0	0	0	≤3	合格
	上游贴角区	2	8	8	0	0	0	0	≤10	
	下游贴角区	3	12	7	4	1	0	0	≤7	
	全坝段	14	55	50	4	1	0	0		
31 号	坝体区	5	23	23	0	0	0	0	≤3	合格
	上游贴角区	1	4	1	1	2	0	0	≤10	
	下游贴角区	3	11	11	0	0	0	0	≤7	
	全坝段	9	38	35	1	2	0	0		
汇总		761	3 256	2 946	169	100	29	10		

2. 声波测试结果

大坝坝基固结灌浆后在各坝段均布置物探检测孔，测试结果表明，全坝段灌后声波波速平均值全坝段声波波速小于 4 000m/s 的百分比、单孔合格率均达到设计要求。声波检测成果见表 3-9。

表 3-9　声 波 检 测 成 果

坝段编号	孔深范围	全坝段灌后声波波速平均值（m/s）		全坝段声波波速小于 4 000m/s 的百分比（%）		单孔合格率（%）		评价
		实测	标准	实测	标准	实测	标准	
1 号	0~5m	5 488	≥4 600	4	≤15	100	≥85	合格
	5m~孔底	5 531	≥4 800	0.3	≤15			
2 号	0~5m	5 231	≥4 800	7.3	≤12	100	≥85	合格
	5m~孔底	5 453	≥5 000	2.6	≤12			
3 号	0~5m	5 373	≥4 800	4.2	≤12	100	≥85	合格
	5m~孔底	5 524	≥5 000	0.3	≤12			
4 号	0~5m	4 750	≥4 800	20.6	≤12	50	≥85	补灌后合格
	5m~孔底	5 434	≥5 000	4.1	≤12			
4 号补灌后	0~5m	5 263	≥4 800	1.8	≤12	89	≥85	
	5m~孔底	5 674	≥5 000	0	≤12			
5 号	0~5m	5 214	≥4 800	3	≤12	98	≥85	合格
	5m~孔底	5 435	≥5 000	1.6	≤12			

续表

坝段编号	孔深范围	全坝段灌后声波波速平均值（m/s）		全坝段声波波速小于4 000m/s的百分比（%）		单孔合格率（%）		评价
		实测	标准	实测	标准	实测	标准	
6号	0~5m	5 224	≥4 800	3.2	≤12	100	≥85	合格
	5m~孔底	5 777	≥5 000	0.4	≤12			
7号	0~5m	5 677	≥4 800	2.8	≤12	100	≥85	合格
	5m~孔底	5 823	≥5 000	0.2	≤12			
8号A区以外	0~5m	5 609	≥4 800	1.5	≤12	100	≥85	合格
	5m~孔底	5 803	≥5 000	0.8	≤12			
8号A区内	0~5m	5 635	≥4 800	6	≤12	91	≥85	
	5m~孔底	5 853	≥5 000	0.2	≤12			
9号	0~5m	5 289	≥4 800	8.9	≤12	83	≥85	补灌后合格
	5m~孔底	5 568	≥5 000	1	≤12			
9号补灌后	0~5m	5 194	≥4 800	8.0	≤12	100	≥85	
	5m~孔底	5 663	≥5 000	0	≤12			
10号上缓坡	0~5m	5 359	≥4 800	6.3	≤12	100	≥85	合格
	5m~孔底	5 805	≥5 000	0	≤12			
10号陡坡	0~5m	4 525	≥4 800	37.7	≤12	7	≥85	补灌后合格
	5m~孔底	5 337	≥5 000	4.4	≤12			
10号陡坡补灌后	0~5m	5 582	≥4 800	0.7	≤12	100	≥85	
	5m~孔底	5 728	≥5 000	0.9	≤12			
10号下缓坡	0~5m	5 420	≥4 800	1.6	≤12	100	≥85	合格
	5m~孔底	5 403	≥5 000	2.5	≤12			
11号	0~5m	5 203	≥4 800	4	≤12	90	≥85	合格
	5m~孔底	5 598	≥5 000	0.8	≤12			
12号	0~5m	5 640	≥4 800	0.7	≤12	93	≥85	合格
	5m~孔底	5 459	≥5 000	1.8	≤12			
13号	0~5m	5 240	≥4 800	2.11	≤12	96	≥85	合格
	5m~孔底	5 416	≥5 000	2.01	≤12			

续表

<table>
<tr><th rowspan="2">坝段编号</th><th rowspan="2">孔深范围</th><th colspan="2">全坝段灌后声波波速平均值（m/s）</th><th colspan="2">全坝段声波波速小于4 000m/s 的百分比（%）</th><th colspan="2">单孔合格率（%）</th><th rowspan="2">评价</th></tr>
<tr><th>实测</th><th>标准</th><th>实测</th><th>标准</th><th>实测</th><th>标准</th></tr>
<tr><td rowspan="2">14 号Ⅰ区</td><td>0～5m</td><td>4 938</td><td>≥4 800</td><td>11.3</td><td>≤12</td><td rowspan="2">17</td><td rowspan="2">≥85</td><td rowspan="8">补灌后合格</td></tr>
<tr><td>5m～孔底</td><td>5 352</td><td>≥5 000</td><td>9.6</td><td>≤12</td></tr>
<tr><td rowspan="2">14 号Ⅱ区</td><td>0～5m</td><td>4 854</td><td>≥4 800</td><td>11.6</td><td>≤12</td><td rowspan="2">73</td><td rowspan="2">≥85</td></tr>
<tr><td>5m～孔底</td><td>5 554</td><td>≥5 000</td><td>4.1</td><td>≤12</td></tr>
<tr><td rowspan="2">14 号Ⅲ区</td><td>0～5m</td><td>4 380</td><td>≥4 800</td><td>28</td><td>≤12</td><td rowspan="2">33</td><td rowspan="2">≥85</td></tr>
<tr><td>5m～孔底</td><td>5 741</td><td>≥5 000</td><td>1.6</td><td>≤12</td></tr>
<tr><td rowspan="2">14 号补灌后</td><td>0～5m</td><td></td><td>≥4 800</td><td></td><td>≤12</td><td rowspan="2">100</td><td rowspan="2">≥85</td></tr>
<tr><td>5m～孔底</td><td></td><td>≥5 000</td><td></td><td>≤12</td></tr>
<tr><td rowspan="2">15 号</td><td>0～5m</td><td>5 131</td><td>≥4 800</td><td>4.9</td><td>≤12</td><td rowspan="2">76</td><td rowspan="2">≥85</td><td rowspan="4">补灌后合格</td></tr>
<tr><td>5m～孔底</td><td>5 524</td><td>≥5 000</td><td>4.8</td><td>≤12</td></tr>
<tr><td rowspan="2">15 号补灌后</td><td>0～5m</td><td></td><td>≥4 800</td><td></td><td>≤12</td><td rowspan="2">100</td><td rowspan="2">≥85</td></tr>
<tr><td>5m～孔底</td><td></td><td>≥5 000</td><td></td><td>≤12</td></tr>
<tr><td rowspan="2">16 号</td><td>0～5m</td><td>4 670</td><td>≥4 800</td><td>19.7</td><td>≤12</td><td rowspan="2">40</td><td rowspan="2">≥85</td><td rowspan="4">补灌后合格</td></tr>
<tr><td>5m～孔底</td><td>5 347</td><td>≥5 000</td><td>8.2</td><td>≤12</td></tr>
<tr><td rowspan="2">16 号补灌后</td><td>0～5m</td><td></td><td>≥4 800</td><td></td><td>≤12</td><td rowspan="2">94</td><td rowspan="2">≥85</td></tr>
<tr><td>5m～孔底</td><td></td><td>≥5 000</td><td></td><td>≤12</td></tr>
<tr><td rowspan="2">17 号</td><td>0～5m</td><td>5 099</td><td>≥4 800</td><td>4.06</td><td>≤12</td><td rowspan="2">68</td><td rowspan="2">≥85</td><td rowspan="4">补灌后合格</td></tr>
<tr><td>5m～孔底</td><td>5 232</td><td>≥5 000</td><td>8.69</td><td>≤12</td></tr>
<tr><td rowspan="2">17 号补灌后</td><td>0～5m</td><td></td><td>≥4 800</td><td></td><td>≤12</td><td rowspan="2">100</td><td rowspan="2">≥85</td></tr>
<tr><td>5m～孔底</td><td></td><td>≥5 000</td><td></td><td>≤12</td></tr>
<tr><td rowspan="2">18 号</td><td>0～5m</td><td>5 477</td><td>≥4 800</td><td>0.8</td><td>≤12</td><td rowspan="2">100</td><td rowspan="2">≥85</td><td rowspan="2">合格</td></tr>
<tr><td>5m～孔底</td><td>5 366</td><td>≥5 000</td><td>4.98</td><td>≤12</td></tr>
<tr><td rowspan="2">19 号</td><td>0～5m</td><td>5 178</td><td>≥4 800</td><td>2.7</td><td>≤12</td><td rowspan="2">96</td><td rowspan="2">≥85</td><td rowspan="2">合格</td></tr>
<tr><td>5m～孔底</td><td>5 537</td><td>≥5 000</td><td>3.7</td><td>≤12</td></tr>
<tr><td rowspan="2">20 号</td><td>0～5m</td><td>5 238</td><td>≥4 800</td><td>4</td><td>≤12</td><td rowspan="2">100</td><td rowspan="2">≥85</td><td rowspan="2">合格</td></tr>
<tr><td>5m～孔底</td><td>5 227</td><td>≥5 000</td><td>3.4</td><td>≤12</td></tr>
</table>

续表

坝段编号	孔深范围	全坝段灌后声波波速平均值（m/s）		全坝段声波波速小于 4 000m/s 的百分比（%）		单孔合格率（%）		评价
		实测	标准	实测	标准	实测	标准	
21 号坝段 328m 平台	0~5m	4 636	≥4 800	27.2	≤12	0	≥85	补灌后合格
	5m~孔底	5 909	≥5 000	2	≤12			
21 号坝段高程 328m 平台	0~5m	4 868	≥4 800	14.6	≤12	50	≥85	
					≤12			
21 号坝段 A5 区	全孔	5 520	≥4 400			—	—	
21 号坝段 C4 区	0~5m	5 152	≥4 800	1	≤12	100	≥85	
	5m~孔底	5 125	≥5 000	3.5	≤12			
21 号坝段高程 342m 平台	0~5m	5 361	≥4 800	1.6	≤12	100	≥85	
	5m~孔底	5 269	≥5 000	3	≤12			
21 号坝段 C3、C4 区	全孔	5 534	≥4 800	3.8	≤12	100	≥85	
22 号坝段 C1 区	0~5m	5 612	≥4 800	2	≤12	100	≥85	合格
	5m~孔底	5 499	≥5 000	1	≤12			
22 号坝段 C2 区	0~5m	5 366	≥4 800	1	≤12	100	≥85	
	5m~孔底	5 389	≥5 000	3	≤12			
23 号	0~5m	5 606	≥4 800	1.6	≤12	100	≥85	合格
	5m~孔底	5 579	≥5 000	1.7	≤12			
24 号	0~5m	5 556	≥4 800	4.2	≤12	91	≥85	合格
	5m~孔底	5 723	≥5 000	2.2	≤12			
25 号	0~5m	5 390	≥4 800	7.1	≤12	88	≥85	合格
	5m~孔底	5 570	≥5 000	3.2	≤12			
26 号	0~5m	5 083	≥4 800	4.7	≤12	89	≥85	合格
	5m~孔底	5 499	≥5 000	1.1	≤12			
27 号	0~5m	5 552	≥4 800	0.5	≤12	100	≥85	合格
	5m~孔底	5 565	≥5 000	0.3	≤12			
28 号	0~5m	5 401	≥4 800	0.7	≤12	100	≥85	合格
	5m~孔底	5 421	≥5 000	1.2	≤12			

续表

坝段编号	孔深范围	全坝段灌后声波波速平均值（m/s）		全坝段声波波速小于 4 000m/s 的百分比（%）		单孔合格率（%）		评价
		实测	标准	实测	标准	实测	标准	
29 号	0～5m	5 255	≥4 800	2.3	≤12	100	≥85	合格
	5m～孔底	5 548	≥5 000	1.6	≤12			
30 号	0～5m	4 585	≥4 600	15.6	≤15	100	≥85	合格
	对穿声波	4 722	≥4 600	2.4	≤15			
	5m～孔底	5 309	≥4 800	1.4	≤15			
31 号	0～5m	5 071	≥4 600	4.8	≤15	100	≥85	合格
	5m～孔底	5 499	≥4 800	0.7	≤15			

3.6.3 大坝运行观测成果

通过精密水准仪监测的河床坝段基础沉降变形在设计允许的正常变形范围内，大坝基础工作状态正常。

4 混凝土原材料

4.1 基本情况

溪洛渡高拱坝混凝土分为四个区：基础面以上高度为0.2L（L为浇筑块长边长度）的坝体区域为基础强约束区（A区）；基础面以上高度为0.2L~0.4L的坝体区域为基础弱约束区（B区）；孔口周围15m左右范围的坝体区域为孔口约束区；除基础约束区及孔口约束区以外的坝体区域为自由区（C区）。

溪洛渡高拱坝混凝土约670万m^3，大坝为双曲拱坝，受力条件较为复杂，混凝土抗裂性能要求高于其他坝型，在满足设计和施工要求的前提下，尽量降低混凝土单位用水量和胶凝材料用量，以降低混凝土水化温升，提高混凝土抗裂性能，减少裂缝产生的可能性，是原材料选择和配合比试验研究的重难点。

4.2 原材料选择

4.2.1 中热水泥

溪洛渡大坝混凝土设计使用中热硅酸盐水泥，参建各方在调研、优选阶段，就非常重视中热水泥的低水化热、微膨胀性能，在溪洛渡工程标准《混凝土用中热硅酸盐水泥技术要求及检验》（CTGPC·XLD 01）中要求厂家采取提高水泥中方镁石含量的技术措施，控制氧化镁含量在4.2%~5.0%范围内，以保证中热水泥的微膨胀性能，还要求3d、7d水化热低于241kJ/kg、283kJ/kg，以保证中热水泥的低水化热性能。各水泥厂家均针对上述要求采取了相应技术措施，水电八局、成勘院、长科院、水科院、三峡试验中心、溪洛渡试验中心等多家试验单位对昭通华新、四川峨胜、贵州水城、四川双马、四川双枪、重庆地维等多个品牌的中热水泥进行了大量的交叉平行比较试验，后经专家组评审，最终确定溪洛渡大坝混凝土使用云南昭通华新P·MH42.5中热水泥，四川峨胜P·MH42.5中热水泥作为备选。

从开工至今共取样检测云南昭通华新P·MH42.5中热水泥1 570个批次，检测结果见表4-1。

表4-1 云南昭通华新P·MH42.5水泥检测结果统计

检测项目	检测批次	最大值	最小值	平均值	标准差	合格率（%）	GB 200—2003 标准要求
比表面积（m^2/kg）	139	328	288	309	—	100	250~340
安定性	1 570	合格			—	100	合格

续表

检测项目		检测批次	最大值	最小值	平均值	标准差	合格率（%）	GB 200—2003标准要求
烧失量（%）		60	1.72	0.12	0.65	—	100	≤3.0
氧化镁含量（%）		62	4.96	4.22	4.60	—	100	≤5.0
三氧化硫含量（%）		64	3.40	1.15	1.88	—	100	≤3.5
碱含量（%）		62	0.54	0.15	0.45	—	100	≤0.60
抗压强度（MPa）	3d	1 570	33.4	15.9	21.2	2.12	100	≥12.0
	7d	1 568	41.7	22.3	28.9	2.50	100	≤22.0
	28d	1 560	54.8	42.7	48.5	1.82	100	≤42.5
抗折强度（MPa）	3d	1 570	6.7	3.4	4.6	0.37	100	≤3.0
	7d	1 568	7.8	4.5	5.9	0.44	100	≤4.5
	28d	1 560	10.0	7.5	8.6	0.45	100	≤6.5
水化热（kJ/kg）	3d	45	235	197	222	—	100	≤251
	7d	45	274	240	261	—	100	≤293
标稠（%）		1 570	25.4	22.0	24.2	—	—	—
凝结时间（h：min）	初凝	1 570	3：52	1：35	2：41	—	100	≤60min
	终凝	1 570	4：52	2：20	3：14	—	100	≤12h
密度（kg/m^3）		112	3 280	3 210	3 240	—	—	—
温度（℃）		1 495	48.0	20.0	38.8	—	100	≤65

结果表明，溪洛渡大坝混凝土所用云南昭通华新 P·MH42.5 中热水泥品质均满足 GB 200—2003 标准要求：氧化镁含量均在 4.2%～5.0% 范围内，平均值达 4.6%，居于标准允许范围（3.5%～5.0%）的中上限，高内含氧化镁的特性明显，有利于其产生微膨胀性能；3d、7d 水化热平均值仅为 222kJ/kg、261kJ/kg，均低于标准允许限值约 30kJ/kg，低水化热的特性显著，对降低大坝混凝土绝热温升和温控难度，提高大坝混凝土防裂能力极为有利。

4.2.2 粉煤灰

在溪洛渡水电站Ⅰ级粉煤灰调研、优选阶段，多家试验单位对重庆珞璜电厂、宜宾元亨电厂、四川内江电厂、云南宣威电厂Ⅰ级粉煤灰进行了大量的交叉平行比较试验，最终确定大坝混凝土使用重庆珞璜电厂Ⅰ级粉煤灰，宜宾元亨电厂Ⅰ级粉煤灰作为备选。

溪洛渡大坝混凝土分期使用了重庆珞璜电厂、宜宾元亨电厂Ⅰ级粉煤灰，施工单位至今共检测 2 849 批次，结果表明：溪洛渡大坝土建工程混凝土所用粉煤灰的品质满足 DL/T 5055—2007 标准的Ⅰ级粉煤灰要求，检测结果见表 4-2、表 4-3。

表 4-2 重庆珞璜电厂粉煤灰检测结果统计

检测项目	检测组数	最大值	最小值	平均值	合格率（%）	DL/T 5055—2007 标准 Ⅰ级粉煤灰要求
细度（%）	2 776	10. 1	2. 4	6. 2	100	≤12
需水量比（%）	2 776	95	87	91	100	≤95
烧失量（%）	2 776	4. 76	0. 68	2. 16	100	≤5. 0
三氧化硫含量（%）	411	2. 78	0. 72	1. 44	100	≤3. 0
含水量（%）	2 702	0. 70	0	0. 06	100	≤1. 0
碱含量（%）	411	2. 07	1. 14	1. 60	100	≤2. 7
密度（kg/m^3）	288	2 510	2 420	2 480	—	—

表 4-3 宜宾元亨电厂粉煤灰检测结果统计

检测项目	检测组数	最大值	最小值	平均值	合格率（%）	DL/T 5055—2007 标准 Ⅰ级粉煤灰要求
细度（%）	73	11. 2	1. 2	7. 3	100	≤12
需水量比（%）	73	95	87	90	100	≤95
烧失量（%）	73	4. 76	1. 32	2. 74	100	≤5. 0
三氧化硫含量（%）	13	1. 52	0. 02	1. 11	100	≤3. 0
含水量（%）	48	0. 28	0	0. 09	100	≤1. 0
碱含量（%）	9	1. 76	1. 67	1. 72	100	≤2. 7
密度（kg/m^3）	9	2 480	2 440	2 472	—	—

结果表明：溪洛渡大坝混凝土所用重庆珞璜电厂、宜宾元亨电厂Ⅰ级粉煤灰品质优良，均具有低细度、低需水量比、低烧失量、低硫、低碱的优良性能，质量的均质性也较好，掺入大坝混凝土中，不仅可以节约水泥，改善新拌混凝土工作性能，提高硬化混凝土后期强度及其抗化学侵蚀能力，而且可以显著降低混凝土中胶凝材料的水化温升，降低温控难度，显著增强混凝土体积变化的稳定性，对防止大坝混凝土产生温差裂缝极为有利。

4.2.3 外加剂

溪洛渡大坝混凝土施工具有浇筑仓面大、入仓强度高、温控要求严等特点，为了降低水泥用量，改善混凝土工作性能，提高混凝土性能质量，特别是提高混凝土的抗裂性能和耐久性能，应掺用优质高效的减水剂和引气剂。

根据多家试验单位的对比优选试验结果，并结合厂家生产规模、工艺水平、质量稳定性、工程应用效果、价格水平等综合考评因素，确定大坝混凝土使用江苏博特新材料有限公司 JM-ⅡC 高效减水剂、浙江龙游外加剂有限公司 ZB-1A 高效减水剂，二者均为萘磺酸盐甲醛缩合物，品质相当且互为备用。二者均按凝结时间差指标分为夏季型、冬季型两种类型来进行生产、使用，在春季、秋季采用两型混掺的方式进行换型过渡使用，确保了大坝混凝土在不同季节时的初凝时间稳定在 12～15h 范围内，有效满足了施工质量和进度需要。同时确定在深孔钢衬底部、闸墩、支撑大梁等部分特殊部位的大流动性混凝土中使用江苏博特新材料有限公司 JM-PCA 聚羧酸类高性能减水剂，以满足特殊部位施工对混凝土高流动性的要求。

大体积混凝土中掺用引气剂能减少用水量，增加拌和物稠度，抑制泌水，改善和易性，显著提高混凝土耐久性，降低弹性模量，有利于提高抗裂性能。经试验比选，确定大坝混凝土中先后掺用上海巴斯夫化学有限公司 Air202 引气剂、浙江龙游外加剂有限公司 ZB-1G 引气剂，二者均为技术成熟的松香热聚物类型的引气剂。

溪洛渡大坝混凝土先后使用了减水剂、引气剂共 234 批次，结果表明：溪洛渡大坝混凝土所用外加剂的品质均满足 GB 8076—2008 标准要求，减水率、抗压强度比、含气量等关键性能指标均大幅优于标准要求，为改善大坝混凝土的和易性、降低胶材用量、提高抗裂性能提供了重要保障。减水剂、引气剂检测结果分别见表 4-4、表 4-5。

表 4-4　减水剂检测结果统计

检测项目		检测组数	最大值	最小值	平均值	合格率（%）	GB 8076—2008 标准要求
减水率（%）		137	28.4	18.1	22.7	100	≥14
泌水率比（%）		137	60.9	0	24.5	100	≤100
含气量（%）		137	2.8	0.5	1.6	100	≤4.5
凝结时间差（min）	初凝	137	900	94	309	100	≥90
	终凝	137	1 041	98	335	—	—
抗压强度比（%）	3d	137	246	126	169	—	—
	7d	137	235	126	170	100	≥125
	28d	137	208	122	155	100	≥120
pH 值		116	130	5.65	7.30	100	生产厂控制范围内
细度（%）		88	104	2.2	4.6	100	生产厂控制范围内
Na_2SO_4 含量（%）		115	7.59	0.05	6.02	100	不超过生产厂控制值
碱含量（%）		115	14.82	1.18	7.81	100	不超过生产厂控制值
固形物含量（%）		125	99.03	91.68	96.08	100	0.95～1.05s

注：根据溪洛渡大坝工程实际情况，减水剂凝结时间差指标按溪洛渡工程标准控制。

表 4-5　引气剂检测结果统计

检测项目	检测组数	最大值	最小值	平均值	合格率（%）	GB 8076—2008 标准要求
减水率（%）	97	10.0	6.2	7.3	100	≥6
泌水率（%）	97	63.0	0	13.4	100	≤70

续表

检测项目		检测组数	最大值	最小值	平均值	合格率（%）	GB 8076—2008 标准要求
含气量（%）		97	5.3	4.0	4.5	100	≥3.0
凝结时间差（min）	初凝	97	100	-27	44	100	-90~+120
	终凝	97	120	-60	46	100	
抗压强度比（%）	3d	97	107	96	98	100	≥95
	7d	97	126	96	98	100	≥95
	28d	97	111	92	96	100	≥90
pH 值		97	12.8	6.7	8.0	100	生产厂控制范围内
细度（%）		51	5.8	0.3	4.0	100	生产厂控制范围内
Na_2SO_4 含量（%）		94	9.94	0.46	5.85	100	不超过生产厂控制值
碱含量（%）		95	15.6	2.06	7.45	100	不超过生产厂控制值

4.2.4 粗骨料

根据工程地质条件和设计规划，溪洛渡工程由于地下厂房和洞室群开挖而产生大量新鲜玄武岩开挖弃料，本着优质、经济、就地取材、弃料再用的绿色环保理念及原则，经多家机构试验验证，确定溪洛渡大坝混凝土使用塘房坪人工粗骨料生产系统利用开挖弃料生产的玄武岩质粗骨料，最大粒径为 150mm，分成 D_{20}、D_{40}、D_{80}、D_{150} 四级组合生产。

溪洛渡大坝混凝土粗骨料岩性为斑状玄武岩，密度 2.93g/cm^3，岩石强度大于 100MPa，平均弹性模量达 7×10^4 MPa，平均线膨胀系数仅 6×10^{-6}/℃，具有高密度、高强度、高弹模、低线胀的“三高一低”特性，属质硬性脆的弹性岩石，虽对确保混凝土强度有利，但对混凝土的弹性模量、极限拉伸值、自生体积变形等抗裂变形性能不利，且导致粗骨料中针片状颗粒较多，粒形较差，对骨料竖井、拌和机、侧卸车、振捣器等施工设备的磨损加重，还导致混凝土中塑料冷却水管发生随机破损的概率加大。针对溪洛渡大坝混凝土玄武岩粗骨料的诸多不足，需采取选用灰岩砂、优化配合比、加强过程控制、强化温控措施、外掺纤维等多种手段予以抑制或弥补，以确保混凝土质量性能满足抗裂要求。

溪洛渡大坝混凝土由 3 座拌和楼共同生产，其中于 2008 年 10 月投产的 1、2 号拌和楼配有二次筛洗装置，2010 年 10 月投产的 3 号拌和楼未配二次筛洗装置，进楼粗骨料检测结果见表 4-6~表 4-9。结果表明：由于二次筛洗装置的有无，导致 1、2 号拌和楼所用粗骨料粒形较 3 号拌和楼相对较优，3 号拌和楼粗骨料逊径指标合格率较低，含泥量指标较大，1、2 号拌和楼所用粗骨料品质与 3 号拌和楼有较大差异。为确保 3 座拌和楼生产的混凝土性能相当从而可同仓浇筑，3 号拌和楼配合比需以 1、2 号拌和楼配合比为参照对粗骨料级配比例、砂率作适当调整，以保证混凝土施工质量。

表 4-6　1 号拌和楼粗骨料检测结果统计

统计内容	5~20mm			20~40mm			40~80mm			80~150mm		
	超径（%）	逊径（%）	中径（%）	超径（%）	逊径（%）	中径（%）	超径（%）	逊径（%）	中径（%）	超径（%）	逊径（%）	中径（%）
组数	2 218	2 218	2 218	2 218	2 218	2 218	2 159	2 159	2 159	2 142	2 142	2142
最大值	23.7	18.3	78.9	25.1	30.9	71.8	19.6	45.9	74.3	19.2	34.4	67.5
最小值	0	1.1	23.7	0	0.6	7.0	0	1.9	9.6	0	1.9	6.8
平均值	3.5	5.4	55.4	4.2	6.9	47.9	3.9	7.0	48.0	0.1	7.8	47.0
合格率（%）	99.4	91.3	99.0	89.9	96.8	93.0	91.5	97.6	95.2	99.3	95.0	93.1

表 4-7　2 号拌和楼粗骨料检测结果统计

统计内容	5~20mm			20~40mm			40~80mm			80~150mm		
	超径（%）	逊径（%）	中径（%）	超径（%）	逊径（%）	中径（%）	超径（%）	逊径（%）	中径（%）	超径（%）	逊径（%）	中径（%）
组数	2 122	2 122	2 122	2 122	2 122	2 122	2 061	2 061	2 061	2 055	2 055	2 055
最大值	26.9	21.1	80.9	18.3	25.5	71.0	24.8	42.0	71.0	16.1	31.5	71.2
最小值	0.5	0.7	17.1	0	2.3	2.6	0	2.1	10.7	0	0	3.7
平均值	3.7	5.3	55.3	4.1	7.3	47.8	3.9	7.1	48.0	0.1	7.7	46.1
合格率（%）	94.0	98.6	93.3	90.3	94.4	92.3	91.9	96.7	95.5	99.3	96.5	94.2

表 4-8　3 号拌和楼粗骨料检测结果统计

统计内容	5~20mm			20~40mm			40~80mm			80~150mm		
	超径（%）	逊径（%）	中径（%）	超径（%）	逊径（%）	中径（%）	超径（%）	逊径（%）	中径（%）	超径（%）	逊径（%）	中径（%）
组数	1 150	1 150	1 150	1 150	1 150	1 150	1 137	1 137	1 137	1 133	1 133	1 133
最大值	16.1	10.8	74.1	8.6	17.0	82.9	13.3	42.0	66.8	12.9	32.6	67.2
最小值	0	0.8	32.2	0	1.5	31.0	0	2.7	35.8	0	0	30.2
平均值	3.8	6.4	56.4	3.8	8.1	51.1	4.2	9.0	49.6	0	9.2	48.9
合格率（%）	96.2	99.5	99.3	95.4	91.8	98.3	89.4	80.2	98.4	99.9	83.1	99.4

表 4-9　粗骨料含泥量检测结果统计

统计内容	1 号拌和楼				2 号拌和楼				3 号拌和楼			
	5~20mm	20~40mm	40~80mm	80~150mm	5~20mm	20~40mm	40~80mm	80~150mm	5~20mm	20~40mm	40~80mm	80~150mm
检测次数	68	68	68	68	68	68	68	68	142	142	142	134
最大值（%）	0.37	0.31	0.27	0.23	0.37	0.34	0.25	0.24	0.78	0.63	0.64	0.47

续表

统计内容	1号拌和楼				2号拌和楼				3号拌和楼			
	5~20mm	20~40mm	40~80mm	80~150mm	5~20mm	20~40mm	40~80mm	80~150mm	5~20mm	20~40mm	40~80mm	80~150mm
最小值（%）	0.09	0.11	0.08	0.09	0.09	0.1	0.08	0.08	0.28	0.35	0.15	0.17
平均值（%）	0.2	0.18	0.15	0.15	0.19	0.17	0.16	0.14	0.46	0.49	0.37	0.36
合格率（%）	100	100	100	100	100	100	100	100	100	100	97.1	100
DL/T 5144—2001 规范要求						D_{20}、D_{40}≤1%；D_{80}、D_{150}≤0.5%						

4.2.5 细骨料

为在一定程度上抑制玄武岩粗骨料对大坝混凝土抗裂性能的不利影响，经多家单位试验研究，确定大坝混凝土使用马家河细骨料生产系统利用大戏场料场开挖料生产的石灰岩质细骨料。研究表明，由于石灰岩密度较小、强度较低、弹模较低、线胀较小，“灰岩砂+玄武岩碎石”骨料组合混凝土的弹性模量、极限拉伸值、自生体积变形等抗裂变形性能优于“玄武岩砂+玄武岩碎石”骨料组合混凝土，且石灰岩人工砂易于棒磨生产和质量控制，其级配、粒形比较理想。

大坝混凝土所用灰岩细骨料的检测结果见表4-10。结果表明：马家河灰岩人工细骨料品质良好，含水稳定，偶有细度模数、含水率超标现象，但均在可调控范围之内。

表4-10 细骨料检测结果统计

统计项目	细度模数	石粉含量（%）	<0.08mm 含量（%）	含水率（%）
检测次数	5 735	5 735	5 735	10 176
最大值	2.83	17.3	10.2	7.5
最小值	2.21	9.4	4.2	1.2
平均值	2.61	12.7	7.2	3.7
合格率（%）	99.8	100	—	99.9
DL/T 5144—2001 规范要求	2.6±0.2	6~18	—	≤6

4.2.6 PVA 纤维

为提高陡坡坝段、长间歇期仓面混凝土在低温时段的早期抗裂能力，在溪洛渡大坝混凝土中分区、分时段地使用了江苏能力科技有限公司 KS-1500 型改性高强高弹模 PVA 纤维。KS-1500 型改性高强高弹模 PVA 纤维系由优质、高强高弹模 PVA 基材经表面改性而得，具有良好的亲水性，在混凝土中分散均匀，与水泥基体握裹力强，与混凝土材料有良好的亲和力，其主要性能指标和检测结果见表4-11、表4-12。

表 4-11　PVA 纤维与聚丙烯纤维主要性能指标

纤维类型	抗拉强度（MPa）	弹性模量（GPa）	单丝直径（μm）	断裂伸长率（%）	密度（g/cm³）
PVA（KS-1500 型）	1 500～1 600	36～38	15	6～7	1.29
聚丙烯	270～600	3～7	30	25～30	0.91

表 4-12　PVA 纤维检测结果

规格型号	批号	生产厂家	密度（g/cm³）	初始模量（GPa）	断裂强度（MPa）	断裂伸长率（%）
KS-1500 TX2-B	20101116	江苏能力科技	1.30	37.1	1 646	6.6
GB/T 21120—2007《水泥混凝土和砂浆用合成纤维》			1.29～1.30	≥35	≥1 500	6～8

性能检测结果表明：与聚丙烯纤维相比，PVA 纤维抗拉强度较高，其弹性模量更大且与硬化混凝土弹性模量（约 40GPa）基本相当，不仅在混凝土硬化早期而且在硬化中、后期也能对混凝土收缩裂缝发挥更明显的限制作用。

4.3　混凝土配合比试验

4.3.1　大坝混凝土技术要求

溪洛渡大坝混凝土主要技术要求见表 4-13。

表 4-13　溪洛渡大坝混凝土主要技术要求

工程部位	强度等级	龄期（d）	抗压强度（MPa）	抗拉强度（MPa）	抗冻等级	抗渗等级	极限拉伸值（$\times 10^{-4}$）	允许水胶比	粉煤灰最大掺量（%）	自身体积变形（$\times 10^{-6}$）	混凝土种类	混凝土级配	骨料种类
大坝 A 区	$C_{180}40$	180	40	≥3.2	≥F300	≥W15	≥1.00	≤0.41	35	≥-20	常态	二、三、四	玄武岩粗骨料、灰岩细骨料
大坝 B 区	$C_{180}35$	180	35	≥3.0	≥F300	≥W14	≥0.95	≤0.45	35	≥-20	常态	二、三、四	
大坝 C 区	$C_{180}30$	180	30	≥2.8	≥F300	≥W13	≥0.90	≤0.49	35	≥-20	常态	二、三、四	
闸墩、孔口	$C_{90}42$	90	42	≥3.4	≥F300	≥W15	≥1.00	≤0.38	25	≥-20	常态	二、三	

根据溪洛渡大坝招标文件技术条款内容，混凝土配合比见表 4-14。

表 4-14 溪洛渡大坝混凝土配合比

部位	强度等级	水胶比	粉煤灰掺量（%）	骨料级配	砂率（%）	用水量（kg/m^3）	胶凝材料用量（kg/m^3）	骨料种类
大坝 A 区	$C_{180}40$	0.41	35	四	24	90	220	玄武岩粗骨料、灰岩细骨料
				三	28	100	244	
				二	32	120	293	
大坝 B 区	$C_{180}35$	0.45	35	四	25	90	200	
				三	29	100	222	
				二	33	120	267	
大坝 C 区	$C_{180}30$	0.49	35	四	26	90	184	
				三	30	100	204	
				二	34	120	245	
闸墩、孔口	$C_{90}42$	0.38	20~25	三	28	103	271	
			20~25	二	32	122	321	

4.3.2 试验用原材料

试验中除黄桷庄粉煤灰、玄武岩人工碎石、减水剂 ZB-1A 和引气剂 AIR202 仍采用原材料优选试验用的样品外，水泥、矿渣粉、细骨料样品与原材料优选试验用的样品不同，其品质检测结果分述如下：

（1）水泥：采用贵州水城 42.5 中热水泥，其水泥品质检测结果见表 4-15。该批 42.5 中热水泥样检测结果均满足 GB 200—2003《中热硅酸盐水泥 低热硅酸盐水泥 低热矿渣硅酸盐水泥》技术要求。

表 4-15 水泥品质检验结果

试验编号	生产厂家及品种	密度（g/cm^3）	比表面积（m^2/kg）	稠度（%）	凝结时间（h：min）		安定性	烧失量（%）	SO_3 含量（%）
					初凝	终凝			
C-05-170	贵州水城 42.5 中热	3.17	275	25.0	3：31	4：49	合格	1.66	1.61
GB 200—2003（中热水泥）		—	≥250	—	≥60min	≤12h	合格	≤3.0	≤3.5

试验编号	碱含量（%）	MgO 含量（%）	抗拉强度（MPa）			抗压强度（MPa）			水化热（kJ/kg）	
			3d	7d	28d	3d	7d	28d	3d	7d
C-05-170	0.28	3.49	3.8	5.4	8.7	15.4	26.6	47.8	210	247
GB 200—2003（中热水泥）	≤0.60	≤5.0	≥3.0	≥4.5	≥6.5	≥12.0	≥22.0	≥42.5	≤251	≤293

（2）矿渣粉：采用云南昆钢矿渣粉，检验结果见表 4-16。该样品检测结果满足 GB/T 18046—2000《用于水泥混凝土中的粒化高炉矿渣粉》S75 级要求。

表 4-16　矿渣粉品质检验结果

编号	生产厂家	流动度比（%）	烧失量（%）	含水量（%）	SO_3 含量（%）	密度（g/cm^3）	比表面积（m^2/kg）	活性指数（%）	
								7d	28d
2006-1	昆钢	98	1.62	0.28	0.11	2.88	442	61.1	93.0
GB/T 18046—2000	S105 级	≥85	≤3.0	≤1.0	≤4.0	≥2.8	≥350	≥95	≥105
	S95 级	≥90	≤3.0	≤1.0	≤4.0	≥2.8	≥350	≥75	≥95
	S75 级	≥95	≤3.0	≤1.0	≤4.0	≥2.8	≥350	≥55	≥75

（3）细骨料：采用溪洛渡灰岩人工砂，其品质检测结果见表 4-17。灰岩人工砂品质检测结果满足 DL/T 5144—2001《水工混凝土施工规范》对于细骨料的品质要求。

表 4-17　灰岩人工砂品质检验结果

试验编号	饱和表观密度（kg/m^3）	石粉含量（%）	<0.08mm 含量（%）	细度模数	吸水率（%）	坚固性（%）	云母含量（%）	有机质含量
S-05-04	2 730	8.5	6.2	2.60	1.7	13	0	合格
DL/T 5144—2001	≥2 500	6~18	—	2.4~2.8	—	<25%	≤2	不允许

注：GB/T 14684—2001《建筑用砂》对于碎石坚固性采用压碎指标法。

4.3.3　混凝土配合比参数选择试验

1. 混凝土拌和物性能试验

采用二级配混凝土（中石：小石=60：40）进行不同水胶比与粉煤灰掺量、矿渣粉掺量拌和物性能试验。混凝土坍落度 3~5cm，含气量 4%~5%，减水剂 ZB-1A 掺 0.6%。

（1）不同水胶比与粉煤灰掺量、矿渣粉掺量混凝土拌和物性能试验。

试验结果见表 4-18。

表 4-18　不同水胶比与粉煤灰掺量、矿渣粉掺量混凝土拌和物性能试验结果

试验编号	水胶比	粉煤灰掺量（%）	用水量（kg/m^3）	胶材用量（kg/m^3）	砂率（%）	ZB-1A（%）	AIR202（/万）	坍落度（cm）	含气量（%）
G160	0.55	0	111	202	34	0.6	1.2	4.3	4.4
G156	0.50	0	110	220	33	0.6	1.2	4.3	5.2
G157	0.45	0	109	242	32	0.6	1.2	4.1	5.5
G158	0.40	0	110	275	31	0.6	1.2	4.3	5.0
G159	0.35	0	112	320	30	0.6	1.2	4.6	5.0

续表

试验编号	水胶比	粉煤灰掺量（%）	用水量（kg/m³）	胶材用量（kg/m³）	砂率（%）	ZB-1A（%）	AIR202（/万）	坍落度（cm）	含气量（%）
G165	0.55	20	108	196	34	0.6	1.3	4.2	5.1
G161	0.50	20	107	214	33	0.6	1.3	4.8	4.9
G162	0.45	20	106	236	32	0.6	1.3	5.0	4.1
G163	0.40	20	107	268	31	0.6	1.3	4.7	5.3
G164	0.35	20	109	311	30	0.6	1.3	5.2	4.2
G185	0.55	30	107	195	34	0.6	1.4	4.9	5.1
G181	0.50	30	106	212	33	0.6	1.4	5.0	4.1
G182	0.45	30	105	233	32	0.6	1.4	5.4	4.9
G183	0.40	30	106	265	31	0.6	1.4	5.1	5.0
G184	0.35	30	107	306	30	0.6	1.4	5.5	4.8
G199	0.55	40	105	191	34	0.6	1.5	5.0	5.0
G195	0.50	40	104	207	33	0.6	1.5	4.0	4.6
G196	0.45	40	103	229	32	0.6	1.5	5.4	4.6
G197	0.40	40	104	260	31	0.6	1.5	5.4	5.6
G198	0.35	40	105	300	30	0.6	1.5	5.6	5.6
G249	0.55	16+24（矿渣粉）	109	199	34	0.6	1.7	4.0	4.1
G245	0.50	16+24（矿渣粉）	108	216	33	0.6	1.7	4.3	5.5
G246	0.45	16+24（矿渣粉）	107	238	32	0.6	1.7	5.8	5.3
G247	0.40	16+24（矿渣粉）	108	270	31	0.6	1.7	5.5	5.6
G248	0.35	16+24（矿渣粉）	109	311	30	0.6	1.7	3.5	3.6

注：粉煤灰掺量+矿渣粉掺量=16%+24%。

由表4-18可知，在相同坍落度、含气量条件下，与不掺粉煤灰混凝土比较，掺Ⅰ级粉煤灰20%、30%、40%混凝土拌和物用水量分别降低1.8%、3.6%和5.5%；Ⅰ级粉煤灰和矿渣粉联掺，可降低混凝土拌和物用水量1.8%。

Ⅰ级粉煤灰及矿渣粉掺量对混凝土用水量的影响见表4-19。可见，以0.45水胶比为基准，0.35与0.55水胶比的混凝土用水量需增加2kg/m³，0.40与0.50水胶比混凝土用水量需增加1kg/m³。

表 4-19　粉煤灰掺量对用水量的影响

粉煤灰掺量（%）	用水量（kg/m³）	减水率（%）	不同水胶比的混凝土用水量增加值（kg/m³）				
			0.35	0.40	0.45	0.50	0.55
0	110	—	+2	+1	基准	+1	+2
20	108	1.8	+2	+1		+1	+2
30	106	3.6	+2	+1		+1	+2
40	104	5.5	+2	+1		+1	+2
16+24（矿渣粉）	108	1.8	+2	+1		+1	+2

（2）混凝土拌和物泌水率和凝结时间试验。

采用表 4-19 中 0.50、0.40 水胶比混凝土拌和物进行泌水率和凝结时间试验，试验结果见表 4-20。由表 4-20 可知，在相同水胶比条件下，混凝土拌和物凝结时间随粉煤灰掺量的增加而延长；混凝土拌和物泌水率随水胶比的增大而增加，且随粉煤灰掺量的增加有增大趋势。

表 4-20　混凝土泌水率和凝结时间试验结果

水胶比	粉煤灰掺量（%）	ZB-1A（%）	AIR202（/万）	用水量（kg/m³）	坍落度（cm）	含气量（%）	泌水率（%）	凝结时间（min）	
								初凝	终凝
0.50	—	0.60	1.2	110	4.3	5.2	1.17	+560	+715
0.40	—	0.60	1.2	110	4.3	5.0	0.00	—	—
0.50	20	0.60	1.3	107	4.8	4.9	2.71	+650	+830
0.40	20	0.60	1.3	107	4.7	5.3	0.00	—	—
0.50	30	0.60	1.4	106	5.0	4.1	3.72	+745	+940
0.40	30	0.60	1.4	106	5.1	5.0	0.10	—	—
0.50	40	0.60	1.5	104	4.0	4.6	3.30	+830	+1 160
0.40	40	0.60	1.5	104	5.4	5.6	0.35	—	—
0.50	16+24（矿渣粉）	0.60	1.7	108	4.3	5.5	1.37	+773	+933
0.40	16+24（矿渣粉）	0.60	1.7	108	5.5	5.6	0.71	—	—

2. 硬化混凝土性能试验

（1）同水胶比、粉煤灰（或粉煤灰+矿渣粉）掺量混凝土强度试验。

混凝土强度试验结果见表 4-21。由表 4-21 可知，混凝土抗压强度发展系数 7d 龄期随粉煤灰（或粉煤灰+矿渣粉）掺量的增加而减小，90d 和 180d 龄期随粉煤灰（或粉煤灰+矿渣粉）掺量的增加而增大，且掺 40% 粉煤灰混凝土抗压强度发展系数变幅最大，拉压强度比随着龄期的增加而略有降低。

表 4-21 混凝土强度试验结果

试验编号	水胶比	粉煤灰掺量（%）	抗压强度（MPa）				劈拉强度（MPa）				拉压强度比（%）			
			7d	28d	90d	180d	7d	28d	90d	180d	7d	28d	90d	180d
G160	0.55	0	20.4	32.7	33.9	37.6	1.72	—	2.71	2.78	8.4	—	8.0	7.4
G156	0.50	0	23.6	34.3	41.1	45.9	1.88	2.51	2.80	2.99	8.0	7.3	6.8	6.5
G157	0.45	0	24.7	40.7	45.5	49.4	2.22	2.55	2.93	2.81	9.0	6.3	6.4	5.7
G158	0.40	0	34.3	46.8	53.6	59.6	2.34	2.84	3.27	3.38	6.8	6.1	6.1	5.7
G159	0.35	0	39.5	54.6	56.1	61.3	3.07	3.38	3.74	4.07	7.8	6.2	6.7	6.6
强度发展系数或拉压比平均值			0.68	1.00	1.11	1.22	0.84	1.00	1.13	1.17	8.0	6.5	6.8	6.4
G165	0.55	20	14.6	24.6	33.9	35.4	1.24	1.86	3.05	3.28	8.5	7.6	9.0	9.3
G161	0.50	20	17.5	27.4	38.8	40.5	1.27	2.13	3.05	3.53	7.3	7.8	7.9	8.7
G162	0.45	20	18.8	30.7	41.4	48.0	1.64	2.46	2.83	3.46	8.7	8.0	6.8	7.2
G163	0.40	20	25.0	39.2	51.9	58.2	1.94	3.03	3.59	4.48	7.8	7.7	6.9	7.7
G164	0.35	20	30.5	39.8	56.9	63.9	2.34	3.22	3.70	4.84	7.7	8.1	6.5	7.6
强度发展系数或拉压比平均值			0.65	1.00	1.38	1.51	0.66	1.00	1.31	1.56	8.0	7.8	7.4	8.1
G185	0.55	30	11.1	20.5	31.8	37.6	0.97	1.58	2.71	2.85	8.7	7.7	8.5	7.6
G181	0.50	30	13.2	23.6	34.3	35.9	1.11	1.94	2.48	3.09	8.4	8.2	7.2	8.6
G182	0.45	30	15.5	27.6	40.9	42.7	1.12	2.13	3.02	3.31	7.2	7.7	7.4	7.8
G183	0.40	30	19.6	34.9	49.8	52.6	1.53	2.61	3.58	4.09	7.8	7.5	7.2	7.8
G184	0.35	30	24.9	45.2	55.4	60.1	2.04	2.97	3.82	4.00	8.2	6.6	6.9	6.7
强度发展系数或拉压比平均值			0.55	1.00	1.43	1.55	0.60	1.00	1.41	1.57	8.1	7.5	7.4	7.7
G199	0.55	40	10.0	18.6	29.3	36.8	0.81	1.48	2.53	2.88	8.1	8.0	8.6	7.8
G195	0.50	40	11.5	22.3	34.0	40.2	1.01	1.82	2.82	3.24	8.8	8.2	8.3	8.1
G196	0.45	40	13.3	25.9	38.2	45.8	1.07	1.96	3.32	3.37	8.0	7.6	8.7	7.4
G197	0.40	40	15.8	29.3	41.8	50.7	1.33	2.17	3.21	3.49	8.4	7.4	7.7	6.9
G198	0.35	40	20.6	38.0	46.9	55.6	1.70	2.27	3.53	4.14	8.3	6.0	7.5	7.4
强度发展系数或拉压比平均值			0.53	1.00	1.45	1.75	0.60	1.00	1.60	1.78	8.3	7.4	8.2	7.5
G249	0.55	16+24（矿）	15.0	26.8	36.2	40.5	1.15	2.34	2.90	3.52	7.7	8.7	8.0	8.7
G245	0.50	16+24（矿）	15.4	26.9	36.3	42.3	1.33	2.33	3.07	3.27	8.6	8.7	8.5	7.7
G246	0.45	16+24（矿）	17.0	33.0	43.8	48.1	1.39	2.67	3.64	3.95	8.2	8.1	8.3	8.2

续表

试验编号	水胶比	粉煤灰掺量（%）	抗压强度（MPa）				劈拉强度（MPa）				拉压强度比（%）			
			7d	28d	90d	180d	7d	28d	90d	180d	7d	28d	90d	180d
G247	0.40	16+24（矿）	21.3	33.9	42.8	53.4	1.57	2.90	3.50	3.80	7.4	8.6	8.2	7.1
G248	0.35	16+24（矿）	31.3	46.2	56.0	69.2	2.20	3.56	4.02	4.55	7.0	7.7	7.2	6.6
强度发展系数或拉压比平均值			0.59	1.00	1.30	1.52	0.55	1.00	1.25	1.40	8.3	7.4	8.2	7.5

混凝土抗压强度与胶水比、粉煤灰（粉煤灰+矿渣粉）掺量关系二元回归分析结果列于表4-22。由表4-22可以看出，各龄期抗压强度二元回归方程的相关系数均在0.954以上，劈拉强度二元回归方程的相关系数均在0.838以上，这说明混凝土抗压强度、劈拉强度与胶水比、粉煤灰掺量相关性较好。

表4-22　混凝土强度与胶水比、粉煤灰掺量关系二元回归分析结果

龄期（d）	混凝土类型	强度类型	回归方程	样本数	相关系数	剩余均方差（MPa）
7	掺粉煤灰混凝土	抗压强度	$R_7=14.48\dfrac{C+F}{W}-0.364F-4.59$	20	0.980	1.68
		劈拉强度	$R_{P7}=1.054\dfrac{C+F}{W}-0.027F-0.172$	20	0.983	0.110
28		抗压强度	$R_{28}=19.96\dfrac{C+F}{W}-0.371F-4.31$	20	0.981	1.97
		劈拉强度	$R_{P28}=1.109\dfrac{C+F}{W}-0.019F+0.258$	19	0.953	0.170
90		抗压强度	$R_{90}=21.22\dfrac{C+F}{W}-0.187F-1.40$	20	0.967	2.35
		劈拉强度	$R_{P90}=0.986\dfrac{C+F}{W}-0.0003F+0.894$	20	0.893	0.215
180		抗压强度	$R_{180}=23.59\dfrac{C+F}{W}-0.137F-2.80$	20	0.965	2.61
		劈拉强度	$R_{P180}=1.286\dfrac{C+F}{W}+0.005F+0.469$	20	0.838	0.328
7	掺粉煤灰+矿渣粉混凝土	抗压强度	$R_7=17.39\dfrac{C+F}{W}-0.213F'-11.15$	10	0.972	2.20
		劈拉强度	$R_{P7}=1.093\dfrac{C+F}{W}-0.018F'-0.244$	10	0.977	0.141
28		抗压强度	$R_{28}=20.13\dfrac{C+F}{W}-0.211F'-4.08$	10	0.980	2.09
		劈拉强度	$R_{P28}=1.143\dfrac{C+F}{W}+0.002F'-0.083$	10	0.969	0.124

续表

龄期（d）	混凝土类型	强度类型	回归方程	样本数	相关系数	剩余均方差（MPa）
90	掺粉煤灰+矿渣粉混凝土	抗压强度	$R_{90}=19.90\dfrac{C+F}{W}-0.075F'+0.69$	10	0.954	2.82
		劈拉强度	$R_{P90}=1.013\dfrac{C+F}{W}+0.008F'+0.782$	10	0.963	0.136
180		抗压强度	$R_{180}=25.15\dfrac{C+F}{W}-0.001F'-6.57$	10	0.965	3.00
		劈拉强度	$R_{P180}=1.123\dfrac{C+F}{W}+0.015F'+0.647$	10	0.932	0.239

注： F'表示粉煤灰+矿渣粉的掺量，且粉煤灰掺量：矿渣粉掺量=40：60。

（2）凝土变形性能试验。

采用表4-18中混凝土拌和物成型试件进行混凝土极限拉伸值、抗压弹模和干缩值试验，试验结果见表4-23。

表4-23 混凝土极限拉伸值、抗压弹模与干缩值试验结果

试验编号	水胶比	粉煤灰掺量（%）	干缩值（$\times10^{-6}$）	极限拉伸值（$\times10^{-4}$）		轴拉强度（MPa）		抗压弹模（GPa）	
			90d	90d	180d	90d	180d	90d	180d
G160	0.55	0	—	1.10	1.09	2.77	2.80	31.6	32.4
G156	0.50	0	381	0.95	0.99	2.93	3.06	34.5	37.8
G157	0.45	0	—	1.13	1.01	3.27	3.19	31.7	32.8
G158	0.40	0	—	1.18	1.12	4.13	3.91	38.7	41.1
G159	0.35	0	—	1.14	1.06	3.76	3.61	42.5	40.7
G165	0.55	20	—	0.94	0.94	3.19	3.33	33.9	35.8
G161	0.50	20	341	0.99	1.11	3.38	3.83	35.9	36.2
G162	0.45	20	—	1.12	1.10	3.79	4.03	35.0	38.9
G163	0.40	20	—	1.12	1.17	4.03	4.50	41.3	42.0
G164	0.35	20	—	1.05	1.06	4.28	4.36	40.1	40.2
G185	0.55	30	—	0.90	1.11	3.14	3.73	33.2	33.7
G181	0.50	30	318	0.99	1.04	3.31	3.71	33.5	39.1
G182	0.45	30	—	1.15	1.08	3.78	4.07	35.5	39.1
G183	0.40	30	—	1.17	1.15	4.03	4.32	39.0	43.4
G184	0.35	30	—	1.17	1.18	4.14	4.52	39.6	45.6
G199	0.55	40	—	0.89	1.04	3.00	3.63	31.9	39.6
G195	0.50	40	291	1.01	1.03	3.57	3.88	35.0	41.3
G196	0.45	40	—	0.98	1.12	3.75	4.21	36.3	40.7

续表

试验编号	水胶比	粉煤灰掺量（%）	干缩值（×10⁻⁶）	极限拉伸值（×10⁻⁴）		轴拉强度（MPa）		抗压弹模（GPa）	
			90d	90d	180d	90d	180d	90d	180d
G197	0.40	40	—	1.07	1.14	4.12	4.70	36.8	40.2
G198	0.35	40	—	1.07	1.27	4.11	5.21	37.1	43.4
G249	0.55	16+24（矿）	—	0.93	0.94	3.42	3.76	32.6	36.7
G245	0.50	16+24（矿）	313	1.16	1.19	3.95	4.53	34.5	38.5
G246	0.45	16+24（矿）	—	1.10	1.14	4.20	4.53	34.1	38.3
G247	0.40	16+24（矿）	—	1.15	1.18	4.16	4.69	39.8	43.4
G248	0.35	16+24（矿）	—	1.16	1.22	4.47	5.36	42.5	47.3

从表可以看出，在不同水胶比条件下，90d、180d 混凝土极限拉伸值，不掺粉煤灰混凝土平均值分别为 1.10×10^{-4} 和 1.05×10^{-4}；掺粉煤灰混凝土平均值分别为 1.04×10^{-4} 和 1.09×10^{-4}，掺粉煤灰+矿渣粉混凝土平均值分别为 1.10×10^{-4} 和 1.13×10^{-4}。混凝土极限拉伸值总体趋势是随水胶比降低而增大，但增大的幅度并不大。在相同水胶比条件下，混凝土抗压弹模随试验龄期延长而增大，随水胶比降低而提高，90d、180d 混凝土抗压弹模平均值分别为 36.3GPa 和 39.3GPa。90d 龄期混凝土干缩值随粉煤灰掺量增大而减小。

混凝土极限拉伸值、轴拉强度与胶水比、粉煤灰掺量关系二元回归分析结果列于表 4-24。从表 4-24 可以看出，各龄期轴拉强度与胶水比、粉煤灰（或粉煤灰+矿渣粉）掺量显著相关，相关系数均在 0.906 以上，极限拉伸值与胶水比、粉煤灰掺量相关性较差。

表 4-24　混凝土极限拉伸、轴拉强度二元回归分析结果

混凝土类型	龄期（d）	项目	回归方程	样本数	相关系数	剩余均方差
掺粉煤灰混凝土	90	极限拉伸值	$\varepsilon_{P90}=0.163\dfrac{C+F}{W}-0.00197F+0.729$	20	0.730	0.068（×10⁻⁴）
		轴拉强度	$R_{轴P90}=1.072\dfrac{C+F}{W}+0.00837F+0.992$	20	0.906	0.209（MPa）
	180	极限拉伸值	$\varepsilon_{P180}=0.114\dfrac{C+F}{W}+0.00175F+0.791$	20	0.681	0.058（×10⁻⁴）
		轴拉强度	$R_{轴P180}=1.075\dfrac{C+F}{W}+0.0247F+0.923$	20	0.939	0.214（MPa）
掺粉煤灰+矿渣粉混凝土	90	极限拉伸值	$\varepsilon_{P90}=0.139\dfrac{C+F}{W}+2.47\times10^{-18}F'+0.783$	10	0.612	0.079（×10⁻⁴）
		轴拉强度	$R_{轴P90}=1.016\dfrac{C+F}{W}+0.0167F'+1.055$	10	0.911	0.271（MPa）
	180	极限拉伸值	$\varepsilon_{P180}=0.115\dfrac{C+F}{W}+0.002F'+0.793$	10	0.658	0.080（×10⁻⁴）
		轴拉强度	$R_{轴P180}=1.099\dfrac{C+F}{W}+0.0315F'+0.808$	10	0.962	0.253（MPa）

注： F' 表示粉煤灰+矿渣粉的掺量，且粉煤灰掺量：矿渣粉掺量=40：60。

3. 推荐配合比

（1）凝土配合比参数选择。

根据室内混凝土试验结果，按照 DL/T 5144—2000《水工混凝土施工规范》和 DL/T 5055—1996《水工混凝土掺用粉煤灰技术规范》，选择混凝土配合比参数见表 4-25。

表 4-25　混凝土配合比参数计算

设计要求	配制强度计算				推算配合比参数			设计龄期计算强度（MPa）
	强度保证率（%）	概率度系数 t	强度标准差（MPa）	配制强度（MPa）	水泥品种	计算水胶比	粉煤灰掺量（%）	
C_{180}25F250W12	85	1. 04	4. 0	29. 2	42. 5 中热	0. 64	30	29. 9
						0. 63	35	29. 8
C_{180}30F300W12	85	1. 04	4. 5	34. 7		0. 56	30	35. 2
						0. 55	35	35. 3
C_{180}36F300W12	85	1. 04	5. 0	41. 2		0. 49	30	41. 2
						0. 47	35	42. 6
C_{90}40F300W12	95	1. 65	5. 0	48. 3		0. 39	20	49. 3

根据表 4-25 配合比参数计算结果与设计提出的允许水胶比进行适当调整，最后确定推荐混凝土配合比参数，见表 4-26。

表 4-26　推荐混凝土配合比参数

设计要求	配制强度（MPa）	计算水胶比	设计允许水胶比	推荐水胶比	掺和料品种及掺量（%）	设计龄期计算强度（MPa）
C_{180}25F250W12	29. 2	0. 64	0. 52	0. 55	30（粉煤灰）	36. 0
		0. 63			35（粉煤灰）	35. 3
		0. 70			40（粉煤灰+矿渣粉）	39. 1
C_{180}30F300W12	34. 7	0. 56	0. 48	0. 50	30（粉煤灰）	40. 3
		0. 55			35（粉煤灰）	39. 6
		0. 60			40（粉煤灰+矿渣粉）	43. 7
C_{180}36F300W12	41. 2	0. 49	0. 44	0. 45	30（粉煤灰）	45. 5
		0. 47			35（粉煤灰）	44. 8
		0. 52			40（粉煤灰+矿渣粉）	49. 3
C_{90}40F300W12	48. 3	0. 39	0. 44	0. 37	20（粉煤灰）	52. 2

由表 4-26 计算结果可以看出，采用推荐水胶比时，大坝混凝土均有不同程度超强，如果采用设计允许水胶比，则超强更多。

（2）荐混凝土配合比。

根据表 4-26 推荐大坝混凝土配合比参数，溪洛渡大坝混凝土参考配合比见表 4-27。

表 4-27　溪洛渡大坝混凝土参考配合比

设计指标	水胶比	掺和料品种及掺量（%）	级配	砂率（%）	减水剂含量（%）	引气剂含量（/万）	坍落度（cm）	含气量（%）
$C_{180}25$ F250W12	0. 55	30（粉煤灰）	二	35	0. 6	2. 0	3~5	4~6
			三	31	0. 6	2. 0	3~5	4~6
			四	27	0. 6	2. 0	3~5	4~6
		35（粉煤灰）	三	31	0. 6	2. 0	3~5	4~6
			四	27	0. 6	2. 0	3~5	4~6
		40（粉煤灰+矿渣粉）	三	31	0. 6	2. 0	3~5	4~6
			四	27	0. 6	2. 0	3~5	4~6
$C_{180}30$ F300W12	0. 50	30（粉煤灰）	二	34	0. 6	2. 0	3~5	4~6
			三	30	0. 6	2. 0	3~5	4~6
			四	26	0. 6	2. 0	3~5	4~6
		35（粉煤灰）	三	30	0. 6	2. 0	3~5	4~6
			四	26	0. 6	2. 0	3~5	4~6
		40（粉煤灰+矿渣粉）	三	30	0. 6	2. 0	3~5	4~6
			四	26	0. 6	2. 0	3~5	4~6
$C_{180}36$ F300W12	0. 45	30（粉煤灰）	二	33	0. 6	2. 0	3~5	4~6
			三	29	0. 6	2. 0	3~5	4~6
			四	25	0. 6	2. 0	3~5	4~6
		35（粉煤灰）	三	29	0. 6	2. 0	3~5	4~6
			四	25	0. 6	2. 0	3~5	4~6
		40（粉煤灰+矿渣粉）	三	29	0. 6	2. 0	3~5	4~6
			四	25	0. 6	2. 0	3~5	4~6
$C_{90}40$ F300W12	0. 37	20（粉煤灰）	二	32	0. 6	2. 0	5~7	4~6
			三	28	0. 6	2. 0	5~7	4~6

续表

设计指标	材料用量（kg/m³）										
	水	水泥	粉煤灰	矿渣粉	砂	小石	中石	大石	特大石	减水剂	引气剂
$C_{180}25$ F250W12	113	144	61	—	786	588	888	—	—	1.230	0.041
	98	125	53	—	723	486	326	815	—	1.068	0.035 6
	87	111	47	—	648	441	444	355	532	0.948	0.031 6
	98	116	62	—	722	485	326	814	—	1.068	0.031 6
	87	103	55	—	647	440	443	354	532	0.948	0.031 6
	100	109	29	44	721	485	325	814	—	1.092	0.036 4
	89	97	26	39	646	440	443	354	531	0.972	0.032 4
$C_{180}30$ F300W12	111	155	67	—	759	594	897	—	—	1.332	0.044 4
	96	134	58	—	696	491	330	824	—	1.152	0.038 4
	85	119	51	—	622	445	449	359	538	1.020	0.034 0
	96	125	67	—	696	490	329	823	—	1.152	0.038 4
	85	111	59	—	621	445	448	357	538	1.020	0.034 0
	98	118	31	47	695	490	329	822	—	1.176	0.039 2
	87	104	28	42	620	444	448	358	537	1.044	0.034 8
$C_{180}36$ F300W12	111	173	74	—	728	596	900	—	—	1.482	0.049 4
	96	149	64	—	667	493	331	828	—	1.278	0.042 6
	85	132	57	—	593	448	451	361	541	1.134	0.037 8
	96	139	74	—	666	493	331	827	—	1.278	0.042 6
	85	123	66	—	592	447	450	360	540	1.134	0.037 8
	98	131	35	52	666	492	330	826	—	1.308	0.043 6
	87	116	31	46	592	447	450	360	540	1.158	0.038 6
$C_{90}40$ F300W12	118	255	64	—	680	582	880	—	—	1.914	0.063 8
	102	221	55	—	624	485	326	814	—	1.656	0.055 2

注：1. 本配合比适用于中热水泥、Ⅰ级粉煤灰、玄武岩人工砂和人工碎石、萘系减水剂。

2. 引气剂掺量根据含气量达4%~6%来确定。

4.3.4 抗冲耐磨混凝土配合比参数选择试验

1. 抗冲耐磨混凝土技术要求

根据成都勘测设计研究院提供的《溪洛渡水电站混凝土的使用部位及主要技术要求》，

抗冲耐磨混凝土设计强度为 $C_{90}50$，为二级配混凝土。

2. 试验条件及方案

抗冲耐磨混凝土采用42.5中热水泥与黄桷庄Ⅰ级粉煤灰，水胶比为0.30、0.35、0.40，粉煤灰掺量为0%、20%，并掺钢纤维、聚丙烯纤维、硅粉等，纤维规格及硅粉理化特征见表4-28。二级配混凝土的中石：小石=60：40，控制坍落度5~7cm、含气量3%~4%。聚羧酸系减水剂JM-PCA 0.7%，引气剂AIR202。

表4-28　纤维规格及硅粉理化特征

序号	名称	产地	规格	外观及特征描述
1	钢纤维	重庆庆港	*L*25mm	两头弯钩、剪切型
2	聚丙烯纤维	四川成都	19mm	毛发状
3	硅粉	贵州遵义	粉状	二氧化硅含量为90.26%

根据抗冲耐磨混凝土设计强度技术要求，进行了不同纤维组合混凝土试验，试验方案见表4-29。

表4-29　抗冲耐磨混凝土试验方案

水胶比	粉煤灰掺量（%）	纤维品种及掺量	硅粉掺量（%）
0.30	0	—	—
0.35			
0.40			
0.30	20	—	—
0.35			
0.40			
0.30	20	钢纤维1.0%	—
0.35			
0.40	20	钢纤维1.0%	—
0.30	20	聚丙烯纤维0.9kg/m^3	—
0.35			
0.40			
0.30	20	聚丙烯纤维0.5kg/m^3，钢纤维0.5%	—
0.35			
0.40			
0.30	20	—	8
0.35			
0.40			

3. 抗冲耐磨混凝土拌和物试验

根据表 4–29 试验方案进行抗冲耐磨混凝土拌和物性能试验，试验结果见表 4–30。

表 4–30 抗冲耐磨混凝土拌和物性能试验结果

试验编号	水胶比	粉煤灰掺量（%）	纤维品种及掺量	硅粉掺量（%）	砂率（%）	AIR202（/万）	用水量（kg/m^3）	坍落度（cm）	含气量（%）
G329	0. 30	0	—	—	30	1. 5	122	5. 5	3. 7
G328	0. 35		—	—	31	0. 8	120	5. 9	4. 0
G327	0. 40		—	—	32	0. 8	118	5. 2	4. 7
G262	0. 30	20	—	—	30	1. 0	114	6. 5	3. 3
G261	0. 35		—	—	31	0. 7	112	6. 1	3. 3
G260	0. 40		—	—	32	0. 6	110	7. 1	4. 1
G265	0. 30	20	钢纤维 1. 0%	—	30	1. 8	124	6. 5	2. 6
G264	0. 35			—	31	1. 2	122	6. 0	3. 2
G263	0. 40			—	32	1. 0	120	4. 5	3. 3
G268	0. 30	20	聚丙烯纤维 0. 9kg/m^3	—	31	0. 5	126	6. 1	2. 8
G267	0. 35			—	32	0. 4	124	6. 6	4. 1
G266	0. 40			—	33	0. 5	122	6. 1	3. 8
G277	0. 30	20	聚丙烯纤维 0. 5kg/m^3，钢纤维 0. 5%	—	31	1. 1	124	3. 9	3. 2
G276	0. 35			—	32	0. 9	122	4. 1	4. 2
G275	0. 40			—	33	0. 8	120	4. 9	4. 4
G274	0. 30	20	—	8	30	1. 0	120	3. 7	3. 3
G273	0. 35				31	0. 6	118	2. 9	3. 0
G330	0. 40				32	0. 5	116	6. 4	4. 2

注：减水剂 JM–PCA 掺量为 0. 7%。

从表 4–30 可知，在相同水胶比条件下：

（1）掺 20% 粉煤灰抗冲耐磨混凝土拌和物用水量较不掺的低 8kg/m^3。

（2）20% 粉煤灰+掺钢纤维 1. 0% 组合抗冲耐磨混凝土拌和物用水量较单掺 20% 粉煤灰的高 10kg/m^3。

（3）20% 粉煤灰+掺聚丙烯纤维 0. 9kg/m^3 组合抗冲耐磨混凝土拌和物用水量较单掺 20% 粉煤灰的高 12kg/m^3。

（4）20% 粉煤灰+聚丙烯纤维 0. 5kg/m^3 与钢纤维 0. 5% 联掺组合混凝土拌和物用水量较单掺 20% 粉煤灰的高 10kg/m^3。

（5）20% 粉煤灰+掺 8% 硅粉抗冲耐磨混凝土拌和物用水量较单掺 20% 粉煤灰的高 6kg/m^3。

综上所述，在混凝土中分别加入钢纤维、聚丙烯纤维、硅粉后，混凝土拌和物用水量比单掺粉煤灰混凝土均有不同程度提高。

4. 抗冲耐磨混凝土强度与水胶比关系

混凝土强度均采用表 4–30 配合比拌和物成型试件，其试验结果见表 4–31。水胶比

0.30、0.35、0.40 混凝土 90d 抗压强度发展系数分别为 1.10、1.20 和 1.22。混凝土抗压强度与胶水比回归方程见表 4-32。

表 4-31　各配合比抗冲耐磨混凝土强度试验结果

试验编号	水胶比	粉煤灰掺量（%）	纤维品种及掺量	硅粉掺量（%）	砂率（%）	抗压强度（MPa）		劈拉强度（MPa）	
						28d	90d	28d	90d
G329	0.30	0	—	—	30	65.9	75.2	4.36	4.40
G328	0.35		—	—	31	55.6	66.5	3.68	3.85
G104	0.40		—	—	32	44.9	54.3	3.31	3.29
G262	0.30	20	—	—	30	66.1	73.1	4.00	5.11
G261	0.35		—	—	31	55.1	62.8	3.57	4.48
G260	0.40		—	—	32	44.6	57.2	3.04	3.77
G265	0.30	20	钢纤维 1.0%	—	30	77.0	80.6	4.97	6.16
G264	0.35			—	31	57.7	68.0	4.51	5.15
G263	0.40			—	32	47.8	60.7	3.99	4.99
G268	0.30	20	聚丙烯纤维 0.9kg/m³	—	31	65.9	74.1	4.00	5.17
G267	0.35			—	32	53.0	64.4	3.52	4.60
G266	0.40			—	33	45.4	54.8	2.71	3.88
G277	0.30	20	聚丙烯纤维 0.5kg/m³，钢纤维 0.5%	—	31	64.4	77.9	4.08	5.65
G276	0.35			—	32	54.2	63.8	3.64	4.21
G275	0.40			—	33	41.8	51.2	3.16	3.89
G274	0.30	20	—	8	30	77.2	78.9	4.72	6.20
G273	0.35		—		31	61.8	73.5	3.82	5.55
G330	0.40		—		32	51.1	57.8	3.68	4.29

从表 4-31 可知，在相同水胶比条件下：

（1）掺 20% 粉煤灰与不掺的相比，28d、90d 混凝土抗压强度结果基本相当，劈拉强度略有降低。

（2）掺 20% 粉煤灰+掺 1.0% 钢纤维组合与掺 20% 粉煤灰相比，水胶比 0.30、0.35、0.40 混凝土 28d 抗压强度分别提高 16%、5.0% 和 7.0%，劈拉强度分别提高 24%、26% 和 31%。90d、180d 抗压强度、劈拉强度也均有不同程度提高。掺用钢纤维可以明显提高混凝土的抗压强度和劈拉强度，劈拉强度提高幅度更为显著。

（3）掺 20% 粉煤灰+掺 0.9kg/m³ 聚丙烯纤维组合与掺 20% 粉煤灰相比，水胶比 0.30、0.35、0.40 混凝土 28d、90d、180d 抗压强度、劈拉强度结果基本相当（个别偏低）。可见，聚丙烯纤维不会改善硬化混凝土强度性能。

（4）掺20%粉煤灰+掺0.5kg/m³聚丙烯纤维+0.5%钢纤维组合与掺20%粉煤灰相比，水胶比0.30、0.35、0.40混凝土各龄期抗压强度、劈拉强度结果基本相当。因此，低掺量钢纤维与低掺量聚丙烯纤维联掺，不会改善混凝土的强度性能。

（5）掺20%粉煤灰+掺8%硅粉组合与掺20%粉煤灰相比，水胶比0.30、0.35、0.40混凝土28d抗压强度分别提高17%、12%和15%，劈拉强度分别提高18%、7%和21%；90d和180d的抗压强度基本相同，而劈拉强度则有所提高。

综上所述，在混凝土中分别加入钢纤维、硅粉后，28d、90d混凝土抗压强度和劈拉强度均有不同程度提高，而在混凝土中加入聚丙烯纤维或采用聚丙烯纤维与钢纤维联掺，对混凝土抗压强度、劈拉强度基本没有影响。

表4-32 混凝土抗压强度与胶水比回归方程

混凝土类型	龄期	回归方程	样本数	相关系数	剩余均方差（MPa）
粉煤灰混凝土	28d	$R_{28}=25.33\frac{C+F}{W}-0.01F-17.91$	6	0.997	1.01
	90d	$R_{90}=21.96\frac{C+F}{W}-0.05F+1.70$	6	0.981	2.10
钢纤维混凝土*	28d	$R_{28}=30.50\frac{C+F}{W}-30.29$	6	0.951	4.14
	90d	$R_{90}=21.62\frac{C+F}{W}+4.44$	6	0.932	3.53
聚丙烯纤维混凝土*	28d	$R_{28}=25.19\frac{C+F}{W}-17.97$	6	0.997	0.80
	90d	$R_{90}=21.11\frac{C+F}{W}+3.24$	6	0.993	1.08
聚丙烯纤维+钢纤维混凝土*	28d	$R_{28}=26.23\frac{C+F}{W}-21.63$	6	0.987	1.67
	90d	$R_{90}=25.56\frac{C+F}{W}-9.72$	6	0.969	2.74
硅粉混凝土*	28d	$R_{28}=28.51\frac{C+F}{W}-23.29$	6	0.918	5.13
	90d	$R_{90}=21.89\frac{C+F}{W}+3.80$	6	0.894	4.58

注：带*的混凝土中均掺20%的粉煤灰。

5. 配合比设计参数选择

根据室内混凝土试验结果，并参照已有的科研成果，按照DL/T 5144—2001《水工混凝土施工规范》和DL/T 5055—1996《水工混凝土掺用粉煤灰技术规范》，混凝土配合比参数选择见表4-33。

表 4-33 抗冲耐磨混凝土配合比参数选择

设计要求	配制强度计算				配合比参数选择				90d 计算强度（MPa）
	强度保证率（%）	概率度系数 t	强度标准差（MPa）	配制强度（MPa）	水泥品种	水胶比	粉煤灰掺量（%）	纤维及硅粉掺量	
$C_{90}50$	95	1.65	5.5	59.1	42.5 中热	0.36	20	—	61.7
							25	—	61.4
						0.38	20	钢纤维 1.0%	61.3
							25		
						0.36	20	聚丙烯纤维 0.9kg/m³	61.878 9
							25	聚丙烯纤维 0.9kg/m³	61.878 9
						0.38	20	硅粉 8%	61.4
							25		

6. 推荐抗冲耐磨混凝土配合比

根据表 4-33 中选择的配合比参数，因表 4-31 中 90d 抗压强度偏高，因此水胶比需适当降低，并参考已有的对抗冲耐磨混凝土的试验研究成果，推荐抗冲耐磨混凝土配合比见表 4-34。

表 4-34 抗冲耐磨混凝土配合比

设计指标	水胶比	级配	粉煤灰掺量（%）	减水剂（%）	引气剂（/万）	砂率（%）	坍落度（cm）	含气量（%）
$C_{90}50$ F150W8	0.33	二	20	0.7	1.5	30	5~7	3~4
			25	0.7	1.5	30	5~7	3~4
	0.34	二	20	0.7	1.5	30	5~7	3~4
			25	0.7	1.5	30	5~7	3~4
	0.32	二	20	0.7	1.5	30	5~7	3~4
			25	0.7	1.5	30	5~7	3~4
	0.34	二	20	0.7	1.5	30	5~7	3~4
			25	0.7	1.5	30	5~7	3~4

续表

设计指标	材料用量（kg/m³）										
	水	水泥	粉煤灰	砂	小石	中石	减水剂	引气剂	钢纤维	聚丙烯纤维	硅粉
$C_{90}50$ F150W8	116	281	71	630	592	894	2.464	0.052 8	—	—	—
	116	264	88	628	590	891	2.464	0.052 8	—	—	—
	126	296	75	615	578	874	2.597	0.055 7	78	—	—
	126	278	93	613	576	870	2.597	0.055 7	78	—	—
	124	310	78	612	575	869	2.716	0.058 2	—	0.9	—
	124	291	97	610	573	866	2.716	0.058 2	—	0.9	—
	122	258	72	621	584	882	2.513	0.053 9	—	—	29
	122	240	90	619	582	879	2.513	0.053 9	—	—	29

注：1. 本配合比适用于中热水泥、Ⅰ级粉煤灰、玄武岩人工砂和人工碎石、聚羧酸系减水剂。
2. 引气剂掺量根据含气量达 3%～4% 来确定。

4.3.5 混凝土施工配合比优化设计

在大坝混凝土生产过程中，根据原材料品质状况、气候条件、施工条件、技术要求的实时变化对大坝混凝土施工配合比进行了多次微调，确保了施工配合比实时、动态地满足了设计指标和施工要求，大坝混凝土施工配合比见表 4–35～表 4–37。

表 4–35 大坝混凝土施工配合比（高程 610m 混凝土系统）

<table>
<tr><th rowspan="2">设计指标</th><th rowspan="2">水胶比</th><th rowspan="2">级配</th><th rowspan="2">粉煤灰掺量（%）</th><th rowspan="2">砂率（%）</th><th rowspan="2">粗骨料比例（%）（特大石：大石：中石：小石）</th><th colspan="2">外加剂掺量</th><th colspan="3">材料用量（kg/m³）</th><th rowspan="2">坍落度（cm）</th></tr>
<tr><th>减水剂（%）</th><th>引气剂（/万）</th><th>水</th><th>水泥</th><th>粉煤灰</th></tr>
<tr><td rowspan="6">$C_{180}40$ F300W15</td><td rowspan="6">0.41</td><td>四</td><td>35</td><td>23</td><td>25：30：24：21</td><td rowspan="12">0.70</td><td rowspan="6">3.7</td><td>81</td><td>129</td><td>69</td><td>2～4</td></tr>
<tr><td rowspan="2">三</td><td rowspan="2">35</td><td rowspan="2">27</td><td rowspan="3">0：40：30：30</td><td>91</td><td>144</td><td>78</td><td>5～7</td></tr>
<tr><td>95</td><td>151</td><td>81</td><td>7～9</td></tr>
<tr><td>三富浆</td><td>35</td><td>30</td><td>98</td><td>155</td><td>84</td><td>5～7</td></tr>
<tr><td rowspan="2">二</td><td rowspan="2">35</td><td rowspan="2">33</td><td rowspan="2">0：0：55：45</td><td>114</td><td>181</td><td>97</td><td>5～7</td></tr>
<tr><td>117</td><td>185</td><td>100</td><td>7～9</td></tr>
<tr><td rowspan="6">$C_{180}35$ F300W14</td><td rowspan="6">0.45</td><td>四</td><td>35</td><td>24</td><td>25：30：24：21</td><td rowspan="6">4.0</td><td>82</td><td>118</td><td>64</td><td>2～4</td></tr>
<tr><td rowspan="2">三</td><td rowspan="2">35</td><td rowspan="2">28</td><td rowspan="2">0：40：30：30</td><td>92</td><td>133</td><td>71</td><td>5～7</td></tr>
<tr><td>96</td><td>138</td><td>75</td><td>7～9</td></tr>
<tr><td>三富浆</td><td>35</td><td>31</td><td rowspan="3">0：0：55：45</td><td>99</td><td>143</td><td>77</td><td>5～7</td></tr>
<tr><td rowspan="2">二</td><td rowspan="2">35</td><td rowspan="2">34</td><td>115</td><td>166</td><td>90</td><td>5～7</td></tr>
<tr><td>118</td><td>170</td><td>92</td><td>7～9</td></tr>
</table>

续表

设计指标	水胶比	级配	粉煤灰掺量（%）	砂率（%）	粗骨料比例（%）（特大石：大石：中石：小石）	外加剂掺量		材料用量（kg/m³）			坍落度（cm）
						减水剂（%）	引气剂（/万）	水	水泥	粉煤灰	
$C_{180}30$ F300W13	0.49	四	35	25	25：30：24：21	0.70	4.3	83	110	59	2～4
		三	35	29	0：40：30：30			93	124	66	5～7
								97	129	69	7～9
		三富浆	35	32				100	133	71	5～7
		二	35	35	0：0：55：45			116	154	83	5～7
								120	159	86	7～9

表 4-36　大坝混凝土施工配合比（高程 600m 混凝土系统）

设计指标	水胶比	级配	粉煤灰掺量（%）	砂率（%）	粗骨料比例（%）（特大石：大石：中石：小石）	外加剂掺量		材料用量（kg/m³）			坍落度（cm）
						减水剂（%）	引气剂（/万）	水	水泥	粉煤灰	
$C_{180}40$ F300W15	0.41	四	35	22	27：33：20：20	0.70	3.7	81	129	69	2～4
		三	35	26	0：45：27：28			91	144	78	5～7
								95	151	81	7～9
		三富浆	35	29				98	155	84	5～7
		二	35	32	0：0：62：38			114	181	97	5～7
								117	185	100	7～9
$C_{180}35$ F300W14	0.45	四	35	23	27：33：20：20		4.0	82	118	64	2～4
		三	35	27	0：45：27：28			92	133	71	5～7
								96	138	75	7～9
		三富浆	35	30				99	143	77	5～7
		二	35	33	0：0：62：38			115	166	90	5～7
								118	170	92	7～9
$C_{180}30$ F300W13	0.49	四	35	24	27：33：20：20		4.3	83	110	59	2～4
		三	35	28	0：45：27：28			93	124	66	5～7
								97	129	69	7～9
		三富浆	35	31				100	133	71	5～7
		二	35	34	0：0：62：38			116	154	83	5～7
								120	159	86	7～9

表 4-37 溪洛渡大坝高流态混凝土施工配合比

设计指标	水胶比	级配	粉煤灰掺量(%)	砂率(%)	粗骨料比例(%)(中:小)	羧酸减水剂(%)	引气剂(/万)	材料用量(kg/m³)				扩散度(mm)
								水	水泥	粉煤灰	胶材总量	
$C_{180}40$ F300W15	0.39	一	35	50	0:100	0.75	1.1	153	255	137	392	500~600
	0.39	二	35	44	40:60	0.75	1.3	138	230	124	354	500~600

4.3.6 施工配合比设计特点

(1) 溪洛渡拱坝施工配合比设计过程中采取了"最大允许水胶比、最大允许粉煤灰掺量、掺用高性能外加剂、低坍落度、低砂率"的技术路线，最大限度地降低了混凝土单位用水量，从而降低了胶凝材料总用量，尤其降低了水泥用量，不仅降低了工程成本，更重要的是降低了坝体混凝土绝热温升和温差裂缝风险。如 $C_{180}40$ 四级配混凝土，施工配合比设计单位用水量低至 81kg/m³，胶材总用量仅为 198kg/m³，其中水泥用量 129kg/m³，砂率 23%，粉煤灰掺量达到 35%，在混凝土配合比设计中获得了新的突破，达到了水电工程的同类配合比世界先进水平。

由表 4-38、表 4-39 数据可知，溪洛渡拱坝各强度等级混凝土施工配合比胶凝材料用量较招标阶段配合比降低了 15~22kg/m³，与国内其他高拱坝工程相比，具有高粉煤灰掺量、低砂率、低坍落度、低用水量、低胶材用量的特点，$C_{180}30$ 混凝土胶材用量低 7~11kg/m³，$C_{180}35$ 混凝土胶材用量低 14~18kg/m³，$C_{180}40$ 混凝土胶材用量低 27kg/m³，呈现出混凝土强度等级越高所降低胶材用量也越多的规律，减低了混凝土绝热温升，降低了混凝土内部温度控制难度，更进一步展现了溪洛渡大坝混凝土施工配合比设计的先进性。

表 4-38 溪洛渡大坝四级配混凝土配合比

部位	强度等级	配合比类别	水胶比	粉煤灰掺量(%)	砂率(%)	用水量(kg/m³)	胶凝材料用量(kg/m³)	胶凝材料节约量(kg/m³)
大坝 A 区	$C_{180}40$	招标	0.41	35	24	90	220	0
		施工	0.41	35	23	81	198	22
大坝 B 区	$C_{180}35$	招标	0.45	35	25	90	200	0
		施工	0.45	35	24	82	182	18
大坝 C 区	$C_{180}30$	招标	0.49	35	26	90	184	0
		施工	0.49	35	25	83	169	15

表 4-39　国内高拱坝工程四级配混凝土施工配合比

强度等级	施工配合比来源	粉煤灰掺量（%）	水胶比	砂率（%）	材料用量（kg/m³）				坍落度（cm）	骨料性状
					水	水泥	煤灰	胶凝材料		
$C_{180}30$	构皮滩混凝土系统	30	0.50	26	88	123	53	176	3~5	灰岩，无二筛
	溪洛渡高程 600m 混凝土系统	35	0.49	24	83	110	59	169	2~4	灰岩+玄武岩
	溪洛渡高程 610m 混凝土系统	35	0.49	25	83	110	59	169	2~4	灰岩+玄武岩
	小湾混凝土系统	30	0.50	25	90	126	54	180	3~5	片麻岩
$C_{180}35$	构皮滩混凝土系统	30	0.45	26	88	137	59	196	3~5	灰岩，无二筛
	溪洛渡高程 600m 混凝土系统	35	0.45	23	82	118	64	182	2~4	灰岩+玄武岩
	溪洛渡高程 610m 混凝土系统	35	0.45	24	82	118	64	182	2~4	灰岩+玄武岩
	小湾混凝土系统	30	0.45	24	90	140	60	200	3~5	片麻岩
$C_{180}40$	溪洛渡高程 600m 混凝土系统	35	0.41	22	81	129	69	198	2~4	灰岩+玄武岩
	溪洛渡高程 610m 混凝土系统	35	0.41	23	81	129	69	198	2~4	灰岩+玄武岩
	小湾混凝土系统	30	0.40	23	90	158	67	225	3~5	片麻岩

（2）根据新、老混凝土面层间结合质量需要，增加了三级配富浆配合比，从而取消了原设计的二级配混凝土接缝方案。根据夏季高温时段钢筋密集区的施工需求，增加了坍落度扩大 2cm 的备用配合比，从而既可保证工程质量又满足了施工进度的要求。

（3）针对高程 610m 混凝土系统、高程 600m 混凝土系统骨料品质差异，进行了个性化设计。通过有差异地微调骨料级配比例和砂率，使得两个系统同期生产的同类混凝土具有基本相同的质量性能，为两个系统生产的混凝土可同仓浇筑创造了前提条件，从而满足了施工高峰期多仓同浇时对混凝土入仓强度的要求。

（4）针对常态混凝土难以填充深孔钢衬底部的问题，通过选用聚羧酸系高性能减水剂设计了一、二级配高流态混凝土配合比，使二级配高流态混凝土胶材总量控制在 354kg/m³，一级配高流态混凝土胶材总量控制在 392kg/m³，大幅低于自密实混凝土相关规范所要求的 450~550kg/m³ 的范围，对钢衬周边混凝土温控防裂极为有利。

4.4　混凝土拌和物质量控制措施

4.4.1　混凝土施工配合比审批流程

混凝土施工配合比审批流程见图 4-1。

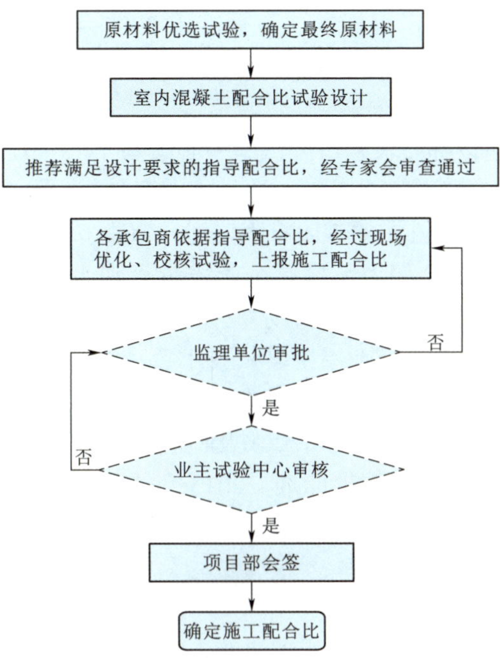

图 4-1 混凝土施工配合比审批流程

4.4.2 组织开展水泥、粉煤灰比对试验

为规范溪洛渡水电站工程水泥和粉煤灰生产、供应和使用过程的管理，消除各试验室试验操作手法、仪器设备、人为误差和不同试验室间因检验结果不一致给工程建设和物资供应带来的影响，根据溪洛渡水电站有关物资供应质量管理办法的规定，溪洛渡工程建设部物资设备部、试验中心联合国家水泥质量监督检验中心，组织各生产厂家试验室、施工单位试验室、监理单位试验室、国家水泥质量监督检验中心和试验中心每年开展一次水泥和粉煤灰比对试验竞赛活动。

该项活动由溪洛渡工程建设部物资设备部牵头，试验中心负责样品制备、发放和试验结果收集、统计分析，并编写分析报告。由溪洛渡工程建设部物资设备部拿出专项资金，对在活动中检测水平较高的单位进行表彰和奖励，同时，督促检测水平较差的单位查找问题并分析原因，及时纠正和消除试验误差。

通过比对试验，了解各参建单位试验室的检测水平，分析各试验室间存在的差异，并对各项试验应注意的事项提出了建议，达到了促进各试验室共同提高检测水平，更好地为溪洛渡水电站建设服务的目的。

4.4.3 混凝土原材料工程质量标准的制定

为了加强溪洛渡水电站工程原材料、混凝土生产的质量控制，确保混凝土工程的质量，先后制定了混凝土工程原材料质量标准。

2007 年，溪洛渡工程建设部结合工程具体情况，组织相关单位编制了《混凝土用中热硅酸盐水泥技术要求及检验》《混凝土用粉煤灰技术要求及检验》《混凝土用外加剂技术要求及检验》《混凝土用粗骨料技术要求及检验》《混凝土用细骨料技术要求及检验》和《混凝土生产质量控制及检验》6 个工程标准，该标准于 2008 年 6 月通过中国长江三峡工程开发总公司（简称三峡总公司，2009 年 9 月 27 日更名为中国长江三峡集团公司）审查，并于 2008 年 7 月 1 日正式实施。

2010 年，溪洛渡工程建设部要求溪洛渡试验中心编写了《混凝土用低热硅酸盐水泥技术要求及检验》工程标准，该标准于 2011 年 1 月通过中国长江三峡集团公司（简称三峡集团，2017 年 12 月 28 日变更为中国长江三峡集团有限公司）审查，并于 2011 年 4 月 1 日正式实施。

2013 年，三峡集团质量安全部为了提高企业质量管理水平，要求溪洛渡工程建设部牵头，组织编写了《拱坝混凝土用中热硅酸盐水泥技术要求及检验》《拱坝混凝土用低热硅酸盐水泥技术要求及检验》《拱坝混凝土用粉煤灰技术要求及检验》《拱坝混凝土用外加剂技术要求及检验》《拱坝混凝土用粗骨料技术要求及检验》《拱坝混凝土用细骨料技术要求及检验》《拱坝混凝土用改性 PVA 纤维技术要求及检验》和《拱坝混凝土生产质量控制及检验》8 个高拱坝混凝土原材料企业质量标准。2013 年 12 月通过初审，2014 年 4 月通过复审，2015 年 4 月完成报批稿，经过多次修改后形成了最终版本。

4.4.4　定期召开质量检测月例会

质量检测月例会由试验中心牵头，组织溪洛渡工程建设部相关部门及试验中心人员，各监理和施工单位技术负责人、质量负责人及试验室技术负责人参加了会议。通过汇报、座谈、讨论等交流形式，及时发现各单位在检测、施工过程中存在的问题，认真了解、分析产生问题的原因，提出了解决问题的办法，并对存在的问题提出了限期整改要求，对整改结果进行跟踪关闭。

通过定期召开质量检测月例会，及时发现问题、解决问题，消除了在施工、检测过程中的质量隐患，提高了溪洛渡工程质量控制整体水平，各级人员的质量意识获得较大提高，起到了防微杜渐的作用。

4.4.5　优质运行项目的评审

定期组织开展试验室、拌和系统和砂石骨料生产系统优质运行项目评审活动。评审活动由试验中心牵头，组织溪洛渡工程建设部相关部门、监理和试验中心人员参加，组成评审小组，每季度开展一次评审活动。

评审活动主要对被评审单位的档案材料、硬件环境和现场操作进行全面考核，实行打分制评比。将评审结果以报告的方式上报溪洛渡工程建设部技术管理部，并由技术管理部申请专项资金，对考评得分较高的单位进行表彰和奖励，对表现较差的单位提出批评，并要求对存在问题的单位进行限期整改，将整改报告报送到试验中心，由试验中心进行复查关闭。

通过开展优质运行项目评审活动，极大地提高了各施工单位的质量意识，激发了员工的工作积极性，使质量活动过程更加科学、规范。

对施工区的试验室、混凝土拌和系统和砂石骨料加工系统进行了运行项目检查，参与的人员主要是项目部人员、试验中心人员和监理工程师等，共进行了 8 次检查。试验室方面主要对体系建设情况、管理过程控制情况、检测过程控制情况、检测结果控制情况等内容进行考核；混凝土拌和系统方面对体系建设情况、管理过程控制情况、系统运行情况、质量管理情况等内容进行考核；砂石骨料加工系统方面对体系建设情况、管理过程控制情况、系统运行情况、生产过程控制及结果等内容进行考核。

对考核结果进行统计，出现的问题主要包括：

（1）人员培训工作不及时，有培训计划，无相应培训记录和考核结果。

（2）原始记录有涂改现象，存在修改不规范情况。

（3）检测结果修约不规范。

（4）生产过程中，各种原材料检测结果超出控制范围等。

4.4.6 混凝土拌和物控制及废料标准

为了加强溪洛渡水电站混凝土生产拌和质量控制，确保混凝土工程质量，溪洛渡工程建设部印发了《溪洛渡水电站混凝土拌和称量误差和混凝土拌和物控制及废料标准》（溪工建技〔2009〕135号），为施工现场废料处理提供了依据。溪洛渡水电站混凝土拌和称量误差和混凝土拌和物控制及废料标准见表4-40。

表4-40　溪洛渡水电站混凝土拌和称量误差和混凝土拌和物控制及废料标准

<table>
<tr><th>序号</th><th colspan="2">项　目</th><th>要求范围</th><th>达到要求范围的合格率（%）</th><th>达到规范标准的合格率（%）</th><th>废料标准</th></tr>
<tr><td rowspan="4">1</td><td rowspan="4" colspan="2">坍落度</td><td>50～70mm</td><td>>85</td><td>95</td><td><30mm，>90mm</td></tr>
<tr><td>70～90mm</td><td>>85</td><td>95</td><td><50mm，>110mm</td></tr>
<tr><td>140～160mm</td><td>>85</td><td>95</td><td><110mm，>190mm</td></tr>
<tr><td>160～180mm</td><td>>85</td><td>95</td><td><130mm，>210mm</td></tr>
<tr><td rowspan="3">2</td><td rowspan="3" colspan="2">含气量</td><td>5%～6%</td><td>>85</td><td>—</td><td><4%，>7%</td></tr>
<tr><td>4%～6%</td><td>>85</td><td>—</td><td><3%，>7%</td></tr>
<tr><td>3%～4%</td><td>>85</td><td>—</td><td><2%，>5%</td></tr>
<tr><td rowspan="4">3</td><td rowspan="4" colspan="2">出机混凝土温度</td><td>≤7℃</td><td>>95</td><td>—</td><td>>10℃</td></tr>
<tr><td>≤9℃</td><td>>95</td><td>—</td><td>>12℃</td></tr>
<tr><td>≤12℃</td><td>>95</td><td>—</td><td>>15℃</td></tr>
<tr><td>≤14℃</td><td>>95</td><td>—</td><td>>17℃</td></tr>
<tr><td rowspan="5">4</td><td rowspan="5">称量误差</td><td>水+冰</td><td>±1%</td><td>>95</td><td>—</td><td><-2%，>2%</td></tr>
<tr><td>水泥、粉煤灰</td><td>±1%</td><td>>95</td><td>—</td><td><-2%，>4%</td></tr>
<tr><td>减水剂、引气剂</td><td>±1%</td><td>>95</td><td>—</td><td><-2%，>2%</td></tr>
<tr><td>砂、D_{20}、D_{40}、D_{80}</td><td>±2%</td><td>>90</td><td>—</td><td><-3%，>3%</td></tr>
<tr><td>D_{135}</td><td>±2%</td><td>>90</td><td>—</td><td><-4%，>5%</td></tr>
</table>

注：1. 第1、2、3项检测值达到废料标准值时，因无法做挽救处理，应予废弃，已入仓者应予挖除。

2. 第4项中，当称量误差出现达到废料标准时，应立即通知试验值班人员和监理，议定采取补救措施，在各级料下至拌和机前或在混凝土出机前，经处理可达到合格混凝土要求时，可用于施工，无法挽回时做废弃处理。

3. 第4项中，当某种材料的称量误差达到允许限值，尚未达到废料标准时，拌和楼操作员可自行采取措施或通知试验人员来确定处理办法。处理过程必须做好详细记录。

4. 混凝土温度≤7℃和≤9℃主要指四、三级配混凝土，≤12℃和≤14℃主要指二级配混凝土。具体施工部位出机口混凝土温度控制指标应以满足设计要求浇筑温度而定。

4.5 实施效果与评价

4.5.1 混凝土拌和物性能检测

1. 坍落度

试验中心对各混凝土拌和系统生产的混凝土拌和物坍落度共检测 1 747 次，按《溪洛渡水电站混凝土拌和称量误差和混凝土拌和物控制及废料标准》（溪工建技〔2009〕135 号）计算，符合率均为 100%。

2. 含气量

试验中心对各混凝土拌和系统生产的混凝土拌和物含气量共检测 1 217 次，按《溪洛渡水电站混凝土拌和称量误差和混凝土拌和物控制及废料标准》（溪工建技〔2009〕135 号）计算，符合率均为 100%。

3. 温度

试验中心对各混凝土拌和系统混凝土拌和物出机口温度共检测 1 471 次，其中有温控要求的检测 1 370 次，按《溪洛渡水电站混凝土拌和称量误差和混凝土拌和物控制及废料标准》（溪工建技〔2009〕135 号）计算，符合率均为 100%。

4.5.2 混凝土性能抽检

1. 混凝土强度

试验中心对混凝土共检测抗压强度 4 316 组（3d 龄期 4 组、5d 龄期 4 组、7d 龄期 1 264 组、28d 龄期 1 833 组、90d 龄期 587 组、180d 龄期 617 组、365d 龄期 4 组、2 年龄期 3 组）、劈拉强度 387 组（7d 龄期 34 组、28d 龄期 77 组、90d 龄期 127 组、180d 龄期 137 组、365d 龄期 12 组），达到设计龄期的混凝土强度均满足设计要求。

2. 混凝土抗冻等级

对大坝、水垫塘、二道坝、地下厂房、电站进水口、左岸出线竖井、右岸泄洪洞工程混凝土共检测抗冻等级 199 组，混凝土抗冻等级均满足设计要求。

3. 混凝土抗渗等级

对大坝、二道坝、地下厂房、右岸泄洪洞及右岸电站进水口工程混凝土共检测抗渗等级 71 组，混凝土抗渗等级均满足设计要求。

4. 混凝土抗冲磨强度

二道坝抗冲磨混凝土采用水下钢球法检测 28d 和 90d 龄期抗冲磨强度各 1 组，抗冲磨强度分别为 14.90h/(kg/m^2）和 15.76h/(kg/m^2)。

5. 混凝土极限拉伸及弹性模量

各拌和系统混凝土极限拉伸共检测 269 组（7d 龄期 18 组、28d 龄期 115 组、90d 龄期 15 组、180d 龄期 119 组、365d 龄期 2 组）。其中 C_{180}40F300W15 混凝土，高程 610m 拌和系统检测 65 组，180d 极限拉伸平均值为 1.05×10^{-4}，高程 600m 拌和系统检测 20 组，180d 极限拉伸平均值为 1.05×10^{-4}，满足 $\geq1.00\times10^{-4}$ 的设计要求；C_{180}35F300W14 混凝土，高程 610m 拌和系统检测 15 组，180d 极限拉伸平均值为 1.04×10^{-4}，高程 600m 拌和系统检测 10

组，180d 极限拉伸平均值为 1.02×10^{-4}，满足 $\geqslant0.95\times10^{-4}$ 的设计要求。180d 龄期混凝土抗压弹性模量共检测 83 组，其中 C_{180}40F300W15 混凝土检测 56 组，抗压弹模平均值为 43.5GPa；C_{180}35F300W14 混凝土检测 21 组，抗压弹模平均值为 42.8GPa；C_{180}30F300W13 混凝土检测 5 组，抗压弹模平均值为 41.9GPa。

6. 自生体积变形

溪洛渡水电站大坝工程混凝土施工主要采用玄武岩粗骨料和灰岩细骨料组合，室内试验结果表明，混凝土自生变形结果呈收缩趋势，而设计对混凝土自生体积变形提出了较高要求，为了确保混凝土自生体积变形结果能够满足设计要求，工程采用了高内含 MgO 水泥的措施。采用高内含 MgO 水泥后，混凝土自生体积变形收缩较使用前减少约 15×10^{-6} 左右，有效改善了混凝土自生体积变形性能。

通过现场抽样进行室内混凝土自生体积变形试验，混凝土自生体积变形最大收缩值仍为 50×10^{-6} 左右，未达到设计提出的不小于 -20×10^{-6} 技术要求。而地下工程混凝土基本使用全玄粗、细骨料，混凝土自生体积变形趋势与大坝基本一致。由于地下工程混凝土自生体积变形资料相对较少，现将大坝混凝土自生体积变形结果进行汇总，仅供参考。

4.5.3 总体评价

（1）溪洛渡大坝混凝土使用了水化热较低、高内含氧化镁的云南昭通华新 P.MH42.5 中热水泥。该水泥生产厂家通过控制矿物组成、煅烧工艺的措施，使得水化热保持在较低水平，氧化镁含量保持在 4.3%～5.0% 范围，具有潜在微膨胀性，对改善混凝土自生体积变形性能和温控防裂是有利的。

（2）溪洛渡大坝混凝土高掺量使用了低硫、低碱、低需水量的优质Ⅰ级粉煤灰，有效节约了水泥，降低了混凝土水化温升，改善了混凝土工作性能，提高了混凝土后期强度及耐久性能。

（3）溪洛渡大坝混凝土使用了技术成熟、质量稳定的 ZB－1A、JM－ⅡC 萘系高效减水剂、ZB－1G 松香类引气剂。减水剂按凝结时间差指标大小分为夏季型、冬季型两种类型生产和使用，春季、秋季采用两型混掺的方式进行换型过渡使用。在深孔钢衬底部、闸墩、支撑大梁等部分特殊部位，大坝混凝土使用了 JM－PCA 聚羧酸类高性能减水剂，满足了特殊部位的施工要求。

（4）鉴于玄武岩质洞挖有用料不足且弹模偏高，专门开采灰岩毛料制砂。溪洛渡大坝混凝土采用了“灰岩砂+玄武岩碎石”的骨料使用方案，对控制混凝土的弹性模量有一定作用。

（5）因无二次筛洗装置，高程 600m 混凝土系统所用粗骨料的粒径、含粉指标与高程 610m 混凝土系统差异较大，为保持两个混凝土系统所生产混凝土的各级骨料实际含量基本相当，以高程 610m 混凝土系统为基准，以大量全级配筛分检测结果为依据，高程 600m 混凝土系统所生产混凝土的粗骨料级配比例和砂率的选用有别于高程 610m 混凝土系统。高程 610m 混凝土系统所生产混凝土四、三、二级配比例为 25∶30∶24∶21、40∶30∶30、55∶45，而高程 600m 混凝土系统则为 27∶33∶20∶20、45∶27∶28、62∶38；高程 600m 混凝土系统所生产混凝土砂率较高程 610m 混凝土系统低 1%。检测结果表明，高程 600m 混凝土系统所生产混凝土除强度较高程 610m 混凝土系统低 1～2MPa 外，其他性能与高程 610m 混凝土系统无差异。

（6）通过优选原材料和优化设计，溪洛渡大坝混凝土施工配合比均选用设计允许的最大水胶比、最大粉煤灰掺量、低坍落度、低砂率，使得单位用水量普遍低于招标配合比，四级配实际单位用水量低至 81kg/m^3（招标为 90kg/m^3），胶材总量低至 200kg/m^3 左右，为降低成本、温控防裂提供了有力保证。经测算，大坝混凝土实际施工配合比将较招标配合比节约材料成本 4 000 多万元，相应降低的温控成本也蔚为可观。

（7）为提高陡坡坝段、长间歇期仓面混凝土在低温时段的早期抗裂能力，溪洛渡大坝混凝土分区、分时段地使用了外掺 PVA 纤维混凝土（0.9kg/m^3）。实际检测结果表明：同条件下，掺 PVA 纤维混凝土 7d 劈拉强度提高 4.8%，28d 劈拉强度提高 8.5%，28d 极限拉伸值平均提高 10.7%；掺 PVA 纤维能提高混凝土极限拉伸值与劈拉强度，有效改善混凝土抗裂能力，尤其对早期抗裂非常有利。但外掺 PVA 的同时，也会导致混凝土单位用水量增加（约 3kg/m^3）、泌水量增加、凝结时间延长、成本增加。

（8）在深孔钢衬底部使用二级配高流态混凝土，而辅以少量一级配高流态混凝土，在严格控制、精细施工的前提下可满足各项要求。通过选用聚羧酸系高性能减水剂和科学设计，二级配高流态混凝土胶材总量控制在 354kg/m^3，一级配胶材总量控制在 392kg/m^3，大幅低于自密实混凝土相关规范所要求的 450~550kg/m^3 的范围，对钢衬周边混凝土温控防裂极为有利。但由于玄武岩粗骨料比重大（约 2.93），灰岩细骨料比重仅 2.63，二级配高流态混凝土易出现离析、沉底现象，流动性与粘聚性之间的平衡控制不易掌握，质量控制难度较大，应严密监控。

（9）通过科学设计、精细控制，溪洛渡大坝混凝土的坍落度、含气量、出机口温度指标均能满足现场施工要求，混凝土生产质量水平均达优秀水平；硬化混凝土各项力学性能、耐久性能指标满足设计要求（自生体积变形指标受限于水泥、骨料特性而例外），混凝土强度保证率均不低于 98%，大坝混凝土性能指标和均质性指标均稳定、有效地控制于“优良”水平。

（10）溪洛渡大坝混凝土自生体积变形指标未能整体满足 $\geq -20\times10^{-6}$ 的设计要求是大坝混凝土诸多质量指标中的遗憾之处。虽是如此，但通过配合比优化、显著降低胶材用量、精细化过程控制、加强中后期温控措施等手段予以弥补，大坝混凝土实际整体抗裂能力能满足结构抗裂要求。

5 大坝混凝土施工

5.1 基本情况

溪洛渡水电站大坝为混凝土双曲拱坝，最大坝高 285.50m，坝顶高程 610.00m，坝顶中心线弧长 681.51m，坝顶拱冠厚度 14.0m，坝底拱冠厚度 64.00m，厚高比为 0.216。大坝分为 31 个坝段，横缝间距约为 22m，采用“一刀切”形式的垂直平面分缝。溪洛渡大坝坝体设置有 10 个导流底孔、8 个泄洪深孔、7 个溢流表孔，总数量为 25 个，在大坝坝后设置有三层坝后永久栈桥，分别位于高程 431m、高程 470m、高程 527m。溪洛渡拱坝立面见图 5-1，溪洛渡拱坝 15 号坝段剖面见图 5-2。

图 5-1 溪洛渡拱坝立面

溪洛渡大坝主要工程量：混凝土浇筑 672.4 万 m^3，钢筋制安 3.51 万 t，金属结构安装 19 753t。大坝混凝土合同进度计划总工期 58 个月。

溪洛渡工程于 2007 年 11 月 8 日实现了大江截流，2009 年 3 月 27 日开浇坝体混凝土，混凝土浇筑采取不分纵缝的通仓浇筑方式，最大仓面面积约 2 336m^2，2014 年 2 月导流底孔封堵施工全部完成，2014 年 3 月 6 日，拱坝全线到顶，2015 年工程完工。

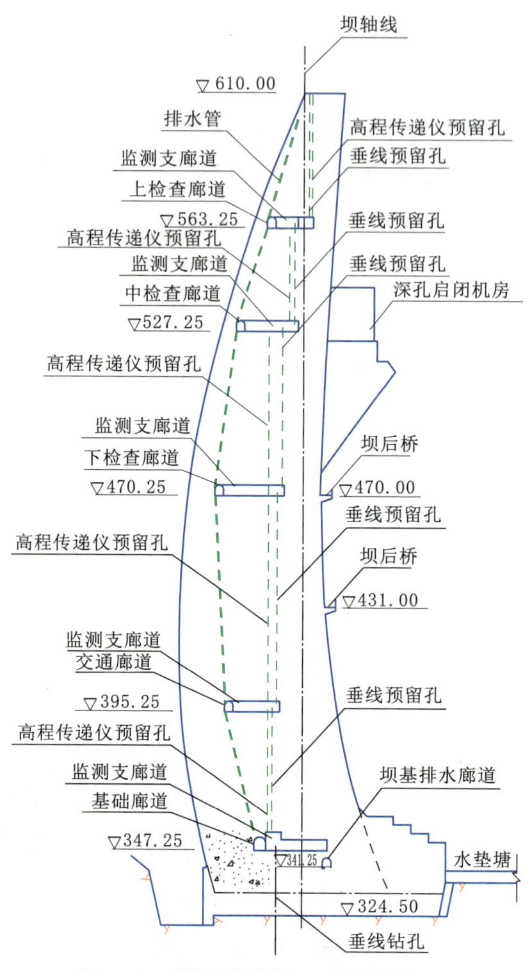

图 5-2　溪洛渡拱坝 15 号坝段剖面

5.2　大坝混凝土施工特点与难点

1. 溪洛渡拱坝工程规模大

溪洛渡拱坝工程主要施工项目工程量很大，根据合同文件，溪洛渡混凝土拱坝主要合同工程量包括：混凝土浇筑 634 万 m^3，钢筋制安 3.5 万 t，金属结构安装 9 753t，帷幕灌浆约 27.5 万 m，固结灌浆约 28.5 万 m，接缝灌浆 25.93 万 m^2。经过各方面调整变更后，溪洛渡拱坝工程各项目实际施工工程量约为：混凝土浇筑 675 万 m^3，钢筋制安 9.5 万 t，金属结构安装 1.2 万 t，帷幕灌浆约 35 万 m，固结灌浆约 32 万 m，接缝灌浆 27 万 m^2。实际施工相比合同工程量均有很大增加。

2. 溪洛渡拱坝结构复杂、专业多、施工工序多

溪洛渡拱坝坝身结构复杂，设置有 10 个导流底孔、8 个泄洪深孔、7 个溢流表孔，孔口总数量为 25 个；设置有高程 431m、高程 470m、高程 527m 三层坝后永久栈桥；设置有灌浆廊道、检查廊道、监测廊道、通气廊道等各类型廊道，共 10 多条；设置有 2 个电梯井等。这些结构复杂部位一般工序多、工程量大、场地狭窄、施工难度大，限制拱坝快速上升。特

别是坝体孔口部位上下游悬臂结构，由于其跨度大（最大悬臂跨度达 24.4m），模板及支撑结构的制作、安装与拆除难度大，悬空作业时施工安全问题突出。

溪洛渡拱坝工程施工专业多，包括坝体混凝土施工、坝基基础处理施工、金属结构制作与安装施工等，各专业施工之间关系交错复杂，各工种、工序在平面、立面上的作业时有交叉，相互施工干扰大，给施工安排带来较大的难度。

溪洛渡拱坝仓层多，各仓施工工序复杂，拱坝共 31 个坝段，按 1.5m 或 3m 分层，共 2 000 多个仓层。单个仓层包括冲毛、模板拆立、钢筋绑扎、混凝土止水安装、接缝灌浆系统埋设、埋件安装、冷却水管铺设、混凝土浇筑、保温养护等多个工序，个别工序之间存在空间或时间上的干扰，若施工组织协调不到位或施工工艺实施不好，可能形成连锁反应，将会延长单仓备仓浇筑时间，对整体施工进度造成影响。特别是包含特殊结构的坝段，施工工艺及工序更是复杂。例如河床坝段在泄洪深孔孔口部位施工时，除模板、钢筋等一般性施工项目外，还包括钢衬预埋件安装、钢衬安装、回填灌浆系统安装等，各施工工序在时间上有承接、有并行、有交叉交面，施工组织协调更是要求严格。

3. 溪洛渡拱坝工程工期长、工期紧、施工强度高

根据合同文件，溪洛渡拱坝工程施工工期约 60 个月，施工工期长，施工节点目标要求多，施工进度控制难度大，施工组织协调需长期保持高效，并需根据情况变化进行实时调整。

工程总体工期紧且混凝土浇筑强度高。由于坝体混凝土施工进度因受坝基地质缺陷处理和基础固结灌浆工程量增加等综合影响，至 2009 年底拱坝工程相对于合同工期滞后，而 2013 年 6 月发电的目标不容推迟，这样导致工程施工工期大幅度缩短。且溪洛渡拱坝工程需满足施工期内各年度防洪度汛要求等阶段性目标，阶段性的工程形象要求高，施工项目多，工程量大，阶段工期尤为紧张。

溪洛渡大坝工程混凝土工程量大，施工工期紧张，混凝土浇筑强度高。根据原合同文件溪洛渡混凝土施工月高峰浇筑强度 16.09 万 m^3，根据总进度调整计划要求的月浇筑强度最高约为 19.5 万 m^3，且其他月浇筑强度仅略小于此强度，实际最高月浇筑强度为 21.6 万 m^3，且多次超过 20 万 m^3，2011 年及 2012 年年浇筑强度均超过了 200 万 m^3。

5.3 大坝混凝土施工方案

5.3.1 大坝非孔口部位混凝土施工

大坝孔口以外部位混凝土仓面多为白板仓，仓面面积大于 1 400m^2 时采用 3 台缆机浇筑混凝土，否则采用两台缆机浇筑混凝土。河床 13~19 号坝段基础盖重灌浆期间，为避免钻孔损伤混凝土内冷却水管，混凝土浇筑升层按 1.5m 控制，2009 年底河床坝段基础固结灌浆施工完成后，混凝土浇筑升层按 3.0m 控制。

为确保混凝土层间以及混凝土与大坝建基面的结合质量，明确：基岩面浇筑第一层混凝土，采用同等级二级配混凝土或三级配富浆混凝土，二级配厚度一般按 20cm 控制，三级配富浆厚度一般按 40cm 控制；水平施工缝接缝采用同等级二级配富浆混凝土，厚度 10cm，或采用同等级三级配富浆混凝土，厚度 30cm。

混凝土浇筑施工设备配置：原则上每台缆机配一台 SD13S 型平仓机和一台 VBH13S-8EH 型振捣车，并配备一定数量的振捣工和辅助工。仓面混凝土采用缆机入仓、平铺法分层浇筑。缆机吊罐卸料后，先平仓后振捣。对于止水系统和埋件部位采用人工辅助平仓，无论采用何种方式均必须先平仓后振捣，严禁以平仓代替振捣。对于仓面小的仓位、模板周边、钢筋密集以及有预埋件或安全监测设备的部位采用 ϕ130mm 及 ϕ100mm 手持插入式振捣棒或者软轴振捣棒进行人工平仓、振捣。下料点接茬处、两台缆机的下料接头处适当延长振捣时间加强振捣，以保证振捣密实。浇入仓内的混凝土应随卸料随平仓随振捣，不得堆积，仓内若有粗骨料堆积时，应将堆积的骨料均匀散铺至富浆处，严禁用水泥砂浆覆盖，以免造成内部蜂窝。

廊道、电梯井周边 1.0m 范围内钢筋较多部位及边角部位和有仪器的地方采用三级配或二级配混凝土浇筑，且要求廊道两侧、电梯井和止水（浆）片的周边混凝土要均衡铺料浇筑上升，以保持其位置和形状不变。

混凝土收仓面采取一定的保护措施，以防人踩。必要时在表面铺上厚木板以供人行。

在高温季节施工时，浇筑过程中在每一坯层混凝土振捣密实后立即覆盖等效热交换系数 $\beta \leq 20.0 kJ/m^2 \cdot h \cdot ℃$ 的保温材料进行保温，且混凝土覆盖时间控制在 4h 之内，防止已入仓混凝土温度回升。

5.3.2 大坝临时导流底孔部位混凝土施工

坝身临时导流底孔分别设置在 410.00m、450.00m 高程，其中在 13～18 号坝段内 410.00m 高程布置了 6 个临时导流底孔（1～6 号），孔口尺寸 5.00m×10.00m（宽×高），采用坝面收缩型压力进口段，进口上缘采用椭圆曲线，孔身段为平底直线型，洞身不扩散，1～6 号临时导流底孔上游进口设平板闸门，尺寸 5m×14.74m（宽×高），3、4 号临时导流底孔下游出口设弧形闸门，尺寸 5m×10.00m（宽×高）；在 11、20 号坝段 450.00m 高程分别布置了 2 个临时导流底孔（7、8 号和 9、10 号），孔口尺寸均为 4.5m×8m（宽×高），采用坝面收缩型压力进口段，进口上缘采用椭圆曲线，孔身段为平底直线型，洞身不扩散，7～10 号临时导流底孔上游进口设平板闸门，尺寸 4.5m×12.166m（宽×高），下游出口设弧形闸门，尺寸 4.5m×8.00m（宽×高）。

根据导流底孔结构，为便于施工导流底孔部位混凝土分层为：流道底板混凝土厚 1.5m；流道两侧混凝土按 3.0m 分层；流道顶板混凝土厚 1.5m。

临时导流底孔部位混凝土施工特点如下：

（1）流道底板和顶板各分布三层钢筋，混凝土平仓、振捣全部由人工完成；在浇筑底板仓时，为保证浇筑质量，该层采取一次立模两次浇筑的方式进行。

（2）由于 3、4、9、10 号导流底孔出口闸墩钢筋密集，避免影响上游坝体上升，采取了上游坝体与下游出口闸墩脱开浇筑的方案。

（3）流道底板表面采取样架、人工抹面收光，控制过流面的平整度。

（4）流道顶板采用流道内安装型钢支撑柱的方式。

（5）U 形预应力锚索套管等钢筋密集区混凝土调整为Ⅱ级配。

（6）流道进口倒悬部位采用了免拆预制混凝土模板。进口底坎圆弧段模板示意图见图 5-3。

（7）在进水口喇叭口胸墙采用定型模板。模板由拱架、木板、覆膜木胶合板按设计曲线加工而成。进口胸墙反弧段模板示意图见图 5-4。

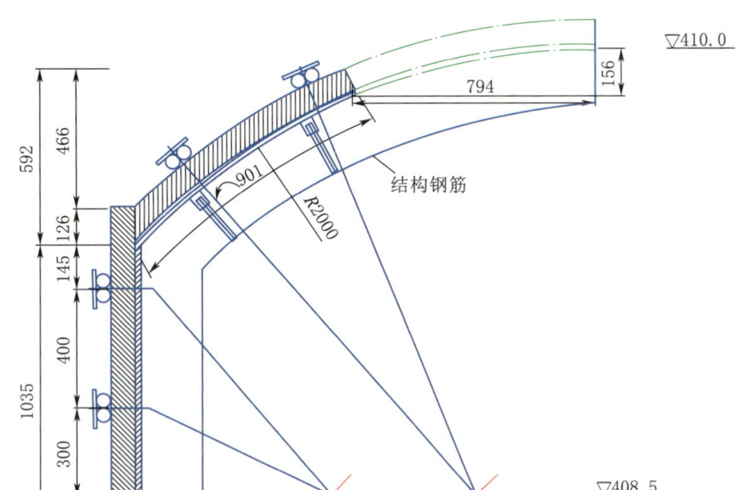

图 5-3 进口底坎圆弧段模板示意图（单位：mm）

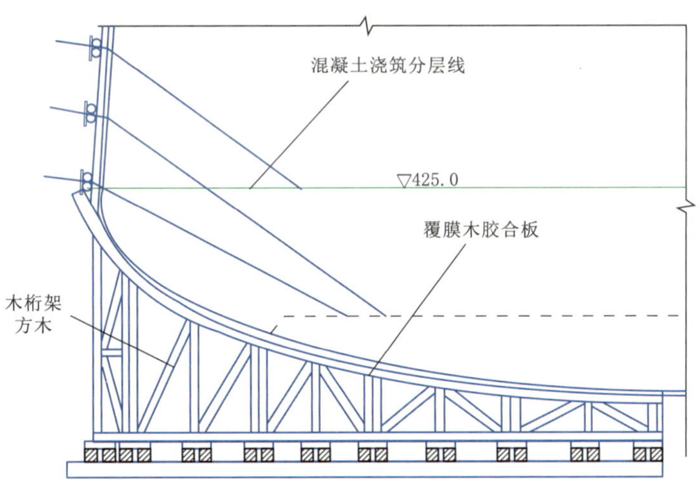

图 5-4 进口胸墙反弧段模板示意图

（8）侧墙首仓流道两侧侧墙模板采用倒悬大型钢模板，第二仓以上采用悬臂大模板。

（9）导流底孔封顶仓采用钢桁架内撑组合大模板（见图 5-5）。

5.3.3 大坝泄洪深孔混凝土施工

大坝共计设置 8 个深孔，分别布置在 12～19 号坝段，深孔流道采用钢衬衬护。其中，1、8 号深孔底部高程 502.8m，2、7 号深孔底部高程 499.3m，3、6 号深孔底部高程 495.7m，4、5 号深孔底部高程 490.7m。深孔结构示意图见图 5-6。

根据设计要求，深孔部位采用 A 区混凝土，强度级别为 $C_{180}40$。混凝土浇筑分层厚度主

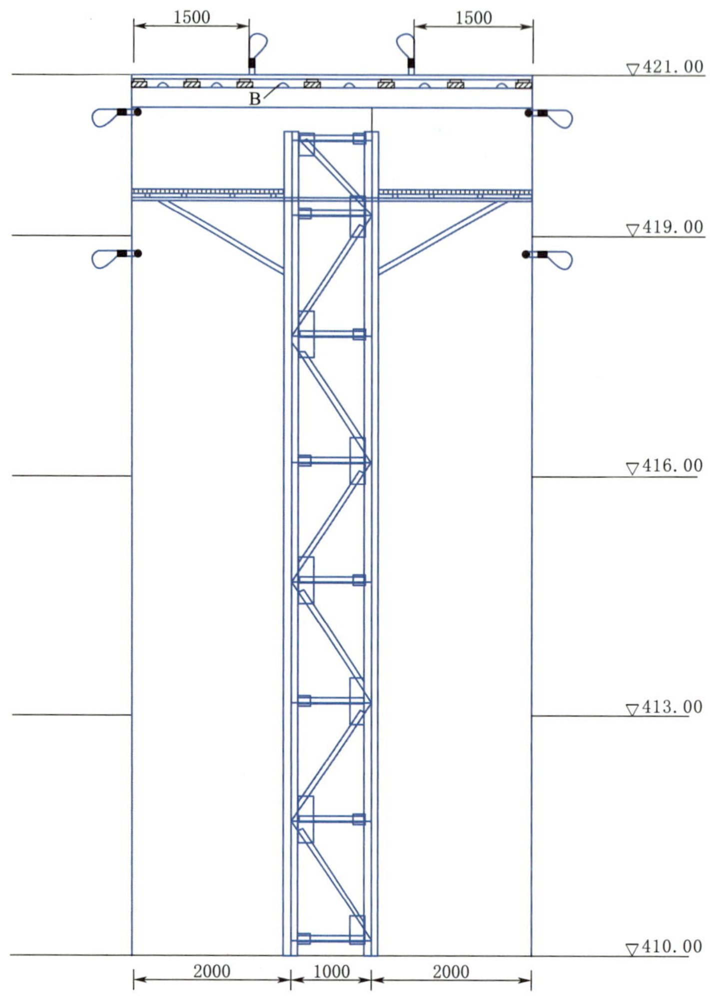

图 5-5　钢桁架内撑组合大模板（单位：mm）

要为 3m。深孔部位大部分混凝土为四级配混凝土，层间结合层为三级配富浆混凝土，钢衬四周约 2m 范围为二级配混凝土，大坝上下游面悬臂及下游面钢筋密集范围（锚索钢管区）为二级配或三级配混凝土，钢衬底板下部采用自密实混凝土。

1. 模板工程

大坝深孔混凝土浇筑模板施工主要为大坝上下游面模板、深孔进出口模板、横缝面模板、流道模板以及门槽二期混凝土模板等。

（1）上下游面模板。

大坝深孔坝段上下游面均设有上游牛腿、下游大牛腿和小牛腿。深孔上游牛腿起始层采用内拉组合钢模板配合木模板立模，上部采用混凝土预制模板，小牛腿直立段采用组合钢模板配合木模板立模。下游大牛腿及小牛腿倒悬面起始层均采用外撑式支撑结构，面板采用组合钢模板配合木模板立模，上部采用 1.8m 宽悬臂大模板立模。牛腿侧面采用悬臂大模板和定型钢模立模，局部辅以木模板补缝。

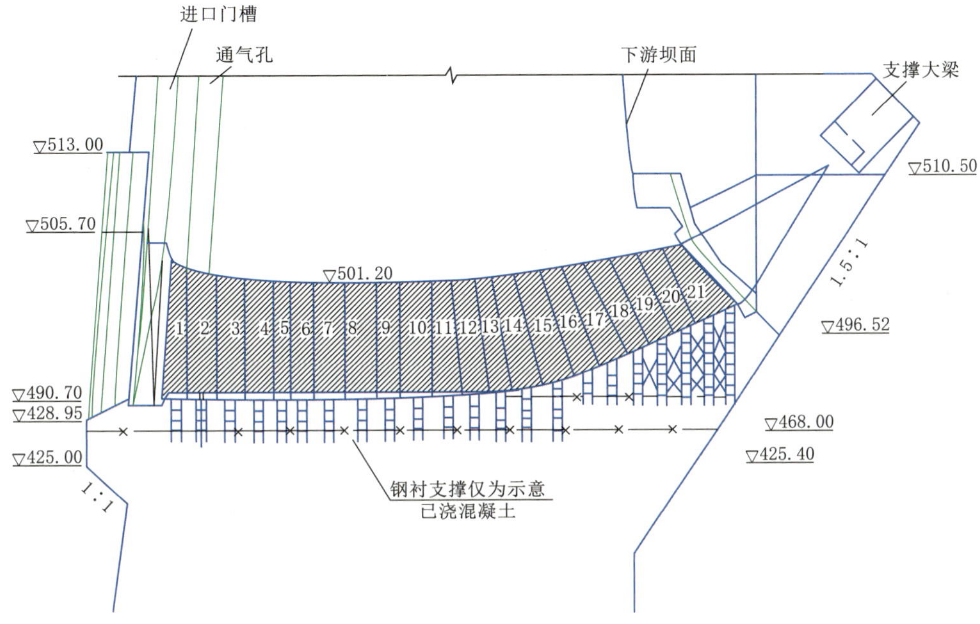

图 5-6　深孔结构示意图（单位：m）

（2）深孔进出口模板。

深孔进出口均设有钢衬，施工时，直接利用深孔进出口钢衬作为混凝土浇筑施工模板。施工前，在钢衬肋板处每隔 1.5m 设置一道反拉杆件（10 号槽钢）固定钢衬。

（3）横缝面模板。

深孔坝段横缝面模板仍然采用下部大坝全悬臂键槽模板。

（4）流道模板。

深孔流道均设有钢衬，施工时，直接利用深孔进、出口钢衬作为混凝土浇筑施工模板。施工前，为避免钢衬上浮，在钢衬两侧设置斜拉杆件，斜拉杆一端焊接固定于钢衬肋板上，另一端固定于预埋铁板凳上，斜拉杆采用 10 号槽钢，按间距 5m 进行布置。

（5）门槽二期混凝土模板。

事故门和工作门二期混凝土预留采用埋设定型木盒形成。定型木盒采用 2.5cm 厚双面刨平木板加工制作，木盒制作需满足二期混凝土结构要求，并预留进人孔，以便钢衬底板以下施工人员走出。

（6）钢衬底板倒角部位模板。

对于 3~6 号深孔钢衬底板以下混凝土分层线形成锐角，该部位混凝土采取 45°倒角，倒角高度不小于 100cm，由于钢衬底部浇筑的是自密实混凝土，为确保倒角角度控制，在倒角部位采用免拆模板立模。

2. 混凝土施工

（1）混凝土分层。

充分利用坝体上下游面悬臂模板及横缝面大模板，混凝土浇筑分层原则上按 3m 厚进行。因深孔钢衬安装的需要，混凝土浇筑分层按各深孔底部高程的不同可按一次立模两次浇筑的方式施工。

对于3~6号深孔钢衬底板以下混凝土分层线形成锐角，该部位混凝土采取45°倒角，倒角高度不小于100cm。

（2）底板仓以上常态混凝土浇筑。

①混凝土浇筑采用平铺法施工。底板第一层浇筑时分别从上游、左侧及右侧三个方向同时开始浇筑，向下游推进，在钢衬底部形成8~10m的U形槽后，开始浇筑自密实混凝土。

②第一坯层浇筑40cm厚的三级配富浆混凝土，第二坯层及以上尽可能浇筑四级配混凝土，坯层厚度为40~55cm。钢衬底板以下2m以及两侧2~3m范围内（U形槽）浇筑自密实混凝土，孔口底板以上周边2m范围内、顶板第一坯层部位浇筑二级配混凝土，止水周边、闸墩周边及钢筋密集区等部位浇筑三级配或三级配富浆混凝土。

（3）底板仓混凝土浇筑。

深孔钢衬断面为矩形，底宽5.2m，横向加劲板及钢筋网布置较密，采用常规混凝土浇筑，钢衬底部人工无法振捣，难以回填密实。为保证混凝土浇筑质量，钢衬底部采用自密实混凝土施工：

①由于自密实混凝土水泥含量高，初期水化热大，温控要求严格，现场施工中需严格控制自密实混凝土用量。根据自密实混凝土流动性好、坍落度大等特点，先浇筑两侧常规混凝土，在钢衬底部形成U形槽，槽体左右向宽度控制在8~10m，最后在槽体部位浇筑自密实混凝土。

②钢衬右侧自上游至下游定点设置主受料口，受料坑间距按6m布置，采取在坯层面临时设置预留坑的方式，吊罐直接下料至预留坑内后流入U形槽内。钢衬左侧作为辅助进料口，与主进料口梅花形布置受料坑。

下游锚索套管及下游闸墩钢筋密集区域，混凝土无法直接下料，采取在钢筋网上按照6m间距布置溜筒的方式进行下料，溜筒顶部设计简易集料斗，集料斗固定于钢筋网上。

为保证钢衬下部混凝土浇筑密实，自密实混凝土能顺畅流入钢衬底板下部区域，钢衬两侧的混凝土先浇筑2~3个坯层形成U形槽，再进行底板自密实混凝土浇筑，钢衬每节底板中部设置1排ϕ200mm振捣孔，两侧设置2排ϕ25mm排气孔。采用由一侧向另一侧浇筑的顺序，并打开钢衬底部灌浆孔排气，直到浇过钢衬底部。如果现场条件允许时，自密实混凝土顶部可浇筑部分低陷度料，有效减少收面浮浆。为防止钢衬底部有可能出现浇不满的现象，保证浇筑质量，需布置混凝土泵，对钢衬底部的浇筑空隙进行补充浇筑。

为防止钢衬底部混凝土浇筑造成钢衬整体抬动，除在钢衬两侧设置斜拉杆以外，在钢衬底板上利用排气孔设置抬动变形观测装置，浇筑过程中安排专人进行监控，发现异常情况及时通知有关人员。

（4）脱开区混凝土浇筑。

深孔支撑大梁闸墩部位与大坝坝体脱开浇筑，大坝坝体优先上升。

深孔工作弧门运行过程中，将承受巨大的水推力，为防止后期运行过程中从分缝产生不利应力，原则上要求分缝位置垂直于U形锚索。

为保证深孔下游闸墩脱开结构安全，采取了以下主要措施：

①脱开部位水平施工缝面处预埋插筋。在深孔下游闸墩部位脱开首仓水平施工缝面，埋

设插筋，插筋为 ϕ32mm 螺纹钢，长度为 $L=2$m，预埋进混凝土长度为 1m，插筋之间间排距为 1.5m×1.5m，呈梅花形布置。

②并缝位置设置并缝钢筋。深孔坝段脱开浇筑施工缝缝面与仓层施工缝面有多个结合部位，为使脱开浇筑部位与上游先浇坝体结合紧密，保证大坝整体结构安全，在这些缝面结合部位均布置单层并缝钢筋，并设置单层角筋。

③脱开浇筑施工缝缝面插筋埋设。深孔坝段下游闸墩脱开浇筑时，为保证先浇块上游坝体与后浇块下游闸墩之间结合紧密，保证坝体结构安全，除设置并缝钢筋及角筋外，脱开浇筑施工缝缝面上还须设置插筋。

④脱开浇筑施工缝缝面凿毛施工。深孔坝段脱开浇筑施工缝缝面在先浇块混凝土浇筑完成及等强拆模后进行深凿毛施工。

深孔脱开区狭小，钢筋密集部位第一坯层 20cm 采用一级配混凝土浇筑，冷却水管提前预埋固定在钢筋上，通过配仓措施将脱开区混凝土浇筑与大坝坝体混凝土浇筑的干扰降低到最小。

5.3.4　表孔大梁混凝土施工

表孔支承大梁为置于 8 个表孔闸墩 594.00m 上的多跨连续梁，表孔大梁高 16.5m，宽 23.15m，大梁下游边线长约 147m，上游边线长约 161m。1~7 号表孔大梁要求整体浇筑，不设结构缝（横缝），施工时可根据施工要求设施工缝。

为解决表孔大梁施工对整个大坝浇筑进度的制约，加快表孔大梁上游面的施工进度，表孔闸墩脱开浇筑，同时表孔大梁分缝调整至表孔闸墩部位，利用倒 T 形混凝土预制件进行表孔大梁混凝土的通体浇筑施工。

倒 T 形预制件直接放置于表孔闸墩部位，锚固深度按不小于 0.5m 进行控制。在缆机抬吊重量范围内，将倒 T 形梁预制件按 2m 高进行预制，表孔大梁分层调整为 2m、2m、3m、3m、3m、3m 进行浇筑。

5.3.5　大坝混凝土施工方法

1. 基本方法与要求

（1）开仓前必备条件。

拟浇仓开仓前须做好施工准备工作，填写《开仓必备条件检查表》，监理逐项检查验收合格并签字后方能开仓。

①工序验收。包括缝面（岩基）、钢筋、埋件、仪埋、模板等。

②资源。包括设备（平仓机、振捣臂）、施工及监管人员、高温天气应对措施（喷雾机、保温被）、雨季施工保障（防雨及排水器材）等。

③周边环境条件。包括防外来水入仓措施等。

④安全文明施工。包括出入仓转梯（或跨仓栈桥）已安好且冲洗干净，模板周边无杂渣且通行安全畅通等。

⑤坯层线标识清晰准确。每隔约 6m 标示一组，标准 3m 升层第 1 坯层 40cm，第 2~4 坯层均为 50cm，第 5、6 坯层均为 55cm。

⑥仓面设计。仓面设计及班次质量交底表挂牌张贴就位。

（2）配仓原则。

根据拱坝平面布置和缆机的配置数量，一般采取单仓浇筑，或多仓同浇（两仓同浇，或三仓同浇，一般多为两仓同浇）。配仓原则如下：

①配仓时，两仓不宜搭接；若搭接，搭接长度不宜超过仓面长度的1/3。

②两仓同浇，宜尽量扩大上下游缆机工作范围，缩小中间缆机两仓兼顾范围，以保证两仓均匀快速覆盖。

③根据投入缆机数量，提前划分好各缆机浇筑区域（与缆机平行），在其工作区域内从上游往下游按条带法浇筑。在条带范围内，平仓铺料方向可自行调整。

④条带一般宽8~10m，入仓强度大，宽度可适当加大。

⑤条带之间须有序搭接，错层搭接接头宽度<1m；浇筑中，须遵循“先下料、先平仓、先振捣、先保温、先覆盖”原则有序推进。

⑥各缆机浇筑区域面积应大致相等，以便各区域同坯层混凝土基本同时浇完。各缆机分界线附近应进行错缝搭接。

（3）浇筑方法。

①平铺法。即同一坯层全部浇完后，再浇筑其上的坯层。该法界面清晰，为保证浇筑质量（防止初凝）和浇筑温度受控，必须有足够的浇筑强度。

平铺法坯层厚度以振捣棒的有效长度为控制原则，一般30~50cm。如其有效长度超过50cm，坯层厚度可适当增加，但不能超过其有效长度。

标准3m升层分6个坯层。其中，首坯层混凝土须兼顾层间结合质量和温控要求，并满足施工设备要求，故铺筑40cm的三级富浆；其他各层力求均分，中间三坯层50cm，最后两坯层55cm。坯层厚度均在振捣臂有效工作范围内。

标准1.5m升层分3个坯层，其分层厚度为40cm、55cm、55cm。

②条带法。对于拱坝，多台缆机入仓浇筑，一般采用条带法浇筑。条带法本质上也是平铺法。但有其特点：

多条带同时推进，条带宽度一般在8~10m以上。

条带采用楔形端头推进，以避免大骨料集中。

在覆盖前，先浇条带可采用保温被进行保温，以利浇筑温度控制。

单条带一般从右向左或从左向右推进，整条带推进方向一般从上游往下游，待最下游一台缆机浇筑到下游底边后，缆机统一回头，接上游相邻一台缆机的原前行位置继续浇筑，将先浇坯层快速覆盖，确保先浇部位先覆盖不初凝。

条带搭接部位1~2m采取复振工艺，以免漏振。

在条带清晰、浇筑温度受控条件下，个别条带区域可以先行覆盖。

③台阶法。台阶法是多坯层同时开浇，形成多台阶交替推进，先浇筑部位先覆盖，首坯层向前推进，顶坯层相继收面的一种浇筑方法。

该法适宜于浇筑入仓强度低而不能采用平浇法的情况。雨天施工时，为确保浇筑质量且利于排水，宜采用此浇筑方法。

2. 施工准备

（1）施工缝面（建基面）处理。包括水平、垂直缝面处理以及指定区域清撬，建基面清理、冲洗和验收等项目。

（2）止水基座施工。止水基座施工程序：基座清理→锚杆施工→止水片安装→仓号清理、验收→混凝土浇筑→混凝土养护。

（3）钢筋工程。制作、加工、安装、焊接等均要符合施工图纸及相关规范。

（4）测量放样。建基面验收合格后，对首仓混凝土施工区域地形进行测量放样，并现场放出各主要控制点及高程等，采用红油漆标记，指导现场施工。

（5）预埋件安装。预埋件主要指横缝部位上下游止水片、灌区底部止浆片、灌浆管路、层面冷却水管和接地网等。

①灌浆管路。灌浆管路中进回浆管、底部出浆槽、顶部排气槽、排气管均预埋在先浇块内，出浆槽、排气槽在后浇块施工前用盖板（镀锌铁皮）进行封闭。在先浇块浇筑前，按图纸要求安装好进回浆管、底部出浆槽、顶部排气槽、排气管。在先浇块拆模后，对灌浆管路、排气管路进行通水检查，若出现堵塞，会同监理等进行研究，确定处理措施。在后浇块浇筑前，对灌浆支管进入灌浆槽的端口，以及排气支管进入排气槽的端口均采用棉纱堵塞保护。混凝土上下层接合处应无错台，如出现错台，则将错台修整成1：3的斜坡，确保缝面畅通。灌浆管路埋设后根据施工图的编号，在管口处编号挂牌并进行登记，以免日后造成管路的混乱。灌浆管路管口处采用盖头保护，防止堵塞，并设立警示标识，严禁破坏。

②层面冷却水管施工。在固结灌浆盖重区内及其他特殊部位，浇筑层面上的冷却水管采用焊接钢管，其他部位采用塑料管。坝体冷却水管支管采用蛇形布置，水平间距1.0（1.5）m，蛇形支管方向应大致垂直水流方向布置，单根蛇形支管长度不大于300m，当同一仓面需要布置多条蛇形支管时，各蛇形支管长度应基本相当。

③上下游止水（浆）片施工。横缝上游采用两道复合W形紫铜止水片加一道复合橡胶止水片止水，下游采用一道Z形紫铜止水片止水，其中止浆片与复合W形紫铜止水片、复合橡胶止水片和复合Z形紫铜止水片之间是连接的。紫铜止水片之间的连接主要采用乙炔焊接，焊接材料为铜焊条（黄铜），止水片搭接长度为2cm；复合橡胶止水之间采用硫化机热粘接，接头处的抗拉强度不低于母材强度的75%。塑料止浆片之间采用黏结剂粘接，搭接长度为20cm。上游两道紫铜止水片之间采用紫铜片定型接头现场焊接，上游第2道复合W形紫铜止水片与复合橡胶止水片和水平塑料止浆片之间采用钢板铆接。十字、丁字接头需按施工图纸规定在工厂加工制作，确需在现场加工时，应严格控制焊接质量。

④接地网。接地网由水工建筑物钢筋焊接成的网格、金属结构件和由一50mm×6mm扁钢焊接成的专用接地网组成。程序为：准备工作→预埋件制作→埋设接地线→打接地极并连接接地线→接地装置检查→接地电阻测量→接地系统安装验收。

（6）仓面清理。用高压水枪对基岩面、仓面进行彻底冲洗，并妥善引排地表或地下水等，为浇筑混凝土做好准备。

3. 混凝土浇筑

（1）混凝土入仓。

混凝土运输采用水平和垂直相结合的方式，水平运输采用侧卸车，垂直运输采用缆机。一般采用条带法浇筑。

①白板仓混凝土入仓。包括定线下料和仓面卸料。

定线下料：同一条带内（8~10m）下料，不走大车，随条带端头推进，缆机小车左右移动，在仓面指挥预定位置卸料。缆机不走大车，通过小车左右移动卸料；由仓面指挥授意，卸料拉罐通过标识筒预定下料点；实行“软着陆”下料。首坯层或条带前几罐料直接下至基层，其余混凝土下料均要求实行“软着陆”，下料至当前浇筑的条带上。

仓面卸料：罐体距仓面高度不得超过1.5m；把握拉开卸料阀门时机，罐体距仓面高程1.5m时，拉开卸料阀门卸料，在料罐回弹前完成卸料；严禁在已振捣与未振捣的分界线附近下料；有特殊要求的部位（廊道或钢衬两侧混凝土）应同步下料，保持均衡上升，防止其变形；下料不得直接冲击模板（安全距离应不小于3m）；防止对埋件（止水、止浆、接缝灌浆管路、冷却水管等）和监测仪器形成冲击或挤压而使其变形或损坏。

②钢筋密集区混凝土入仓。

应考虑从两侧下料，再人工赶料（如廊道、锚索导管钢筋网区域）；钢筋网面积较大而无法赶料时，应在钢筋网上规划或布置下料口（如廊道群、牛腿等大面积水平钢筋网区域），实施定点下料；钢筋网区域每罐料下料完毕，须用振捣棒或其他工具迅速将钢筋网上黏附的砂浆清理干净。

（2）混凝土平仓。

混凝土平仓三大任务：将混凝土平仓至要求的厚度；将集中大骨料分散开；将预定的混凝土品种推到所需位置。

混凝土平仓要点：混凝土“软着陆”后，平仓机从料堆的边缘开始推料，每次推料量应适量，以平仓机履带不打滑为原则尽可能多地推料，以提高平仓效率；平仓厚度参照模板周边坯层标识线控制；条带之间须有序搭接，错层搭接接头宽度大于1m；骨料集中处理。平仓前，如发现料堆局部骨料分离，有较多骨料集中，先用平仓机铲刀分散集中的骨料后再行平仓；平仓后发现骨料集中，用平仓机铲刀适当拌和，从而分散骨料；模板边等平仓机难以作业部位以人工分散为主。

细部处理：禁止直接覆盖上下游止水/止浆片和接缝灌浆水平止浆片；推料接近模板、止水/止浆片、廊道和钢筋网时，平仓机缓缓抬头，形成上翘人尾料头（高出同坯层），其料头推进边坡底线以刚接触到模板、止水等为准，以利人工振捣分拣集中的大骨料，确保振捣密实和外观质量。

（3）混凝土振捣。

①基本方法。

遵循“及时”振捣法则，随时间推移，混凝土的坍落度会不断损失，工作性能会下降。及时振捣既省力，且有利于浇筑质量。执行“快插慢拔”振捣工艺。快插慢拔振捣工艺具体可分解为三个步骤：

第一步，快速插入。将振捣棒垂直快速插入至下坯层5~10cm。要点：3~5s完成快速插入；插入至下坯层5~10cm（若首坯层浇筑，则振捣棒触底后上提3~5cm）；垂直插入。

第二步，平稳振捣。振捣棒快速垂直插入至适当深度后，维持状态振捣15~20s，以骨料不显著下沉、大气泡已排出、浮浆厚度0.5~1cm为宜。要点：维持状态；平稳振捣；振捣时限以骨料不显著下沉、已无大气泡排出、出现薄层浮浆（厚度0.5~1cm）为宜。

第三步，缓慢拔起。将振捣棒缓慢垂直拔起，以振捣棒坑自动回填封闭为准。要点：缓慢、垂直，振捣棒坑自动回填封闭。

②大骨料集中分散处理。

无论是设备或人工振捣，均须分散集中大骨料，否则会导致大体积混凝土不密实，危害更大的是，可能导致止水失效、灌区外漏等难以处理的质量缺陷。

③振捣方向规划与振捣棒分布。

振捣一般遵循从左至右（或从右至左），从上游往下游的振捣方向规划。在此基础上，进行科学的振捣棒布置。其布置一般有两种形式，即正方形布置和梅花形布置。

振捣器的插入间距控制在振捣器有效作用半径的1.5倍以内，实际操作时也可根据振捣后混凝土表面泛浆区域来保守确定。

在斜坡上浇筑混凝土时，应先振捣低处，再振捣高处，否则在振捣低处的混凝土时，已捣实的高处混凝土会自行向下流动，致使密实性受到破坏。

④人工振捣。

模板、止水/止浆片、廊道周边，钢筋密集区、埋件周围等细部，均须采用人工振捣。人工振捣完成后，方可允许对附近大面进行机械振捣。

若结构限制不能采用垂直插入时，可采用斜插式振捣，倾角宜大于45°，且每次倾斜方向保持一致；其振捣棒距模板的距离不应大于振捣有效半径的1/2。

对模板、止水/止浆片、廊道周边，上下游坝面等浇筑密实性要求高，或有外观要求的部位，均须执行复振工艺。即在系统振捣完成后30~60min内，在本坯层覆盖前，对上述部位已振部位进行系统复振，以减少振捣缺陷，消除气泡。复振采用相对初次振捣小1~2级的振捣棒（直径约ϕ40~60mm）。

（4）混凝土收仓。

混凝土收仓采用后退法。混凝土收仓质量标准：表面平整、泛浆，无大骨料集中或外漏，无脚印，无棒坑，无轮迹。混凝土收仓应做到如下几点：

混凝土收仓高程严格按顶坯层线控制，要求表面平整；止水片局部应高出大面约5~10cm；漏振前分散表面集中的大骨料；保证插入深度，表面开始泛浆即可将振捣棒缓慢提起；未自动封闭的棒坑辅以人工，铲细料填平；混凝土终凝前采取喷雾养护；设置跨仓通道，确保人员通行不损害混凝土。

（5）止水/止浆部位浇筑特殊要求。

止水/止浆片周边施工，应遵循以下原则：平仓时混凝土不得覆盖上述部位；人工振捣前须将集中大骨料分散；先于机械振捣前完成人工振捣；采取复振工艺；对上下游面止水/止浆片部位，浇筑过程中人工辅助铲料，确保该部位混凝土高于同坯层5~10cm以上，以免积水或积浆，导致不密实或开裂。

（6）防止容易出现的振捣问题。

严禁以平代振；防止平仓时覆盖止水/止浆片；防止对大骨料集中熟视无睹；防止振捣棒不垂直；防止振捣棒未插入下坯层；防止浮浆过厚；杜绝漏振和欠振，防止过振。

（7）冷却水管的铺装。

冷却水管铺设在第一坯层和第四坯层上，距横缝0.5m、距上下游模板0.8m，垂直间距1.5m，水平间距1.5m（或1.0m）。直线段采用拉线控制，圆弧段采用D形样架控制，采用U形卡按2m间距进行固定。

为防止平仓、振捣过程损伤冷却水管导致漏水，冷却水管铺设固定后，应将其振入混凝土面下 10cm。

4. 模板安拆

(1) 模板安装。

全悬臂大型钢模板安装时，首先用仓面吊车通过平衡梁将模板对准已浇混凝土预埋的定位锥，缓慢落下，使模板准确就位；然后将定位锥螺母拧紧，摘掉吊车吊钩，调节桁架螺杆使模板达到施工精度要求。模板安装过程中，应考虑浇筑混凝土侧压力使模板桁架产生的弹性变形和各部件安装配合间隙，已有经验表明模板安装时应内倾 3~6mm。安装过程中，测量人员要随时用仪器检查校正。起始仓模板的安装方法：立模时，清理模板下口，使模板贴紧混凝土面，为保证模板稳定，在模板外侧设地锚支撑桩。同时预埋好下一仓模板使用时的定位锥。该仓施工完成后，直接在已浇混凝土上安装悬臂模板。施工时注意事项：

①浇筑模板周边混凝土时，振捣器不能碰撞定位锥和锚固系统埋件，以防变形。模板提升安装时，下方严禁人员作业和通行。

②模板周转达到 10 次时，应检查清理模板丝杆调节件，上润滑油。浇筑中随时检查螺栓、标准件，以免松落。

③模板安装时，按构建物施工详图测量放样，必要时设置加密控制点，以利模板检查和校正；并设置临时固定设施，以防倾覆。

④局部不能安装大模板部位，宜采用组合钢模板，拉条固定。

⑤相邻模板间接缝应平整严密。分层施工时，须逐层校正层间偏差，使模板下端与老混凝土搭接紧密，以免产生错台和挂帘。

⑥模板及支架上，严禁堆放材料及设备。脚手架、安全行道等不得支承在模板及支架上；必须支承时，须校核其荷载。混凝土中，须按模板设计荷载控制浇筑顺序、速度及施工荷载。

⑦浇筑中，应安排专人看模，负责检查、调整模板的形状及位置。如有变形走样，立即采取措施予以矫正，否则停止浇筑。

(2) 模板拆除。

全悬臂模板的拆除：用仓面吊车通过平衡梁吊紧模板，收紧调节螺杆使全悬臂模板脱离混凝土面，然后由人工站在工作平台上松开固定模板的螺栓，之后再将模板吊离混凝土面。现立组合钢模板和木模板按先立后拆、后立先拆的顺序拆除。不承重侧面模板的拆除：应在混凝土强度达到 2.5MPa 以上，并能保证其表面及棱角不因拆模而损伤时，方可拆除。

5. 施工缝处理

(1) 水平缝面。

①处理标准："净去乳皮，泛露粗砂，微露小石"，即要求缝面平整，净去乳皮，泛露粗砂，微露小石达 80% 以上，分布均匀。

②冲毛时机：水平施工缝面冲毛时间与混凝土终凝时间相关，采用 40MPa 高压水冲毛最佳时间宜控制在收仓后 32~40h。

③施工工艺：主要采用高压水枪冲毛，冲毛压力宜采用 40MPa，枪头距混凝土缝面 5~7cm，枪头与缝面夹角 70°~75°。

④施工要点：混凝土施工缝面处理应采用高压水冲毛工艺；正式冲毛前均应进行试冲毛，以确定合理的冲毛时机；缝面开始处理之前混凝土抗压强度不得低于 2.5MPa。

（2）垂直（横）缝面。

垂直（横）缝面采用高压水枪冲毛，冲毛压力40MPa，枪头距缝面5~7cm，枪头与缝面夹角75°。

由于横缝开度与接缝灌浆过程质量和灌后保护密切相关，为保证横缝开度，同时避免因横缝张开时影响下部已灌区的接缝质量，要求控制横缝两侧混凝土处于中冷阶段时必须张开，在此基础上，确定的处理标准为：仅去乳皮，修补缺陷，缝面光洁；上、下游止水（浆）片之间及以外的横缝面不去乳皮。

（3）老混凝土面处理。

龄期超过28d的混凝土要求深凿毛，可采用YT-28钻机或合适的钻头进行磨刷面，只冲击，不钻进；缝面采用70MPa高压冲毛枪清洗，缝面清除干净，达到乳皮尽去，小石泛露，缝面清洁，无损伤部位和废渣。处理标准：“净去乳皮，泛露小石。”

（4）基岩面处理。

①处理标准：基岩面无松动岩块，清洗干净，无泥土、杂物及油污。对突出的尖角岩石必须圆顺，无水泥浆皮（水泥砂浆采用70MPa高压水清除）。

②施工要点：清除松动、软弱、尖峭和反坡岩石，用水和压缩空气冲洗并清除油污、泥土、杂物及水垢，保证基岩面坚固、完好、清洁，与混凝土结合良好；凿除突出的尖角岩石；挖除软弱基岩面的预留保护层，坑洞分层回填夯实；基岩面冲洗干净并排净积水，将汇集到沟槽等处的积水舀干，用棉纱、抹布等吸干基岩面凹坑里的残留水；妥善引排渗水及地面水。

6. 混凝土养护

（1）养护方案。

混凝土表面以湿养护为主。上、下游坝面及横缝面采用塑料花管流水养护；仓面采用旋喷养护；倒悬部位采用储水材料保湿养护。

（2）养护要求。

①基本要求：混凝土外露面须进行连续养护，直至新混凝土覆盖或本工程移交为止；上、下游坝面与横缝面的塑料花管应分设回路，单独布置，避免局部施工造成上、下游坝面与横缝面的养护同时中断；高温季节突降暴雨，混凝土表面温度骤降导致混凝土开裂风险较大，须做好恶劣天气的预报工作，预先采取横缝面保温、流水养护、提前洒水等综合措施提前降低混凝土表面温度。

②上、下游坝面：坝面消缺、保温板施工及待强期间暂停养护，其他时段必须连续流水养护。

③横缝面：模板提升期间采取人工洒水养护；进回浆排气槽封闭、低坝块浇筑期间暂停养护；其他时段必须连续流水养护。避免先浇块预埋的止浆片脱开导致养护不到位，应将止浆片临时固定于横缝面。

④水平仓面：为防止太阳直接辐射导致混凝土表面失水龟裂，收仓后应采用喷雾养护，终凝后采用旋喷养护。每仓宜布置三个旋喷头；当仓面面积>1200m^{2}时，须布置四个旋喷头。浇筑温度超标、冷却水管破损导致暂停通水及以高标号混凝土为主仓号，为控制混凝土最高温度，须流水养护。

5.4 大坝混凝土施工相关技术

5.4.1 混凝土快速高效入仓技术

溪洛渡拱坝混凝土入仓采用同层平台布置的五台国产缆机，为保证混凝土入仓效率，提高设备的安全运行保障效果，研究并实施缆机群混凝土多仓同浇配仓优化及控制、混凝土水平运输线的优化与布置、运输车辆的射频编码识别与调度、侧卸车配立罐不摘钩高效入仓技术、缆机快速更换主索技术、缆机群与塔机联合运行安全技术等，实现溪洛渡特高拱坝混凝土快速高效入仓。

1. 缆机群混凝土多仓同浇配仓优化及控制

为满足混凝土入仓强度，工程增设一台缆机，五台缆机同台运行。为提高混凝土浇筑强度，根据拱坝仓层顺水流错开布置特点，利用缆机群进行多仓同浇配仓优化及控制，并研究无缝转仓技术。

多仓同浇主要工作原理：为保证缆机安全运行，缆机主塔之间设置有 12m 安全间距，为保证混凝土浇筑质量，单台缆机一般不交叉向两个仓面供料，这就要求同时浇筑的两个仓面在顺水流方向错开一定的距离，一般配仓原则为一个河床坝段仓面与一个边坡坝段仓层进行同时浇筑。根据拱坝坝段浇筑仓面积确定需求的小时浇筑强度，再根据缆机运行强度来确定浇筑仓需要配备的缆机台数。无缝转仓技术主要是上一个浇筑仓在浇筑结束后，立即开始下个浇筑仓的浇筑施工，这就要求拱坝仓面的备仓、验收、开仓的延续性，尽量减少间隔，提高缆机利用效率。

2. 混凝土水平运输线的布置优化

溪洛渡拱坝施工场地狭小，进场道路错综复杂，一条道路往往承担多个工作任务，包括通行、设备材料运输、混凝土运输等，并与其他标段共同使用，在施工工期紧张的情况下，适当优化道路布置有利于拱坝工程整体施工进度，溪洛渡拱坝工程施工道路布置优化主要包括混凝土水平运输线的布置。

根据合同文件中的方案，混凝土运输车辆从右岸坝肩下游高线混凝土系统行驶至供料平台，卸料后经 402 号交通洞、4 号公路、高线系统进车道路回至混凝土拌和楼下，形成循环线，线路长约 1.25km。而 4 号公路是溪洛渡水电站右岸主要场内道路，为多个标段所共同使用。混凝土循环线在 4 号公路段为洞内道路，长度约 375.0m。坝体混凝土浇筑时，混凝土运输车辆在该段循环线内行驶，势必与其他标段的运输车辆间产生较大的施工干扰和安全隐患，影响混凝土水平运输强度，且不易于协调管理。

在缆机、供料平台以及拌和系统布置等现状条件下，除加强施工现场管理、协调等工作外，减小循环线路长度，且避开 4 号公路循环线路，减小车辆运输时的施工干扰，是提高混凝土水平运输效率的一个重要举措。

为解决大坝混凝土运输与其他标段施工的干扰问题，并缩短循环线长度，在供料平台上游约 10m 处布置一条横向交通支洞，与 4 号公路相连，形成大坝混凝土运输的循环线，其运输线路总长度将原投标方案的 1250m 缩短为 920m。混凝土水平运输线路调整缩短后，实现了混凝土快速运输，减少了混凝土运输时间，并减少了运输过程中混凝土的温度回升。

溪洛渡拱坝混凝土施工采用缆机入仓，水平运输给料的施工方案。根据施工现场布局，大坝混凝土拌和楼分布在右岸大坝下游高程 610m 和高程 600m 平台。大坝施工混凝土水平运输卸料要求必须是经循环路线运输至卸料平台，卸料方式为右边侧卸。然而现有的特勒克斯和佩尔利尼两种侧卸车出厂均为左侧卸料方式，故需对两种车型卸料方式进行左改右方可投入运行。

3. 自动生产调度识别系统

溪洛渡拱坝混凝土生产系统使用了自动生产调度识别系统，使混凝土生产系统的自动化控制得到极大的提高，并提高了混凝土生产效率，保证了质量。

由于溪洛渡拱坝工程混凝土生产质量的重要性，对混凝土生产质量的高标准严要求，拌和系统采用了由服务器、综合生产调度系统和自动识别系统组成的混凝土生产控制系统，并根据施工现场采用侧卸车运输的实际情况，应用了“车辆自动识别调度系统”。由这两个子系统与拌和楼控制系统相结合，通过组建局域网，形成“自动生产调度识别系统”。

控制系统：该控制系统是采用基于服务器的“客户机/服务器”网络结构，由两座拌和楼生产控制微机、一套车辆自动识别微机、综合生产管理调度微机和一台网络服务器组成的控制系统。服务器选用 IBM 专用服务器，以 WINNT4. 0SP6 为操作系统；客户端选用进口工业控制计算机，以容易操作的 WIN98 为操作系统；系统结构合理、安全性能高、运行工作可靠。

车辆、调度识别子系统：该子系统由一台工控机、一套电子标牌识别装置、交通红绿灯、车辆检测红外装置、报警器、控制软件和其他外设组成。负责对进入拌和楼运送混凝土车辆进行识别和调度管理。每台进入车道的混凝土运输车辆均配备一块 NIT－1 型车载无源空气电子识别卡，卡上固化唯一的标识编号。当车辆进入超高频阵列板式天线覆盖区时，读卡器读出卡上的编号信息，通过网络传递给工控机。工控机将此信息与从服务器收到的信息综合处理后控制交通红绿灯指挥车辆进入相应楼道。车道总入口处的绿灯亮起时，车辆可以进入车道，当车辆驶过入口隔断红外开关，触发器发送一个信号使微波天线与读卡器工作，对车辆进行识别，并将总入口交通灯置为红色禁止状态。车辆被识别后再根据楼道入口红绿灯指示进入相应楼道，并触发相应的红外开关，触发器发送一个信号给工控机，确认车辆正确进入指定楼道。若车辆进错车道，触发了其他红外开关，则报警器报警。前一车辆正确进入楼道后，总入口绿灯点亮，进行下一台车辆识别过程。

车辆配比管理：车辆被识别进入楼道后，拌和楼就按照车辆上电子卡定义的信息进行混凝土拌制。电子卡的信息需要在管理微机上定义、修改，按照一车一卡的基本配置，给指定编号的电子卡定义车号、用户信息编号、用户名称、工程名称、浇筑部位、配比编号、混凝土标号、车方量、盘方量等众多信息。这些信息可以随时在管理微机上修改或重新定义，所有信息存在服务器上。车辆管理的另一个功能是可以根据生产进度要求和满足特殊生产需要，为某台或某些车辆指定拌和楼和楼道。生产配比管理功能主要是提供在管理微机上定义标准配比信息，在生产中根据需要发送往 1 号或 2 号拌和楼生产微机。同时将不生产的混凝土配比从拌和楼微机上调出。1 号拌和楼和 2 号拌和楼的生产配比可以相同也可以不同，车辆自动被派往有对应配比的楼道生产。

拌和楼生产控制子系统：拌和楼的集料斗分为两半，两个放料弧门，对应于一台楼的两个车道。车辆被识别后，显示在拌和楼微机显示屏上，操作员启动对应于车道的拌和机后，软件系统自动将该车需要生产混凝土的配比调出定秤，打开称量开关后，就可配料生产。该车全部混凝土从拌和机倾翻后，显示屏上的车辆标识消失。控制系统还具有砂含水自动调节功能，安装在砂仓底部的微波水分探头根据砂含水程度获得一个电流值，通过放大模块，转化为微机接收的信号。软件系统根据此数据调整生产配比中的用水量与用砂量，实现砂含水的自动调节。

服务器数据存储：自动生产调度系统中所有的信息资料均保存在服务器上，包括所有客户端微机的登录信息、操作员与密码表、电子卡信息、标准配比信息、车辆识别时间、出楼时间、生产配料误差明细表等一系列信息。客户端微机需要查询的数据和自动控制需要的数据都从服务器读取，并随时将生产过程中的信息返回保存至服务器。

4. 侧卸车配立罐不摘钩高效入仓技术

由于溪洛渡拱坝坝址位于 V 形河谷，施工场地非常狭小，主要使用侧卸车进行水平运输。混凝土垂直运输使用缆机调运 $9m^3$ 立罐。在混凝土浇筑过程中，利用侧卸车将混凝土从拌和楼运输至右岸高程 610m 供料平台，然后卸料至 $9m^3$ 立罐，立罐位于高程 605m 卸料平台上，在此过程中，缆机仍保持与立罐连接状态不摘挂钩。通过该技术，可节省挂钩摘除及安装的时间，大大提高混凝土运输效率，并能保证施工安全。

5. 缆机快速更换主索技术

缆机是大坝混凝土浇筑入仓的唯一手段，缆机系统正常运行与否、效率高低，直接关系着大坝混凝土施工的工期。因此缆机就成了大坝施工的空中生命线。

缆机主要负责大坝混凝土一条龙生产中成品混凝土的垂直运输、材料及设备吊运、金结及坝体设备安装的运输抬吊等工作，其运行中的不利因素有：五台缆机位于同一高程共轨布置，如果中间某台缆机出现故障或更换大型配件，工作范围受影响较大，影响生产效率；缆机承码为自行式承码，靠上下压轮将牵引索及主索夹紧产生摩擦而在主索上行走，这种方式会给主索造成一定的损害——造成主索断丝。

缆机主索更换施工的方法：通常情况下是采用架设两根临时承载索的方式，通过临时承载索将原主索拆除收回，再将新主索施放过江，安装上主、副车拉板。由于缆机更换主索的不确定性，一般情况更换 1 号和 5 号缆机可以在大坝的上游和下游进行，对工程的影响相对较小，当更换 2、3、4 号缆机时仍然采用架设临时索道架方案；若在上下游进行主索更换，至少会有两台缆机无法投入运行；若在大坝中部进行更换，会对仓面施工造成严重的影响，施工工期至少要占用 60d 时间。因此，要求单台缆机主索更换时，对其他缆机施工尽可能减少影响，尽量压缩更换主索缆机的停机时间。

根据溪洛渡缆机布置及运行情况，我们设计了一种更换缆机主索的方式，针对缆机某台更换主索的不确定性，考虑在任意位置上能更换任意缆机主索，利用原主索作为临时承载索更换新主索，在主车端设计制作一钢结构钩型承载梁和主索导索架，可以保证缆机在任意位置更换主索，副车端布置多个导向滑轮锚固点和主索回收平台。

根据缆机主索更换施工的实际情况，前期准备工作包括：金属结构件制作、平台及排架搭设、地锚埋设、主索到位等，较为复杂，准备时间长，由于准备工作对缆机施工影响不大，混凝土浇筑施工可正常进行，但准备工作的进展情况与缆机主索更换施工有直接的关系，因此，对前期准备工作根据缆机主索更换施工的具体安排，计划两个月时间完成，该前期准备工作没有纳入主索更换进度计划表。缆机主索更换进度计划表包含了四个部分的工作，即施工准备、主索更换施工、负荷试验及设备退场工作。根据施工方案编排，主索更换工期最少要30d时间，为加快更换进度，每天按12h工作制，详见“溪洛渡电站缆机主索更换进度计划表”。

5.4.2 仓面成套标准化施工工艺

溪洛渡拱坝共2 000多个仓层，单个仓层包括冲毛、模板拆立、钢筋绑扎、混凝土止水安装、接缝灌浆系统埋设、埋件安装、冷却水管铺设、混凝土浇筑、保温养护等多个工序，针对溪洛渡拱坝混凝土工程施工特点，从施工工序各环节入手，对仓面施工组织、施工工艺、施工流程、机械设备配置、质量控制、安全文明等进行系统总结提炼，并进行工艺创新，形成规范化、标准化施工工艺，加快单个工艺施工速度，缩短单个仓层施工间歇期，从而提升整个拱坝工程施工进度。

溪洛渡拱坝仓面标准化施工主要包括以下几个方面：

1. 绘制施工车间图，做到按图施工

在仓面浇筑施工前，针对每个浇筑仓号特点，结合现场施工事先绘制车间图及仓面设计，做到按图施工，图纸与施工一体化，从而保证了混凝土施工质量，提高了混凝土施工效率，具有高拱坝混凝土仓面备仓效率高、施工速度快、工程施工质量及施工安全能得到有效控制、劳动强度降低、机械化程度高、设备配置少、材料消耗少、经济效益好等优点。

2. 对各施工工艺进行标准化施工并固化

在仓面备仓浇筑施工方面，通过对混凝土拆立模、冲毛、扎筋、止水/止浆片安装、冷却水管铺设、接缝灌浆管路安装、内部观测仪器埋设和坝体排水管安装、平仓振捣等施工工艺进行固化，采取标准化施工工艺及质量控制标准，大大简化了现场质量及安全管控程序。

（1）混凝土模板施工标准化。

仓面上下游及横缝采用标准的倒悬大模板进行施工，混凝土仓面施工提、立模板采用大型吊装机械。通过模板安装和拆除试验总结，大模板拆除爬升过程中，一般需要8人作业，其中吊车指挥1人、吊车司机1人、模板牵引定位2人、模板拆装4人；需要以下专业工具：定位锥拆除专用扳手、棘能扳手、1.0m长钢管（转动力臂加长）、牵引麻绳等。通过对作业人员及工器具的规范化管理，可提前进行施工准备，并对施工工艺进行固化，缩短模板安装和拆除施工工期。

（2）钢筋施工标准化。

①钢筋连接施工。钢筋连接施工主要有焊接和机械连接（直螺纹套筒连接）两种连接方式，通过试验经综合比较，采用直螺纹套筒连接较好，工效高，质量相对易于控制。并根据需要，采用绑条焊等方式辅助连接。钢筋接头采用直螺纹套筒连接技术，该技术改变了传统人工电焊接头现场工作量大、劳动强度高的特点，具有质量可靠、工作效率高、成本低和机械化程度高等优点。

②钢筋安装间距控制。钢筋安装时，间距是否满足设计及规范要求是质量控制重要标准，溪洛渡拱坝工程钢筋安装施工时，采取在大模板上设置钢筋定位卡的方式，改进现场钢筋安装定位和实现快速安装的工艺，提高了现场钢筋安装的质量和效率。

③钢筋保护层厚度控制。钢筋安装施工时，采用混凝土预制块垫在钢筋与模板之间的施工工艺，确保钢筋保护层厚度满足设计要求，方便快捷、整齐美观。

(3) 水平施工缝面及横缝面冲毛施工标准化。

通过对水平施工缝面及横缝面进行冲毛试验，明确了冲毛施工工器具、施工工艺及标准：混凝土收仓后 1d，采用压力为 30~40MPa 的高压水冲毛效果较好效率较高，能满足施工规范和施工要求。冲毛施工过程中，高压水枪枪头距缝面 5~7cm，枪头与缝面夹角 75°。

(4) 止水/止浆片安装标准化。

①铜止水安装。根据仓面升层高度，仓面上下游铜止水进行标准节长度的调整，在后方制作厂就已经制作完毕，在现场直接安装，减少了现场施工时间，加快了备仓速度。前期在加工厂内安装 W 形铜止水中间鼻子处的橡胶棒及沥青油膏，但由于现场焊接过程中铜片温度高，沥青及橡胶棒部分被熔化变形；后期采取先在现场止水铜片安装好之后再将橡胶棒及沥青油膏填塞进中央的鼻子槽内，除沥青油膏有部分往外流出的现象外，其余效果较好。紫铜止水片之间的连接主要采用乙炔焊焊接，焊接材料为铜焊条（黄铜），止水片搭接长度为 2cm，焊后经煤油渗透检测，没有渗漏痕迹，表明焊接质量合格。

②复合橡胶止水安装。复合橡胶止水接头为硫化接头（热粘接方式），采用两个止水片之间对接。在安装过程中，不要轻易截断复合橡胶止水片（一卷为 35m），避免增加接头。为安放成卷的复合橡胶止水片，设计止水滚筒，将止水缠绕在止水滚筒上，将止水滚筒安装在大模板上，可随大模板上升，使用该装置后，橡胶止水片摆放变得非常整洁，减少了破损率，方便安装施工，且改善坝段通行。

③塑料止浆片安装。止浆片固定方式：在先（后）浇块仓内，水平止浆片需用 U 形卡以 50cm 间距托平，下部安装插筋，以固定 U 形卡，其中 U 形卡端部弯折，防止破坏止水。止浆片连接方式：为简化键槽模板结构型式，满足水平止浆片 L 形折叠，目前现场采用搭接粘接（搭接长度为 20cm）。

④止水止浆之间的连接。塑料止浆片与复合 W 形紫铜止水片、复合橡胶止水片和复合 Z 形紫铜止水片之间是连接的，经现场试验，上游两道复合 W 形紫铜止水片与复合橡胶止水片之间采用塑料止浆片连接。因塑料止浆片宽度仅为 30cm，为避免出现先浇块与后浇块之间安装宽度偏差影响封闭效果，后期参建四方现场商定两道紫铜止水片之间改为采用紫铜片现场焊接，效果较理想。上游第 2 道复合 W 形紫铜止水片与复合橡胶止水片和水平塑料止浆片之间采用钢板铆接，连接牢固，较为可行。下游复合 Z 形紫铜止水片与塑料止浆片之间采取铆接，效果较好。

⑤后浇块灌浆槽部位镀锌铁皮安装。根据现场试验，后浇块灌浆槽部位采用 1.0mm 厚、0.40m 宽的镀锌铁片进行封闭。

5.4.3 倒悬结构部位施工技术研究

溪洛渡大坝坝体设置了 6 个低位导流底孔、4 个高位导流底孔、8 个泄洪深孔以及 7 个表孔共 25 个孔洞结构，其上下游均设有倒悬结构，坡比为 1∶1、1.3∶1、1.5∶1、1∶2 不等。坝体在 431m、470m、527m 高程设置了 3 层坝后永久栈桥，坝体还设置了深井泵房、深孔配电房、桥机牛腿等，且皆为倒悬牛腿结构。

倒悬部位混凝土施工的难点在于高空作业，下部支撑难于布置，模板受力大，安装和拆除困难，施工安全问题突出，其施工质量也直接影响到建筑物本身的使用功效。由于牛腿部位的复杂性，该部位工期也成为仓面施工控制的关键线路。根据溪洛渡拱坝工程总进度计划调整方案施工进度情况来看，孔口倒悬部位施工制约了相邻坝段的上升，并制约了整个坝体的上升进度，直接影响坝体接缝灌浆施工进度，对各阶段防洪度汛目标的实现造成了影响，并有可能对2014年5月下闸蓄水目标的实现造成影响。

经过工程实践，倒悬结构部位模板舍弃了传统施工中采用的现立小模板方案。充分利用仓面吊装设备，采用定型成套模板，既保证了施工安全，也加快了施工进度。根据不同部位的结构特点，分别采用了定型三角支架加外撑钢桁架模板、改型全倒悬模板和混凝土预制面板钢桁架模板。同时研制了专用吊具，用于改型全倒悬模板的吊装。充分利用有效资源进行机械化备仓作业，有效解决了高拱坝及其倒悬结构快速施工技术难题。

1. 倒悬结构部位模板选择

根据各倒悬部位的具体情况，可将倒悬部位施工分为三种工况进行立模施工。

（1）使用定型三角支架加外撑钢桁架模板进行立模施工。

该施工工艺能保证牛腿结构与坝体的相贯线与设计结构一致且仓面内需设置拉模筋不影响仓面备仓施工，外侧设置三角架作为施工平台，提高了该部位施工作业的安全性。定型三角支架加外撑钢桁架模板结构布置图见图5-7。

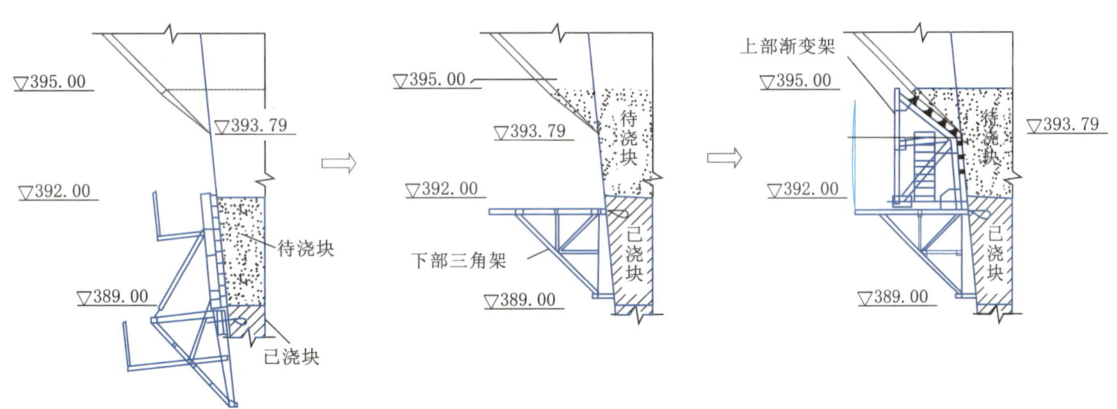

图5-7 定型三角支架加外撑钢桁架模板结构布置图

（2）使用改型全倒悬模板进行立模施工。

此施工工艺大大提高了倒悬面的立模施工进度，同时无临空面操作，有利于该部位的安全控制。

（3）使用混凝土预制面板钢桁架模板进行立模施工。

此施工工艺可将仓面混凝土等强时间消耗于后方预制场，缩短该部位的备仓时间，同时预制件施工时无临空作业面，减少安全隐患。混凝土预制面板钢桁架模板结构布置图见图5-8。

2. 倒悬结构部位施工工艺

（1）施工准备。

①人员及设备进场。根据进场速度，提前安排人员及设备进场计划，在项目开工前，相应的工种及混凝土运输及浇筑设备必须按时到场。

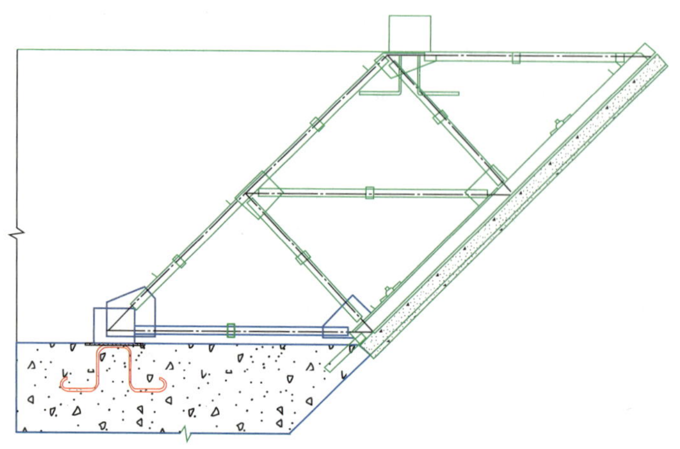

图 5-8　混凝土预制面板钢桁架模板结构布置图

②模板设计及制作。倒悬部位的浇筑对模板要求高，根据结构混凝土形状有针对性地设计模板。对于模板的加固也需对模板拉筋及支撑经过精心计算，保证模板稳固且满足变形要求。模板加工在加工厂完成，并进行编号处理，现场仅进行吊装及加固施工。

③预埋件及钢筋准备。根据设计蓝图要求及施工分层将钢筋及预应力锚索套管（仅孔口闸墩处涉及）进行下料加工，并进行编号处理。根据选择的立模施工方法确定该仓层所需预埋件铁板凳，做好施工准备。

（2）仓面缝面处理。

混凝土缝面宜采用 50~70MPa 高压水冲毛机冲毛，并清洗干净、排除积水后交付备仓。如采用压力水、刷毛机等方法进行混凝土毛面加工时，冲毛时机和持续时间也应由试验确定。混凝土施工缝面应去除乳皮，微露粗砂或泛露小石。

待模板钢筋预埋件施工完成后，仓面验收之前对倒悬部位仓面进行二次清理，去除杂物、油污、积水等，保证混凝土浇筑质量。

（3）测量放样。

使用预制件施工，测量放样时保证预制件轮廓线不侵占设计结构体型线。预制件下口部分可设计为与坝体贴合的倒角结构，也可将上一层混凝土在结构线外进行适当超浇，与预制件平顺相接。

（4）立模方式选择。

根据拱坝倒悬部位结构形式及特点，选用不同立模方式，提前进行相应的模板设计和加工。

（5）仓面提、立模板。

①起始层立模施工。

根据倒悬部位模板结构布置图，选择合理的方式进行起始层混凝土浇筑。目前使用较多的起坡仓混凝土有散钢模内拉和外撑形式，经工程实践外撑形式施工更优，且安全系数高。对于起坡高程一致的部位可直接使用预制件进行该部位的起坡施工，但需精确规划出不同坝段的预制件的各种尺寸，保证体型受控。

外撑形式立模施工时，通过建立模型，经结构计算后，选择合理的外撑结构，确定外撑结构参数，即外撑三脚架结构形式、上部支撑桁架结构形式以及桁架间距等参数。将三脚架挂设于预埋爬锥处，加固完成后将上部桁架按测量放样进行布设。在临空面做好防护后，进行倒悬面模板的铺设工作。起坡高度较大时采用外撑形式较为有利，可为后续的全倒悬模板立模做准备。

②混凝土预制面板钢桁架模板施工。

溪洛渡大坝倒悬部位施工时，根据不同工况采用不同方式对倒悬部位进行施工。其主要采用了改型全倒悬模板和混凝土预制面板钢桁架模板。

在工程实践中，混凝土预制面板钢桁架模板由于其可将仓面混凝土等强时间消耗于后方预制场，缩短该部位的备仓时间，同时预制件施工时无临空作业面，减少安全隐患；且其在预制、吊装及安装一条龙施工中实现了倒悬部位施工的标准化，有利于倒悬部位施工质量、安全的过程控制等优点而被广泛应用在溪洛渡工程倒悬部位施工中。

预制模板由钢筋混凝土面板、内支撑桁架以及预埋锚固件及连接件三部分组成。混凝土预制面板钢桁架模板典型结构见图 5-8。制作时 I25b 工字钢埋设在混凝土预制板中，桁架制作好后与面板上的工字钢拼装焊接。预埋件按照控制精度埋设在现浇混凝土中。根据技术图纸，将每块预制板编号加工，按照设计要求进行养护堆放。达到设计龄期后，按照规划路线将预制件进行转运吊装。根据现场实际，利用缆机或塔机将预制件吊运至仓面准备安装。整体吊装就位，然后调整模板误差，焊接首层支座板，待焊缝达到受力要求后将桁架与支座板焊接牢固。

（6）仓面标识、检查验收。

①在模板面板或横缝面上用对比明显的油漆按仓面设计图标出混凝土标号分区线、坯层高程线和收仓线，严格按照设计收仓高程进行控制，无特殊说明不得超浇。

②混凝土仓位开仓前进行挂牌（仓面设计）标识。

③仓面具备混凝土浇筑条件后进行报验，经“三检”验收通过后，进行混凝土仓面浇筑施工。

（7）倒悬部位混凝土浇筑。

①卸料入仓：卸料时，混凝土的自由下落高度一般不得超过 1.5m，锚索套管及钢筋密集区域可根据实际在安全距离范围内尽量降低下料高度。下料时不得在倒悬模板部位进行且尽量减少对锚索套管的冲击。

②平仓振捣：倒悬部位的混凝土一般设置有大量钢筋及预埋件，除部分宽阔部位采用机械平仓和振捣以外，大部分混凝土均采用人工振捣。混凝土坯层覆盖时间应控制在 4h 以内，冬季可适当放宽至 5~6h。

（8）倒悬部位保温。

因倒悬部位底部为外露面需设置永久保温层。对于预制件立模施工部位，可将 5cm 厚保温苯板使用净浆与预制件贴合后直接吊装施工，不另做保温。

对于常规立模施工部位，则在倒悬牛腿施工完成后，第一时间进行倒悬面的保温施工。目前多采用吊篮喷涂聚氨酯的方式进行倒悬面的保温施工。

5.4.4　泄洪深孔钢衬混凝土快速施工技术

溪洛渡拱坝设置有 8 个泄洪深孔，深孔流道采用全断面钢衬结构进行衬护（包括进口段、孔身段、出口段）。溪洛渡拱坝孔口钢衬部位施工主要包括钢衬安装、多层钢筋网安装、混凝土浇筑等，结构复杂、工程量大、工序多且一般施工场地狭小，造成孔口钢衬仓层施工间歇期长。孔口钢衬部位施工为溪洛渡拱坝施工关键线路，该部位施工进度直接关系到拱坝整体上升进度，仓层长间歇期还将增大混凝土温控防裂难度，孔口钢衬部位混凝土浇筑难度大，浇筑质量将直接影响拱坝后续挡水运行的安全性能。

1. 钢衬吊装优化措施

钢衬预拼装。钢衬一般分为多节进行安装，在吊装入仓前，提前在其他工作面按顺水流方向摆放整齐并进行预拼装，以缩短入仓后的调整拼接时间。

钢衬两两焊接抬吊。钢衬制作时就进行了分节，在预拼装时提前将两两分节进行焊接施工，并利用缆机进行抬吊入仓，大大降低了在仓面上的钢衬焊接工程量及钢衬环缝焊接所占直线工期，并将钢衬吊装次数降低到原来的一半。

钢衬在坝段上的安装。钢衬在进行坝段安装时，首先吊装坝段中部两节进行定位，然后从中部向上、下游两个方向进行安装，上下游钢衬焊缝可同时施工，缩短钢衬环缝焊接所占直线工期。

2. 仓层施工优化工序

仓层上下游模板施工与钢衬安装施工同步进行，模板施工不占直线工期。模板施工完成后，相继进行上下游坝面及闸墩钢筋安装施工，也不占直线工期。

钢衬从中部向上下游进行安装施工，钢筋安装施工从已完成钢衬安装段同步向上下游进行施工，大大缩短了钢筋施工所占直线工期，缩短了仓层间歇期。

3. 浇筑高流态混凝土

高流态混凝土是一种仅靠混凝土自重作用，无须振捣便能均匀密实成型的高性能混凝土，具有良好的流动性、抗离析性和填充性。为保证混凝土浇筑质量，钢衬底部采用高流态混凝土施工。

浇筑高流态混凝土前，先进行钢衬两侧常态混凝土的浇筑，并在钢衬部位形成 U 形槽，以保证混凝土顺利进入钢衬底板部位。

为防止常态混凝土与高流态混凝土搭接部位出现初凝现象，高流态混凝土浇筑时，进行多点定点下料，以最快速度完成高流态混凝土的下料浇筑施工。

在钢衬底板上开设浇筑孔，在高流态混凝土淹没钢衬底板钢筋时，利用混凝土泵车对钢衬底板部位进行辅助浇筑，保证该部位混凝土浇筑密实。

4. 对底板脱空部位进行灌浆处理

混凝土收仓后，钢衬底板部位脱空现象不可避免，为确保钢衬底部混凝土浇筑密实，在钢衬底部混凝土浇筑完成后，须对钢衬底部进行接触灌浆。钢衬接触灌浆采用“预埋拔管灌浆槽+补钻孔灌浆”的灌浆方式。

预埋拔管灌浆槽是在钢衬制作时预先布置灌浆槽，钢衬安装时设置拔管，混凝土浇筑完成后进行拔管形成灌浆槽后利用灌浆槽进行接触灌浆的方法。

补钻孔灌浆是在灌浆槽接触灌浆后，对经检查由于接触灌浆槽覆盖范围有限造成部分空腔而需要灌浆部位采用钻孔接触灌浆的方法。

5. 孔口钢衬各仓层掺加 PVA

PVA 是一种高强高弹性模量的合成纤维，能有效抑制混凝土的早塑性裂缝，而且可以提高混凝土强度。孔口钢衬部位各仓层间歇期长，各仓层均掺加适量 PVA，可以防止仓面裂缝的产生。

6. 混凝土温度控制

严格控制混凝土出机口温度、入仓温度和浇筑温度。

严格控制混凝土最高温度。通过布置数字式温度计对仓层混凝土温度进行实时监控；在钢衬内进行了冷却水流水养护；钢衬底部相对封闭区域及钢衬两侧部位冷却水管均布置单独回路，通过冷却水管通冷却水控制混凝土最高温度。

5.4.5 外掺改性 PVA 混凝土抗裂

已有试验结果表明外掺改性 PVA 纤维可提高混凝土的极限拉伸值及混凝土的自生体积变形性能，可有效改善混凝土抗裂性能指标。然而，针对外掺改性 PVA 混凝土的各项试验数据及施工数据较少，尚需要更多的施工和试验数据验证。

溪洛渡大坝进行了外掺改性 PVA 纤维混凝土系统试验研究。结果表明：现场外掺改性 PVA 纤维混凝土与未掺改性 PVA 纤维混凝土相比的 7d、28d、90d 和 180d 抗压强度略有提高，28d 劈拉强度提高 8.3%，7d、28d、90d、180d 极限拉伸值分别提高 10%、10.3%、11.8%和 4.8%；同龄期（270d）自生体积变形减少收缩约 $14.7\times10^{-6}\mu\varepsilon$，相应的混凝土开裂应力提高 20.9%；外掺改性 PVA 纤维后大坝混凝土施工存在不同程度的泌水，但将坍落度控制在 20~40mm 范围内，基本能保证浇筑过程中无泌水产生。室内试验也验证外掺改性 PVA 纤维后可适当降低混凝土砂率 0.5%~1.0%，降低混凝土的单位用水量，并提高混凝土的抗压强度，而不影响混凝土的其余各项性能指标。

此外，首次结合仿真计算，明确了低温季节浇筑外掺改性 PVA 纤维混凝土的部位：一是结构敏感部位，如缓坡、陡坡坝段狭长形、三角形断面等浇筑仓；二是孔口（导流底孔、深孔等的孔口）边墙和顶板，尤其是长宽比大于 10 的部位；三是浇筑时平均气温低于 10℃、预计间歇期超过 14d 的浇筑仓的最后一个坯层等；四是固结灌浆作业面（含质量检查、加密或补强作业面等）；五是廊道封闭的 1~2 个仓号。

5.4.6 低热水泥混凝土应用技术

根据三峡集团统一安排，在溪洛渡大坝选择适当部位开展大坝使用低热水泥混凝土浇筑试验，以补充完善低热水泥混凝土在材料性能、施工工艺、进度影响、温度控制等方面的应用特性，为乌东德、白鹤滩大坝使用低热水泥混凝土提供应用实践研究成果。溪洛渡工程建设部组织参建各方，结合现场生产进度情况和试验要求共同研究制定了试验大纲，并在右岸 30、31 号坝段高程 596m 以上分 5 个坯层进行浇筑。其中前 3 个坯层使用萘系减水剂，后 2 个坯层使用聚羧酸减水剂。

通过现场生产性试验，基本掌握了低热水泥混凝土浇筑过程中入仓、平仓、振捣等施工步骤的施工参数及质量控制标准，初步确定了低热水泥混凝土初凝、拆模、冲毛、冷却通水、最高温度、温降速率等相关参数。

1. 混凝土入仓、平仓、振捣

大坝 30、31 号坝段混凝土利用侧卸车水平运输，利用缆机吊运混凝土料罐入仓。由于右岸供料栈桥已拆除，30、31 号坝段混凝土浇筑时缆机须走大车，对混凝土入仓强度有一定的影响。浇筑方法为平铺法和条带法，利用平仓机进行平仓。利用振捣车进行振捣，局部边角部位、钢筋密集区利用 ϕ100mm 振捣棒人工振捣。

从现场低热水泥混凝土试验情况分析，采用低热水泥进行坝体混凝土浇筑施工，对混凝土入仓、平仓及振捣施工无明显影响，浇筑质量满足设计要求。

2. 混凝土冲毛

混凝土冲毛试验分为仓面冲毛和横缝面冲毛两种，通过试验掌握水平施工缝面及横缝面冲毛时间、冲毛压力、冲毛质量等技术参数。

（1）仓面冲毛。

仓面冲毛共选取两仓进行试验，采用与中热水泥混凝土相同的冲水压力（40MPa），详细记录收仓后 24h、28h、32h、36h、40h、44h、48h 冲毛试验的冲毛效果。从现场试验情况来看，混凝土收仓后 32~40h 达到最佳仓面冲毛时间。在现有气温条件下，同期浇筑的中热水泥混凝土收仓后 16~20h 达到最佳冲毛时间。与中热水泥混凝土仓号相比，采用低热水泥混凝土进行坝体混凝土浇筑时，其最佳冲毛时间延后 16~20h。

（2）横缝面冲毛。

选取了 30 号横缝高程 599~602m 进行横缝面冲毛试验，采用与中热水泥混凝土相同的冲水压力（40MPa），记录了混凝土浇筑后 3d、5d、7d 高压水冲毛试验成果。从现场试验情况来看，当混凝土浇筑龄期达 7d 后，其冲毛效果达到相应要求。由于现场横缝面冲毛均较晚进行，横缝面冲毛对混凝土浇筑进度施工基本无影响。

3. 拆模试验

通过低热水泥混凝土强度试验及凝结情况，确定低热水泥混凝土浇筑完成后横缝面及上下游坝面模板拆除时机。在混凝土强度达到可拆模强度后，进行横缝面及上下游坝面模板拆除，拆除后，观察混凝土面是否有异常情况。

从现场横缝面拆模试验情况来看，在目前气温和减水剂条件下，混凝土收仓后两天开始进行模板拆除不会对混凝土造成影响。与同期浇筑的中热水泥混凝土仓号相比，其拆模时间延后约 24h。

4. 温控试验

通过试验，掌握确定低热水泥混凝土的冷却通水参数（包括通水时间、通水流量、通水温度等）和最高温度、温降速率等参数。

（1）出机口温度、入仓温度、浇筑温度。

低热水泥混凝土出机口温度控制良好，均在技术要求范围内。入仓温度和浇筑温度与同期浇筑的中热水泥混凝土仓号相比，无较大差别，低热水泥混凝土入仓温度及浇筑温度控制规律基本与中热水泥混凝土相当。

（2）混凝土温控。

低热水泥混凝土采用与同期浇筑的中热水泥混凝土相同的一期控温通水冷却方式，可以对低热水泥混凝土仓号最高温度进行有效控制，现有冷却通水施工工艺满足低热水泥混凝土一期控温要求，中热和低热水泥混凝土在通水流量和通水水温基本相同的情况下（水管间距不同），最高温升差别明显，中热水泥混凝土最高温度高于低热水泥混凝土 3~5℃。

5.5 大坝混凝土施工进度控制措施及成果

1. 加大施工资源投入

在现有缆机平台同层下游新增一台30t平移式缆机，在4号洞进口外侧平台新增一座4×4.5m^3混凝土拌和系统，以加大大坝预冷混凝土供料强度和入仓强度。与新增缆机及混凝土拌和系统相应配套，还需新增3台平仓机和3台振捣车（混凝土同时开浇两仓时需要用），新增7台混凝土侧卸车、3个混凝土吊灌（9m^3立灌），以及其他仓面设备等。

通过加大设备资源投入，以保证大坝各月高强度的混凝土浇筑施工。

2. 强化进度计划管理

制定《溪洛渡工程施工进度管理办法》，规范年、季、月进度计划的上报、审核与检查流程，明确各方的职责，促进进度计划的有效落实。

3. 加强现场管控

协助监理完善施工周例会制度，加强现场管控能力，及时协调现场各方管理工作，提高协同效率。

4. 开展进度仿真优化工作

通过智能化建设，开发大坝混凝土施工进度仿真系统，结合大坝实际施工进度与工作性态控制要求，仿真优化进度计划，增强进度计划的可靠性与先进性，在大坝深孔施工过程中，通过仿真优化等信息化技术应用，溪洛渡拱坝深孔孔口部位仓层施工仅用时30d左右，其中最快26d完成4号泄洪深孔孔口钢衬仓层混凝土施工，为实现2013年5月蓄水发电目标创造了有利条件，既创造了水电施工的历史新纪录，也为其他工程孔口钢衬混凝土施工积累了经验。

5. 开展大坝混凝土快速施工技术研究

针对大坝多孔口设计和缆机同层平台布置等施工控制难点，开展大坝混凝土快速施工技术研究，在混凝土高效入仓技术、夜间施工照明系统的布置、混凝土仓层备仓浇筑工艺、孔口特殊部位施工工艺、基础处理、金结安装工艺等方面取得了一系列成果，保障优质、快速、安全完成溪洛渡特高拱坝施工。

5.6 大坝混凝土施工质量控制措施及成果

1. 完善质量管理体系

为进一步完善工程质量管理体系，加强全过程质量监督检查，提高工程建设管理和质量水平，三峡集团成立了金沙江水电开发质量检查专家组。质量检查专家组受三峡集团委托，代表三峡集团负责全面监督检查实施过程中的工程质量，提出工程质量检查报告，并直接向三峡集团报告，但其职责不代替国家或地方各职能部门对工程质量的监督检查和验收。溪洛渡工程建设部根据质量检查报告及时将检查意见归类，逐条落实责任单位、部门，并规定落实期限，组织完成整改工作。

2. 成立了专业的管理小组

由施工、监理、设计、业主单位联合成立了分工区配置的大坝混凝土施工工作小组，具体负责各工区大坝混凝土施工过程中工序协调、技术问题快速处理等。

3. 定期组织质量周例会

通过定期组织质量周例会，发现和协调解决现场各种问题，在例会上达成各方的共识，有效促进现场工作质量不断提升。

4. 实行埋件清单、仓面设计制度

备仓前由监理组织施工单位制定埋件清单，确定埋件类型和数量，并以此为依据进行验仓，保证埋件不错漏。

每个混凝土浇筑仓开浇前须编写仓面设计，仓面设计包括内容依据、施工方法、施工要求、施工参数、本单元工程量、投入主要施工设备、施工人员、仓面布置等。开工前报监理审批。根据仓面设计成果，施工单位开工前向施工人员交底。

5. 样板引路、以点带面

开展优质样板工程评选活动，通过观摩和现场交流等方式，提高混凝土施工和质量管理水平，并全面提升全工区的混凝土施工质量。

6. 编制标准化工艺

使施工人员快速掌握标准施工工艺及其质量标准，不断提高施工技能，同时也为监理把关提供执行标准，从而持续提高混凝土工程质量，开展混凝土施工工艺标准化建设，涵盖了施工缝面、钢筋、预埋件、模板、浇筑、养护与保温等六大工序，主要采用图形、图片、表格和精练的文字进行表现，在此基础上，以辅助动画和简短视频体现规范工艺、质量标准、实物形象，以及其关键技术和管理亮点，促进标准化工艺的固化与承接。

7. 开展智能化建设关键技术研究

关注信息技术发展成果，积极开展大坝工程智能化建设关键技术研究，开发协同工作平台，建设大坝全景信息模型，借助信息化手段，实现实时动态管控，挖掘质量管理潜能。

5.7 大坝混凝土施工缺陷及处理

5.7.1 缺陷统计

溪洛渡大坝工程质量问题主要为混凝土裂缝和层间结合缺陷。目前，大坝混凝土高程610m以下的裂缝和缺陷均已查明，共6类：

（1）河床坝段有盖重固结灌浆长间歇面裂缝。其包括：仓面延伸到上游面的裂缝，13号坝段2条，16号坝段3条；大坝混凝土仓面裂缝，Ⅲ类裂缝40条，Ⅳ类裂缝2条；基础置换区混凝土裂缝，Ⅲ类裂缝6条，Ⅳ类裂缝2条。该类裂缝虽位于基础强约束区，但处于大坝底部扩大结构部位，未向下发展，系浅表裂缝，且绝大部分位于河床基础槽内，经认真处理后，不影响大坝安全运行。

（2）坝面横缝附近竖向裂缝。是接缝灌浆灌前检查压水时，在横缝附近产生的竖向裂缝。裂缝距横缝约45cm，与横缝约呈45°斜交。该类裂缝共3条，其中19号坝段上游面1条，10号坝段下游面1条，13号坝段上游面1条，均属坝体缝角局部损伤，经局部加固封闭处理后，不影响大坝安全运行。

（3）层间结合缺陷。此类缺陷共6种，共12处，具体如下：

①因浇筑过程中冷却水管破损未及时发现和修复而在混凝土早期低强时冷却通水导致的水力渗透破坏，共3处，分别在13号坝段高程341m、14号坝段高程332m和20号坝段高程358.8m。

②浇筑过程中来料强度过高，局部振捣不到位导致的局部层间结合缺陷，位于20号坝段下游牛腿高程442.8m。

③部位狭小、结构复杂、钢筋密集、浇筑困难，振捣不密实导致的局部层间缺陷，主要为深孔进口门槽缺陷，共3处，分别在12号坝段深孔（1号孔）进口门槽高程515m、13号坝段深孔（2号孔）进口门槽高程512m、15号坝段深孔（4号孔）进口门槽高程506m。

④人工振捣不到位导致的局部坝体混凝土层间缺陷，共2处，分别在30号坝段上游面高程575m、10号坝段上游面高程587m。

⑤钢筋密集，浇筑困难，人工振捣不密实导致局部骨料架空，且混凝土早期低强，深孔检修门储门槽积水过多导致的水力渗透破坏，主要为表孔门槽缺陷，共2处，分别在12、19号坝段表孔门槽高程596m。

⑥仓面长间歇面未深凿毛、坝体混凝土强度等级相对较低，其胶材用量也相对减少，可能造成层间结合不良、上部混凝土压重较小，而横缝检查压水压力仍然与下部灌区一样，致使有压水进入层间缺陷部位导致水平劈裂，共1处，位于4~6号坝段高程605m，靠近坝顶下部（约5m以下）层间结合部位。

（4）5~8号坝段爬坡廊道裂缝是由坝体自重、置换区混凝土强约束及斜坡廊道轴向挤压等导致的孔洞开裂，主要分布于5~8号坝段爬坡廊道顶拱和底板，平行于廊道轴线，属于典型的钢筋混凝土裂缝。这类裂缝缝宽较小，缝深较浅，随大坝蓄水抬高水位，孔口应力将会改善，裂缝会逐渐闭合，对大坝安全运行无影响。

（5）坝面L形横缝底端延伸裂缝是由坝基坡度陡、高差大、基础约束强，与横缝增开造成的局部应力叠加后导致的开裂，主要位于坝面L形横缝底端。

（6）接缝灌浆通水检查时与坝体排水管相串。接缝灌浆对横缝进行通水检查时，发现多处横缝与排水管相串（共25处）。主要原因为浇筑过程中大骨料集中未人工分拣或坯层覆盖时间过长导致坯层结合不良。

5.7.2 缺陷处理

1. 处理方法

裂缝修补主要可采用喷涂法、粘贴法、充填法和灌浆法等方法。

（1）喷涂法适用于宽度小于0.3mm的表层裂缝修补。表面喷涂材料可选用环氧树脂类、聚酯树脂类、聚氨酯类、改性沥青类等涂料。

（2）粘贴法分为表面粘贴法和开槽粘贴法两种，前者适用于裂缝宽度小于0.3mm的表层裂缝修补，后者适用于裂缝宽度大于0.3mm的表层活缝修补。粘贴材料可选用橡胶片材、聚氯乙烯片材等。

（3）充填法适用于缝宽大于0.3mm的表层裂缝修补和深层裂缝、贯穿裂缝外露缝面处理。充填材料应根据裂缝的类型进行选择，对死缝可选用水泥砂浆、聚合物水泥砂浆、树脂砂浆等；对活缝应选用弹性树脂砂浆和弹性嵌缝材料等。

（4）灌浆法适用于深层裂缝、贯穿裂缝、混凝土内部裂缝的修补。灌浆材料应根据裂缝的类型选择，死缝可选用水泥浆材、环氧浆材、高强水溶性聚氨酯浆材等；活缝可选用弹性聚氨酯浆材等。

2. 灌浆处理材料

（1）水泥浆。用于灌注裂缝宽度 $\delta \geq 2$mm 的死裂缝。水泥采用溪洛渡大坝用的中热硅酸盐水泥，且新鲜无结块，其水泥细度要求通过 80μm 方孔筛，其筛余量不大于 3%；当采用细水泥时，要求 D_{max}<40μm。起始水灰比以 1∶1~1∶3 为宜。主要力学性能指标为 7d 龄期抗压强度不低于 35MPa。

（2）超细水泥浆。用于灌注裂缝宽度 $\delta \geq 0.2$mm 的死裂缝。水泥采用溪洛渡大坝用的中热硅酸盐水泥进行磨细，且新鲜无结块，要求 D_{max}<10μm，比表面积 8 000~10 000cm^2/g。建议水胶比控制在 0.6 以下，可掺入一定比例的高效减水剂。主要力学性能指标为 7d 龄期抗压强度不低于 35MPa。

（3）LPL（高渗透活性稀释剂改性系列环氧浆材）。用于灌注裂缝宽度 $\delta \geq 0.2$mm 的裂缝。主要力学性能指标为 7d 龄期抗压强度不低于 50MPa，抗拉强度不低于 12MPa。

（4）CW（高渗透糠醛、丙酮改性系列环氧浆材）。用于灌注裂缝宽度 $\delta \geq 0.15$mm 且≤0.3mm 的裂缝。主要力学性能指标为 28d 龄期抗压强度不低于 50MPa，抗拉强度不低于 5MPa。

（5）LW 和 HW（水溶性聚氨酯化学灌浆材料）。用于灌注裂缝宽度 $\delta \geq 0.1$mm 的裂缝。主要力学性能指标为 28d 龄期抗压强度不低于 50MPa，抗拉强度不低于 5MPa。

（6）SXM（水下快速密封剂）。可用于水下混凝土灌浆封缝和埋灌浆管、止浆孔的缝孔，也可用于水下混凝土裂缝和孔洞的修补。

（7）MU（无溶剂灌浆材料）。用于灌注裂缝宽度 $\delta \geq 0.05$mm 的裂缝。

5.8 小结

溪洛渡高拱坝施工是一个非常复杂的随机动态过程，约束条件多，边界条件复杂，还需要考虑施工导流、度汛、蓄水发电等阶段性的目标要求，且具备坝体高、坝体混凝土方量多、坝体上孔口结构多且布置集中等特点，针对高拱坝施工特点并结合工程实际，从全国产缆机高效一条龙管理、拱坝仓面标准化施工工艺研究、拱坝倒悬结构部位施工技术研究、泄洪深孔钢衬混凝土快速施工技术、低热水泥混凝土应用、拱坝横缝开度控制等方面进行了系统研究，确保了溪洛渡拱坝建设目标的实现。

6 大坝混凝土温度控制

溪洛渡大坝是世界上唯一全坝粗骨料采用了地下洞室玄武岩开挖料的特高拱坝，避免了处理开挖料带来的生态影响，体现了溪洛渡特高拱坝建设绿色生态环保的理念，但也由此导致混凝土本体材料抗裂特性偏弱，主要表现为弹模高、徐变小、自生体积变形收缩大，特别是自生体积变形原设计为20个微膨胀，实施阶段，大坝混凝土施工配合比和性能试验表明混凝土自身体积变形为20~40个微收缩，溪洛渡坝体温控防裂面临严峻的挑战。

围绕混凝土变形性能以及混凝土防裂安全，参建各方共同确定了溪洛渡大坝混凝土综合温控防裂措施，即“全坝全约束、全年生产冷混凝土、高内含氧化镁水泥、严格最高温度、严控温度变幅、严格表面保温养护、严格预报预警”等。温控防裂综合措施中严格最高温度、严控温度变幅和严格预报预警是最困难，也是最关键的，为此，进一步紧紧抓住通水冷却这个主要环节，基于感知、分析、控制的智能化建设理论，研究了智能温控技术，采用无线水工数字温度计和光纤等，进行全坝、逐仓温度感知并实时传输，利用一体流温智能控制装置对通水流量进行实时分析和自动调整，实现全程自动化，达到了智能控制。

本章重点介绍除智能温控技术以外的溪洛渡大坝混凝土温度控制技术，智能温控技术与智能化建设技术一并另行详述。

6.1 设计技术要求

6.1.1 混凝土最高温度控制标准

拱坝容许最高温度为27℃，评价标准为浇筑块内部温度传感器测点测量的平均温度最高值。

6.1.2 拱坝封拱温度控制

大坝封拱温度控制见表6-1。

表6-1 大坝封拱温度控制表

坝段编号	高程范围（m）	封拱温度（℃）
1~10	≤575	13.0
	575~584	14.0
	584~610	16.0
11	≤575	13.0
	575~610	14.0

续表

坝段编号	高程范围（m）	封拱温度（℃）
12～19	≤467	13.0
	467～610	12.0
20	≤575	13.0
	575～610	14.0
22～31	≤575	13.0
	575～584	14.0
	584～610	16.0

6.1.3 混凝土通水冷却控制过程及标准

为将施工期混凝土温度降低至封拱温度，根据拱坝混凝土温控防裂特点，分一期冷却、中期冷却、二期冷却等三个时期进行混凝土冷却降温，各时期温度控制内容如下：

1. 一期冷却

混凝土下料浇筑即开始一期冷却，一期冷却总时间约为21d。分为控温和降温两个阶段，一期冷却降温阶段日降温速率应≤0.5℃/d。见图6-1。

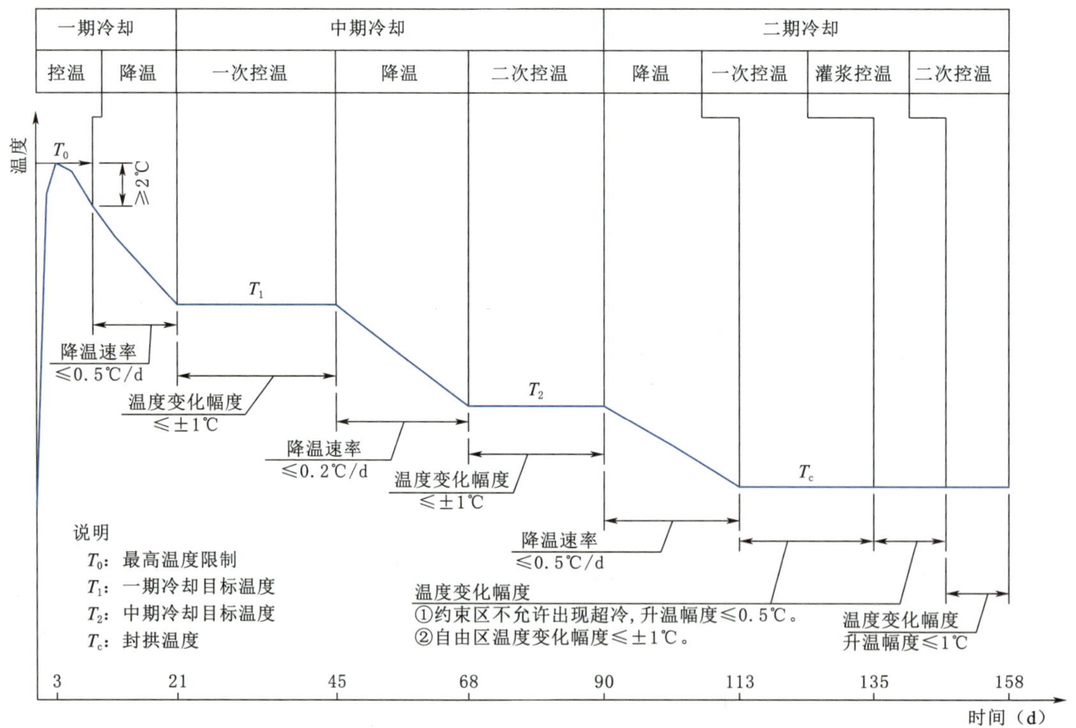

图6-1 分期冷却降温过程示意图

2. 中期冷却

混凝土中期冷却在一期冷却结束后开始进行，分为一次控温、中期冷却降温、二次控温等三个阶段，中期冷却降温阶段日降温速率应≤0.2℃/d。开始中期冷却降温时要求混凝土龄期大于45d。二次控温阶段在中期冷却降温结束后，以中期冷却目标温度为基准，混凝土温度变化幅度不超过1℃，直至二期冷却降温阶段开始时结束。见图6-1。

3. 二期冷却

混凝土二期冷却在中期冷却结束、混凝土龄期大于90d后开始进行，分为二期冷却降温、一次控温、灌浆控温、二次控温等四个阶段。二期冷却降温阶段日降温速率应≤0.5℃/d。一次控温阶段在二期冷却降温结束后，以封拱温度为基准，要求约束区混凝土不允许出现超冷，温度升高幅度应≤0.5℃，自由区温度变化幅度应≤1.0℃，直至接缝灌浆开始时结束。一次控温阶段结束，当混凝土龄期大于120d后，方可进行接缝灌浆施工。接缝灌浆期间，灌浆区及同高程相邻坝段混凝土温度应与设计封拱温度基本一致，约束区混凝土不允许出现超冷，欠冷幅度应≤0.5℃，自由区封拱温度误差±1℃，自由区局部经论证需要适当超冷的部位，超冷幅度应≤2℃。在已灌区接缝灌浆结束后，以封拱温度 T_c 为基准，要求混凝土温度回升幅度按≤1℃控制，直至上一灌区混凝土接缝灌浆开始时结束，至此二期冷却阶段全部结束。见图6-1。

通水冷却目标温度控制要求见表6-2，通水冷却龄期控制要求见表6-3。

表6-2　通水冷却目标温度控制要求

浇筑过程温度（℃）			通水冷却（后冷）目标温度（℃）							
月份	出机口温度	入仓温度	浇筑温度	最高温度	一期降温	中期一控	中期冷却	中期二控	二冷降温	二冷控温
4—10	7	9	12	27	21	21±1	17	17±1	14±2	封拱温度误差±1
1—3，11—12	9	11								

表6-3　通水冷却龄期控制要求

一期冷却	中期降温	二期降温	接缝灌浆
约21d	>45d	>90d	>120d

6.1.4　拱坝温度梯度控制标准

（1）坝段各灌区在施工过程中，应按照分期冷却要求进行逐步冷却，进行温度梯度控制，使各灌区温度、温降幅度形成合适的梯度，以减小混凝土梯度温度应力，防止混凝土出现开裂现象，温度梯度控制示意图见图6-2。

（2）要求按自下而上顺序分为已灌区、灌浆区、同冷区、过渡区和盖重区等五区进行温度控制，通过各期冷却降温及控温时间协调，确保接缝灌浆时上部各灌区温度及温降幅度形成合适的温度梯度，同时兼顾各坝段施工进程不一致出现的温度差异情况。

温度梯度分区及循环示意图见图 6-3，基础约束区各温度梯度分区形成过程示意图见图 6-4，孔口约束区各温度梯度分区形成过程示意图见图 6-5。

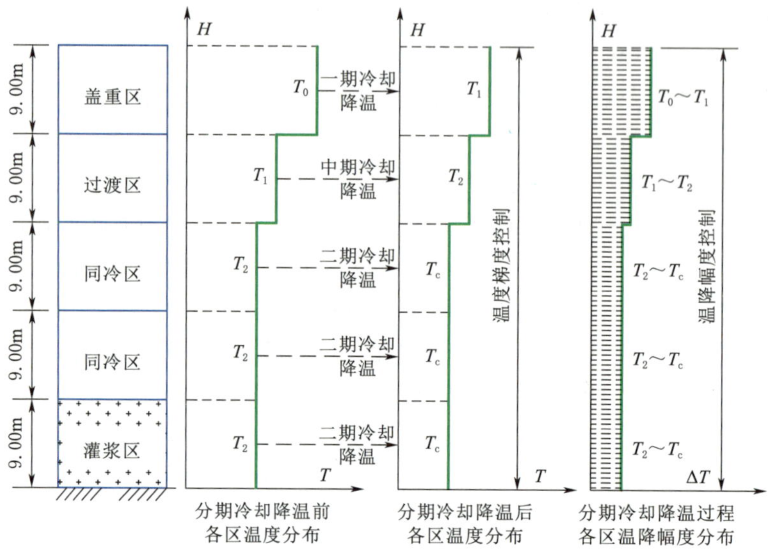

图 6-2　温度梯度控制示意图

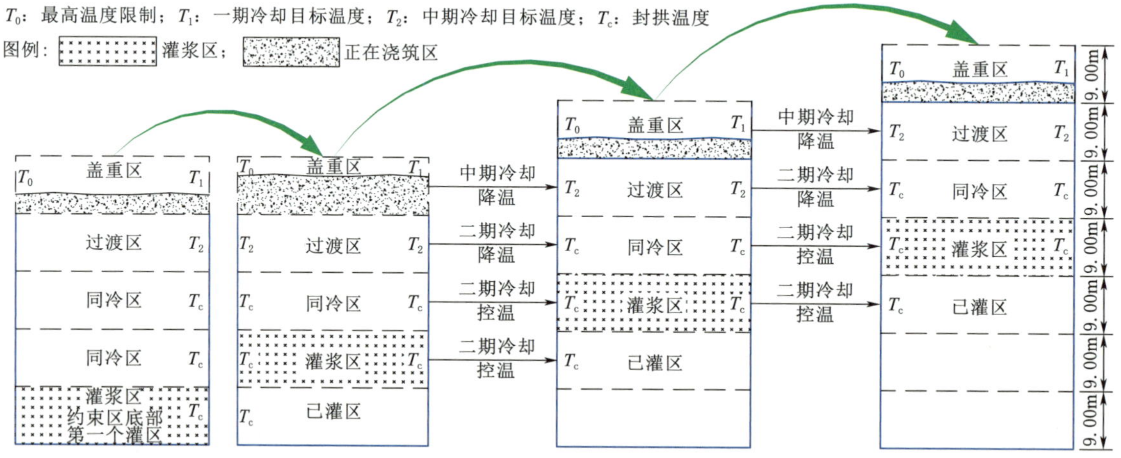

图 6-3　温度梯度分区循环示意图

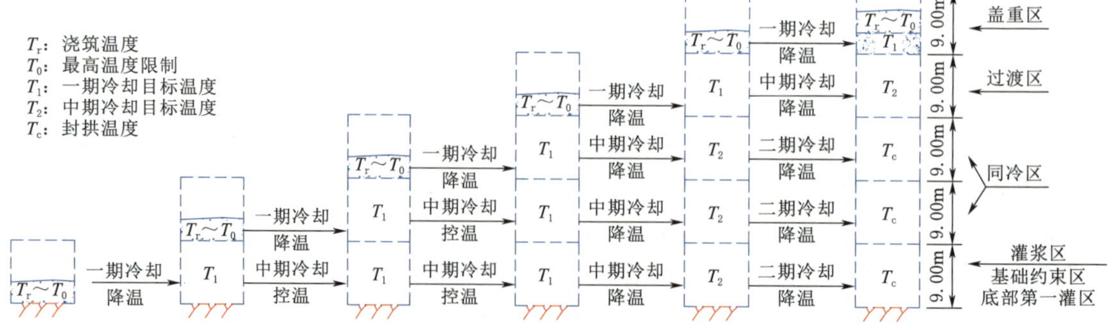

图 6-4　基础约束区温度梯度分区形成过程示意图

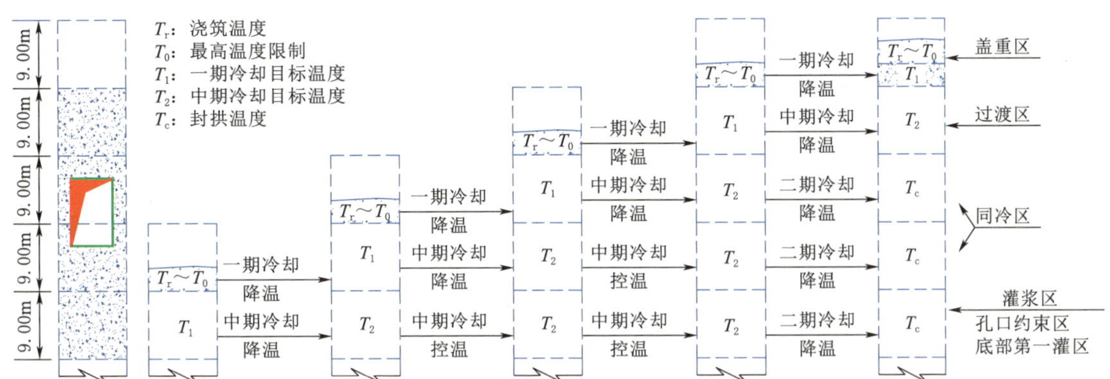

图 6-5 孔口约束区温度梯度分区形成过程示意图

6.1.5 拱坝悬臂高度控制要求

大坝允许悬臂高度在高程 410m 以下坝段不得超过 80m，高程 410m 以上坝段按 50~60m 控制。

6.1.6 相邻高差和间歇期要求

（1）相邻高差：相邻坝段高差原则上不应大于 12m，根据具体情况，按监理人指示可适当调整；相邻坝段浇筑时间间隔宜小于 21d。整个大坝最高和最低坝块高差控制在 30m 以内。

（2）间歇期要求：混凝土浇筑应保持连续性，混凝土最小层间间歇期为 5d，最大层间间歇期不超过 28d；在满足最小间歇时间的前提下，尽量缩小层间间歇期，若超过允许最大间歇时间，则老混凝土以上混凝土的温控标准按该坝段约束区混凝土的温控标准。

6.2 大坝混凝土温控特点与难点

（1）溪洛渡拱坝混凝土温控标准高。溪洛渡拱坝作为“西电东送”骨干工程，为防止拱坝混凝土出现温度裂缝，提出了非常严格的温度控制指标及要求，包括：对坝体混凝土进行自由区与约束区的划分；对拱坝混凝土最高温度、内外温差等进行严格控制，其中容许最高温度为 27℃，控制混凝土内外温差≤16℃；为确保接缝灌浆时上部各灌区温度及温降幅度形成合适的温度梯度，同时兼顾各坝段施工进程不一致出现的温度差异情况，进行降温及控温时间协调，遵循“小温差、早冷却、慢冷却”温控防裂设计理念，采用一期通水冷却、中期通水冷却和二期通水冷却等三个温控时期九个控制阶段的精细化控制程序和措施。

（2）溪洛渡高拱坝施工是一个复杂的系统工程，其施工工期紧，混凝土浇筑强度大。坝址位于中亚热带亚湿润气候区，冬季温和干燥，夏季炎热多雨，拱坝混凝土施工特点及坝址区气候条件决定了拱坝混凝土温度控制特点及难点：

①混凝土原材料抗裂能力低。由于玄武岩粗骨料高弹模特性的影响，拱坝混凝土呈现出自生体积变形量大、持续时间长，混凝土极限拉伸值低等特点，拱坝混凝土抗裂能力相对较低。

②坝址区气候条件复杂。坝址区夏季气温较高，出机口温度、浇筑温度及最高温度控制

难度大。冬季多风且气候干燥，混凝土表面水分散发较快。

③坝体高、混凝土块体大，温控难度大。由于溪洛渡拱坝混凝土采用不分纵缝的通仓薄层浇筑方式，下部浇筑仓面尺寸大，基岩的约束作用也较大，容易产生贯穿裂缝。且混凝土温降过程缓慢，内外温差引起的内部约束时间长，易产生表面裂缝，并易引起劈头裂缝，影响拱坝结构安全。

④坝块多，内部通水冷却程序复杂。溪洛渡拱坝采用“一刀切”形式的垂直平面分缝，在拱坝中设置30条横缝，将大坝分为31个坝段，每条横缝间距约为23m。拱坝施工时一般按照3m一层交替上升施工，坝块众多。

溪洛渡拱坝混凝土内部通水冷却施工遵循“小温差、早冷却、慢冷却”温控防裂设计理念，采用一期通水冷却、中期通水冷却和二期通水冷却等三个温控时期九个控制阶段的精细化控制程序和措施，控制混凝土的冷却过程和各期冷却的降温幅度，通过设置已灌区、灌浆区、同冷区、过渡区、盖重区的分区冷却控制形成高度方向的温度梯度，从而控制上下层温差，减小温差应力，满足混凝土高拱坝温控防裂要求。

⑤混凝土温度控制设施布置难度大。溪洛渡拱坝混凝土温控采用两种水温、两套管路、两套制冷设备，而拱坝一般为U形或V形河谷，两岸边坡陡峭，场地布置狭窄，坝后管网规划布置及冷水机组规划布置难度大。

6.3 大坝混凝土温控技术

溪洛渡大坝属于300m级的特高拱坝，坝身布置四层25个孔口，混凝土具有高弹模、较低极限拉伸值、自生体积变形呈收缩性等特点，与国内类似工程相比，混凝土综合抗裂能力相对偏低，混凝土抗裂安全问题突出，大坝混凝土温控按全坝约束从严要求。

6.3.1 最高温度控制

混凝土最高温度应按不低于23℃和不高于27℃（陡坡25℃）控制，脱离基础约束区后（>0.4L），在高温季节的最高温度可按29℃控制，但孔口区仍按约束区27℃控制。为满足最高温度控制要求，从坯层厚度、浇筑工艺、坯层覆盖时间、环境温度控制等方面进行了优化。

1. 混凝土原材料及配合比优化

溪洛渡拱坝施工配合比设计过程中采取了“最大允许水胶比、最大允许煤灰掺量、掺用高性能外加剂、低坍落度、低砂率”的技术路线，最大限度地降低了混凝土单位用水量，从而降低了胶凝材料总用量，不仅降低了工程成本，更重要的是降低了坝体混凝土水化热温升。

为控制低级配混凝土的使用，保证缝面结合质量，开展混凝土原位抗剪试验，研究采用三级配富浆混凝土替代二级配混凝土作为水平施工分层接缝材料。试验结果表明，三级配富浆混凝土作为层间接缝材料能满足接缝质量，同时也减少水化热的产生，有利于混凝土内部温度控制。

2. 采用预冷混凝土

为确保高温季节出机温度满足7℃要求，溪洛渡拱坝混凝土采取加片冰、制冷水拌和及粗骨料一、二次风冷等措施对混凝土进行预冷，其中，在冷却料罐内一次风冷骨料，在拌和楼内二次风冷骨料。低温季节，出机口温度控制适当放宽，可关闭一次风冷。

3. 浇筑温度控制

（1）坯层厚度及冷却水管布置。

对于标准 3m 升层，共分 6 个坯层，其分层厚度为 40cm、50cm、50cm、50cm、55cm、55cm。首坯层混凝土的确定，兼顾了层间结合需要的富浆混凝土的质量要求，温控要求不宜过厚，且满足设备施工要求，故首坯层确定铺筑厚度 40cm 的三级配富浆混凝土；其他各层力求均分，故中间三坯层各为 50cm，最后两坯层各为 55cm，均在振捣臂有效工作范围内。冷却水管布置在第一、第四坯层顶面。

对于标准 1.5m 升层，共分 3 个坯层，其分层厚度为 40cm、55cm、55cm。

（2）坯层覆盖时间。

混凝土坯层覆盖时间一般按 2~4h 控制。为控制浇筑温度和质量，当前坯层浇筑 3h 后，应对后续浇筑进展进行预测，若预计不能在 4h 内完成该坯层覆盖，则对坯层覆盖时间进行预警。

（3）条带法施工。

条带之间必须保证有序搭接，错层搭接接头宽度小于 1m；混凝土浇筑过程中，必须按照“先下料，先平仓，先振捣，先保温，先覆盖”的原则有序推进，高温季节对先振捣完的条带及时保温，防止温度倒灌。

（4）仓面喷雾降温。

高温季节为控制仓内环境温度，开仓前 2h 须进行喷雾降温；收仓后继续喷雾降温，待混凝土终凝，直至仓面开始旋喷养护或流水养护。

4. 混凝土养护

（1）养护方案。

混凝土表面采用湿养护方法。其中，大坝上、下游面和横缝面采用塑料花管流水养护；仓面采用旋喷养护；倒悬部位采用储水材料保湿养护；高标号区域混凝土初凝后立即进行表面流水养护。

（2）养护要点。

混凝土外露面必须进行连续养护，直至新混凝土覆盖或本工程移交为止。

上、下游面与横缝面的塑料花管应分开布置回路，避免局部施工造成上、下游面与横缝面的养护同时中断。

浇筑温度超标、冷却水管破损导致暂停通水冷却及高标号混凝土区域，为控制混凝土最高温度，收仓后仓面须流水养护。

6.3.2 通水冷却

溪洛渡拱坝混凝土内部通水冷却施工遵循“小温差、早冷却、慢冷却”温控防裂设计理念，采用一期通水冷却、中期通水冷却和二期通水冷却等三个温控时期九个控制阶段的精细化控制程序和措施，控制混凝土的冷却过程和各期冷却的降温幅度，通过设置已灌区、灌浆区、同冷区、过渡区、盖重区的分区冷却控制形成高度方向的温度梯度，从而控制上下层温差，减小温差应力，满足混凝土高拱坝温控防裂要求。混凝土浇筑过程和通水冷却过程温度控制要求见表 6-4。

表 6-4　混凝土浇筑过程和通水冷却过程温度控制要求

<table>
<tr><th rowspan="2">月份</th><th colspan="3">浇筑过程温度（℃）</th><th colspan="5">通水冷却（后冷）目标温度（℃）</th></tr>
<tr><th>出机口温度</th><th>入仓温度</th><th>浇筑温度</th><th>最高温度</th><th>一期降温</th><th>中期一控</th><th>中期冷却</th><th>中期二控</th></tr>
<tr><td>4—10</td><td>7</td><td>9</td><td rowspan="2">12</td><td rowspan="2">25/27/29</td><td rowspan="2">21</td><td rowspan="2">21±1</td><td rowspan="2">17</td><td rowspan="2">17±1</td></tr>
<tr><td>1—3，11—12</td><td>9</td><td>11</td></tr>
</table>

1. 两种温度的制冷水

溪洛渡拱坝混凝土内部通水冷却水共计两种水温，即 8~10℃制冷水和 14~16℃制冷水，其中 8~10℃制冷水用于一期控温和二期冷却各阶段，14~16℃制冷水用于一期降温和中期冷却各阶段。

根据拱坝混凝土分期通水冷却施工工艺要求，须在坝后冷却水管预留槽和冷水站之间布置冷却水供应管路，且必须满足某个预留槽接口部位具备同时供应两种水温的条件，即从冷水站至坝后预留槽之间，布置两套共计四根主供水管路，各供水管路沿坝后布置并分层引至各层坝后水平栈桥，并通过各坝段布置的供水包连接坝后预留槽。由于坝后冷却供水管路布置复杂，通水期间需要不断进行水温切换和换向施工，给现场管路布置及冷却通水管理带来极大的困难。为确保混凝土内部通水冷却施工满足设计要求，对同时供应两种水温的坝后管网布置工艺进行了相应研究，通过采取供水管网两岸对称布置、坝后水平栈桥及水平供水管网按两个灌区高程分层布置、各水平栈桥供水管网与岸坡主供水管网并联布置等施工工艺，满足了拱坝混凝土冷却供水需求。

2. 冷却水管上引工艺

仓面冷却水管埋设后均由拱坝下游坝面采用预留槽引出，然后与栈桥上的供水包连接。

根据坝后栈桥布置特点，仓面冷却水管引出管布置型式主要有两种：

方案一：单仓单层引出，预留槽布置高程间隔 3m 左右，采取在拱坝下游坝面布置供水立管，并在各预留槽高程设置供水包，供水立管连接供水包后由供水包向预留槽引出管供应制冷水。

方案二：采取将预留槽按坝后栈桥布置高程，间隔 18m 高度左右进行布置，下部栈桥以上各仓号冷却水管仓面供水管采取提前预埋的方式，在下层栈桥预留槽部位统一引出，连接栈桥供水包，供水管采取在拱坝下游面沿坝面钢筋均匀布置向上接引，至仓面冷却水管埋设高程时将上引供水管逐个与仓面冷却水管相接形成回路。上引管根据其上引仓号数量及仓面面积等确定进、出管数量后提前埋设。

根据拱坝施工条件，以往工程一般采取方案一布置型式，由于其接引管路时交通条件差，施工安全风险高，通过对仓面冷却水管引出管及上引管布置施工工艺的优化调整，将预留槽部位引出管水温切换施工、进回水水温监测施工等工作均调整至坝后桥内施工，降低了其施工安全风险，提高了现场文明施工管理水平。

3. 冷却水管布置

（1）冷却水管间距一般布置。

一般部位（混凝土标号为 $C_{180}40$、$C_{180}35$、$C_{180}30$），冷却水管按 1.5m×1.5m（竖向×水平）布置，对于3m升层的标准仓，坯层厚度自下而上依次调整为40cm、50cm、50cm、50cm、55cm、55cm，两层冷却水管分别埋设于第一坯层和第四坯层顶部以下10cm，通过将仓面冷却水管调整到第一坯层浇筑后埋设，既可提高备仓效率，也可降低冷却水管的损坏率。

冷却水管与混凝土表面的距离：要求水管距上、下游坝面 1.5~2.0m，距廊道壁面 1.0~1.5m。

（2）冷却水管加密布置。

为控制高温季节混凝土最高温度，6—9月，岸坡坝段基础约束区（建基面以上 0.4L 范围）冷却水管间距按 1.5m×1.0m（竖向×水平）埋设；7—9月，其他坝段按 1.5m×1.0m（竖向×水平）埋设；其余时段，孔口坝段混凝土高标号区等特殊部位按要求加密。

深孔坝段首仓采用高流态混凝土浇筑，第一层冷却水管按1m×1m（竖向×水平），第二层冷却水管按1m×0.75m（竖向×水平）方案实施。

冷却水管的埋入深度必须做到大于或等于10cm。

4. 同冷区高度控制

坝体下部基础约束区，同冷区高度仍采用18m（即2个灌区高度）；脱离约束区的坝体，为加快混凝土上升，控制悬臂高度和倒悬应力，上部同冷区高度可按9m且不小于0.2L 控制。

5. 个性化冷却

基础接触段首批两区同冷与相邻坝段同冷协调实施，避免温差较大，为减少温度差，采取个性化同步冷却，即“两者兼顾、过渡冷却、渐变冷却”。

①在满足温度梯度情况下，基础接触段首批同冷与相邻坝段温差原则上按不超4℃控制。

②对于不满足冷却条件的部位，可适当提前中冷、二冷时间，并制定个性化通水措施，形成温度渐变过渡区，以控制相邻温差。

③拱圈两端坝段二冷中同冷区高度不能满足要求时，为满足接缝灌浆进度要求，可以对河床坝段先进行冷却。

④高温季节，高块的一期冷却目标温度可提高2℃，同时加强表面流水养护，严格控制间歇期。

6. 智能通水控制

（1）无线数字测温。

根据拱坝混凝土分期通水冷却施工工艺要求，各浇筑仓号须进行个性化通水冷却施工，而混凝土内部温度变化情况是指导现场个性化通水冷却施工的关键，因此，在进行混凝土浇筑施工时，对每个浇筑仓号均进行了临时温度计埋设，其埋设量大大增加。由于拱坝混凝土采取全年通水控温方式，每天需要进行测温的仓号数量极大，为减小测温施工人员工作强度，同时降低施工人员测温时人为因素导致的测温数据偏差，在仓面上开展了数字式温度计施工工艺研究，通过在仓号相同部位分别埋设数字式温度计和普通铜电阻式温度计进行多组测温对比试验，来验证数字式温度计的可靠性。同时，通过逐步开展对数字式温度计数据采集系统的不断开发，实现了系统全自动采集各浇筑仓号内埋设的数字式温度计读数，并自动无线传输至溪洛渡拱坝施工管理信息系统的功能。

（2）通水冷却智能控制系统。

为实现拱坝混凝土个性化通水冷却控制和管理，在各浇筑仓号均预埋了临时温度计，并通过每天采集的温度计数据，实时监控新浇混凝土内部温度变化情况，并根据混凝土内部温度日变化情况，实时调整冷却通水流量及通水水温等参数，使混凝土温度保持在设计目标温度（按照设计的“温度–时间曲线”）附近，从而使施工程序和质量可控。

由于测温仓号数量较大，各浇筑仓号冷却通水流量和通水水温均是单仓进行调整的，其工作量较大。

通过对个性化通水冷却施工工艺进行研究，在不改变混凝土分期通水冷却及个性化通水控温施工工艺和施工程序的前提下，建立一个独立智能的温控系统，该系统可针对不同的浇筑仓号所处的各通水阶段，分析每天采集的混凝土内部埋设的温度计数值，并根据预定冷却控温计划，制订混凝土后续的通水计划，并通过管理系统，自动控制设置于供水包部位的一体流温控制阀，达到对通水流量的动态控制。

现场针对一体流温控制阀的功能应用开展了大量的生产性试验，并获得了初步成果；在进行试验的仓号，目前已基本实现了实时对通水温度、流量、换向等通水信息的远程采集，实现了在线、实时、自动化采集控制。

通过不断开发完善，最终将建成一个实时、在线、个性化大体积混凝土通水冷却智能温度控制系统。

6.3.3 低温季节温度控制

1. 严格控制间歇期

严格控制层间间歇期，为防止出现长间歇仓面，制定了大坝混凝土仓面间歇期控制要求，见表 6–5。

表 6–5 大坝混凝土仓面间歇期控制要求

序号	仓面工作项目	控制标准（d）
1	白板仓（一般无钢筋、无廊道、无灌浆等）	≤7
2	白板仓+廊道+满铺钢筋	≤10
3	白板仓+廊道+灌后质量检查孔作业	≤10
4	白板仓+固结灌浆检查孔+满铺钢筋	≤15
5	白板仓+少量固结灌浆	≤15
6	白板仓+正常固结灌浆	≤21

注：1. 间歇期控制不含计划长间歇仓面，计划长间歇仓面须另行制定专项温控防裂措施。
2. 根据备仓项目及工作量，由监理确定套用标准。

为实现大坝混凝土层间间歇期有效控制，在预设间歇期及预警的基础上，对超过预设间歇期的仓号，实施“限制开仓”措施。即当实际间歇期超过预设间歇期时，监理根据不同时段的超期程度实施限制开仓（指强制先浇超期仓号，或规定开仓次序）。大坝混凝土层间间歇期限制开仓执行表见表6-6。

表6-6 大坝混凝土层间间歇期限制开仓执行表

<table>
<tr><th>月 份</th><th>控制间歇期（d）</th><th>超期天数（d）</th><th>限制开仓</th></tr>
<tr><td rowspan="3">1—3，10—12</td><td>7</td><td>≥3</td><td rowspan="6">在超期控制时间内，限制开仓次序；
达超期控制时间后，强制先浇筑超期仓号</td></tr>
<tr><td>14</td><td>≥2</td></tr>
<tr><td>21</td><td>≥1</td></tr>
<tr><td rowspan="3">4—9</td><td>7</td><td>≥7</td></tr>
<tr><td>14</td><td>≥5</td></tr>
<tr><td>21</td><td>≥1</td></tr>
</table>

注：超控制间歇期的仓号开仓次序为：21d仓，14d仓，7d仓。

2. 适时提前冷却降温

结合空间温度梯度和混凝土龄期逐坝段进行中期冷却分析，以温度应力为控制条件，尽早开始中期冷却降温（参考孔口坝段），以利于减小混凝土内外温差。

为了满足过冬防裂要求，高温季节超温仓号（陡坡坝段超25℃，其他坝段超27℃）应在满足降温速率要求下尽快降温，并按三仓同冷。

3. 最高温度控制范围

为控制混凝土温度应力，同时保证混凝土强度发展，严格控制最高温度在23～25℃之间。

4. 保温保湿并举

溪洛渡拱坝地处中亚热带季风气候区，干湿季分明。每年5—10月为雨季，气温高，空气湿润，降水多，日照充足；每年11月—翌年4月为旱季，空气干燥，少雨，日照多。

为做好混凝土表面防裂保护，新浇混凝土外露面必须及时覆盖保温并持续保持湿润。采取了平时保湿、低温季节（每年10月—翌年4月）保温保湿并举、不同部位个性化保湿保温的措施。

（1）保温方案。

上、下游面采用粘贴高密挤塑苯板保温，其中上游面保温板厚50mm，下游面保温板厚30mm。

横缝面采用压条或保温锚固钉固定保温卷材保温，保温卷材厚50mm。

仓面采用两层厚20mm的军绿色保温被覆盖保温。

流道混凝土采用喷2cm聚氨酯保温。

流道孔口采用防雨布制作整体式挡风墙进行封闭，顶板浇筑前完成，廊道有进人要求时须在挡风墙表面设置双层门，并随时使门处于关闭状态。

（2）保温时机。

坝面保温时机：非低温季节在坝面消缺后跟进保温；低温季节须在提模后5～7d内完成保温。

仓面保温时机：低温季节，仓面冲毛后立即覆盖保温被保温；日最低温度低于5℃时，混凝土终凝后即实施保温，冲毛过程中，逐区域揭被冲毛，并及时恢复保温；仓面未保温前禁止其他材料、设备入仓。

横缝面保温时机：低温季节，横缝模板提升后立即跟进保温，保温施工应在提模后 2d 内完成。

流道保温时机：挡风墙应随流道侧墙施工跟进上升，于侧墙模板提模后 2d 内完成，并高于流道侧墙 1m；流道侧墙应于消缺后 2d 内完成（消缺工作须在提模后 2d 完成）。

6.3.4 特殊措施

1. 预计长间歇部位

（1）深孔钢衬安装长间歇面。

受深孔钢衬安装影响，其安装工作面混凝土为计划长间歇面，须采取特殊防裂措施：

浇筑纤维混凝土。最后一坯层采用掺 PVA 纤维混凝土。

结构措施。铺设仓面限裂钢筋网（可置于首坯浇筑层内）。

加密冷却水管。冷却水管按 1.0m×1.5m（水平×竖向）间距布置，严格控制降温速率，适当降低一期冷却目标温度。

加强仓面保温保湿。采用 4cm 保温被，持续保持仓面湿润，施工部位及时恢复保温保湿。

加快钢衬制作安装。厂内单节制作、坝外两节拼装、缆机抬吊安装、定位节精确控制，双向工作面同步进行。

（2）坝顶长间歇面。

受缆机供料栈桥影响或即将到坝顶（先期至高程 608m）的坝段，对计划长间歇面采取特殊措施防裂，具体为：

浇筑分层与间歇期控制。浇至计划长间歇面以前，放慢混凝土上升速度，仓面间歇期按 14~20d 控制，升层高度 1.5m。

结构措施。最后 1.5m 升层，仓面铺限裂钢筋，坯层厚度均按 50cm 分层，其中第一坯层浇筑三级配富浆混凝土，第二、第三坯层浇筑 PVA 混凝土。

温度控制。长间歇面层混凝土最高温度按 25℃控制，然后缓慢降温至 20~18℃控温，以减小内外温差。

混凝土保温。仓面采用4cm 厚保温被保温，到顶坝段模板拆除后快速跟进粘贴挤塑苯板保温；未到顶的坝段提模后，应将支腿保温裙固定紧贴于混凝土表面；加强混凝土表面保温保湿维护工作。

2. 陡坡坝段

最高温度控制：陡坡坝段结构复杂，坡面约束范围大，安全裕度不高，因此应适当降低混凝土最高温度，以减小基础温差导致的开裂风险，最高温度按不高于 25℃进行控制。

冷却水管布置：为控制最高温度，冷却水管加密布置，水平间距加密为 1.0m。

冷却高度：在温度应力、横缝开度、温降速率和温降幅度满足设计要求的情况下，陡坡坝段第一批次二期冷却高度至少是两个灌区高度（不低于 18m）；陡坡坝段基础约束区采用两个同冷层，脱离约束区部位，拱坝厚度在 40m 左右，可采用一个同冷层，以利加快接缝灌浆进度、降低悬臂高度。

通水冷却：陡坡坝段基础约束区应力复杂，混凝土开裂风险大，须严格控制二期冷却降温幅度，不允许超冷；二期冷却中后期采用小流量通水，严密监控降温速率，降温速率应≤0.2℃/d；适当提前开始中期冷却和二期冷却的时间，为降温速率控制和满足接缝灌浆进度创造条件。

最高温度超温仓号：针对最高温度超过25℃的陡坡坝段，要求一期降温宜分阶段完成；可适当提前二冷降温起始龄期，在满足接缝灌浆进度计划的前提下，二冷降温时间相应增至40d左右。

浇筑纤维混凝土：基础约束区全仓浇筑外掺PVA纤维混凝土，提高抗裂性能。

温差控制：基础接触段首批两区同冷与相邻坝段同冷协调实施，避免温差较大，为减少温差，采取个性化同步冷却，即“两者兼顾、过渡冷却、渐变冷却”方式，在满足温度梯度情况下，基础接触段首批同冷与相邻坝段温差原则上按不超4℃控制。

混凝土保温：大坝下游强约束区部位表面加大保温力度，采用5cm保温苯板粘贴保温。

3. 孔口部位

两区同冷与提前冷却：孔口部位实施两区同冷、两区同灌，为此，在满足设计每天降温速率的情况下，一期冷却约30d，最小龄期达到30d时就开始中期冷却，最小龄期达到75d时就开始二期冷却。

冷却过程：冷却降温坚持“小温差、早冷却、慢冷却”，做到均匀降温，减小温度应力。

冷却水管埋设：深孔坝段首仓第一层冷却水管按1m×1m（水平×竖直），第二层冷却水管按0.75m×1m（水平×竖直）方案实施。

一期冷却：对于小级配（三级配以下）混凝土较多的仓号，一期降温分两步，一冷第一次目标温度为25℃，第二次目标温度为22℃，随后同步中冷和二冷，各阶段控好温降速率，一冷降温速率按0.2℃/d控制。

一期冷却按照“慢冷却”的原则分三个阶段进行：第一阶段目标温度按25℃控制；第二阶段将混凝土温度控制在25℃左右，并保持5~7d；第三阶段将混凝土缓慢降温至20~22℃。一期冷却降温速率按不超过0.3℃/d控制，时间应在30d以上。

6.4 大坝混凝土温控成果

6.4.1 最高温度控制

大坝混凝土最高温度全年按27℃标准控制，自由区最高温度允许按29℃控制。大坝混凝土共浇筑2 353仓，统计最高温度2 067仓，其中1 888仓最高温度符合温控设计要求，总体符合率91.33%，最高温度总体处于受控状态。各坝段最高温度汇总情况见表6-7、表6-8。

表6-7 仪埋监测混凝土最高温度汇总表（按强度）

设计强度	允许最高温度（℃）	测温仓次	仪埋组数	测点最高温度（℃）	最高温度平均值（℃）	平均裕度（℃）	仓次符合率（%）	测点符合率（%）
$C_{180}30$	27	170	307	28.23	25.575	1.43	97.98	98.18
$C_{180}30$	29	15	29	28.8	26	3	100	100

续表

设计强度	允许最高温度（℃）	测温仓次	仪埋组数	测点最高温度（℃）	最高温度平均值（℃）	平均裕度（℃）	仓次符合率（%）	测点符合率（%）
$C_{180}35$	27	396	745	28.51	25.32	1.67	96.57	95.52
$C_{180}35$	29	266	496	31.64	27.97	1.03	93.31	91.35
$C_{180}40$	27	261	502	28.49	25.32	1.68	94.71	93.94
$C_{180}40$	29	763	1393	31.65	27.97	1.03	93.3	91.35
合计		2 353	3 472	31.65	26.36	1.64	94.67	95.06

表 6-8　仪埋监测混凝土最高温度汇总表（仅按允许最高温度）

设计强度	允许最高温度（℃）	测温仓次	仪埋组数	测点最高温度（℃）	最高温度平均值（℃）	平均裕度（℃）	仓次符合率（%）	测点符合率（%）
$C_{180}35$	27	1 033	1 882	33.5	25.55	1.36	91.44	92.21
$C_{180}40$	29	1 320	2 184	34.8	27.46	1.01	90.06	90.45
合计		2 353	4 066	34.8	26.505	1.185	90.75	91.33

6.4.2　过程温度控制

共进行 142 884 次一冷降温监测，平均日降温速率为 0.16℃；共进行 103 505 次中冷降温监测，平均日降温速率为 0.10℃；共进行 82 840 次二冷降温监测，平均日降温速率为 0.18℃。降温速率总体满足设计要求。降温速率统计见表 6-9。

表 6-9　降温速率统计

降温阶段	总测次	降温平均速率（℃/d）	降温速率分布统计（平均每天监测 2 次）					
			>0.5（℃/d）		0.2~0.5（℃/d）		≤0.2（℃/d）	
			次数	比例（%）	次数	比例（%）	次数	比例（%）
一期冷却降温	142 884	0.16	3 765	2.64	6 506	4.55	132 613	92.81
中期冷却降温	103 505	0.10	773	0.75	2 015	1.95	100 717	97.31
二期冷却降温	82 840	0.18	548	0.66	1 284	1.55	81 008	97.79

6.4.3　间歇期统计

大坝混凝土浇筑间歇期统计 2 353 仓次，间歇期总平均为 16.6d；间歇期控制在 14d 以内有 1 591 仓次，占 67.62%；间歇期 28d 以上的有 165 仓，占 7.0%；大坝混凝土浇筑间歇期控制满足设计要求的符合率为 93.0%，总体控制较好。混凝土工程间歇期汇总见表 6-10。

表 6-10 混凝土工程间歇期汇总表

仓数	最大 (d)	最小 (d)	平均 (d)	≤10d		10～14d		14～28d		>28d	
				仓次	比例 (%)	仓次	比例 (%)	仓次	比例 (%)	仓次	比例 (%)
2 353	166.3	1	16.6	1 022	43.4	569	24.2	597	25.4	165	7.0

6.5 小结

高拱坝混凝土温控需要结合实际条件开展动态研究与控制，溪洛渡大坝混凝土温控过程中，参建各方通过与科研院校紧密协作，形成了一套行之有效的管控思路。

1. 超前研究，完善方案

(1) 委托水科院、清华大学、三峡大学等科研院所和高校长期开展溪洛渡拱坝施工监测与仿真分析科研工作，及时对现场出现的问题进行分析计算。

(2) 分阶段召开仿真分析会议，根据上一阶段拱坝施工过程，分析当前拱坝状态，并提出下一阶段施工过程应注意的问题和建议措施。

(3) 溪洛渡工程建设部组织各参建单位讨论科研成果，并根据实际情况对温控要求和温控措施进行适当调整。

(4) 与科研院校建立合作关系，超前研究各项施工预案的可行性，完善实施方案，改进控制标准，保障施工进度与质量。

2. 制定办法，加强预控

(1) 完善管理办法。制定了《"天气、温控、间歇期"三项预警制度》《溪洛渡水电站大坝混凝土雨季施工管理办法（试行）》《溪洛渡水电站大坝混凝土暂停浇筑和停仓管理规定（试行）》等管理制度（办法），温控工作有序开展。

(2) 研究制定了间歇期限制开仓制度。在预设间歇期及预警的基础上，对超过预设间歇期的仓号，实施"限制开仓"措施。即当实际间歇期超过预设间歇期时，监理根据不同时段的超期程度实施限制开仓（指强制先浇超期仓号，或规定开仓次序）。

(3) 实行双预警制度，根据浇筑前后边界条件计算理论温度曲线，对混凝土最高温度进行预控。

3. 强化检查，齐抓共管

(1) 现场温控工作常抓不懈。温控工作小组牵头，每周召开温控工作组例会，研究解决温控技术及管理问题；每日查阅大坝施工管理信息系统，及时了解温升、温降、温控阶段状态等情况，适时进行流量及水温调整等工作。

(2) 施工单位根据温控工作组决议，按混凝土工区划分，成立了三个保温专业队伍，明确各坝段保温责任人。

(3) 监理定期组织日常检查，低温季节每日组织联合检查（若现场工作落实较好，适当放宽检查频率），根据检查结果对保温效果进行评价，进而实行奖罚，对坝体保温改进起到持续推动作用。

4. 数字大坝，快速反应

（1）筹划建立了溪洛渡大坝施工管理信息系统，利用该平台现场施工信息及时输入系统，经过有序处理后，成为后方了解工程进展、质量情况、工程性态的渠道，为快速、正确决策发挥了重要作用。

（2）溪洛渡大坝施工信息管理系统集成了环境温度、混凝土浇筑信息、温度计读数、冷却水管通水温度和流量等数据，通过交互式的查询方式，可以了解每仓混凝土的通水情况、温度变化及其与外界温度的关系，并且可以通过汇总功能在一个页面显示大坝浇筑状态和各仓混凝土的温控阶段、温度、龄期等内容，从而做到实时掌握从局部到总体的温控状态，并发现存在的问题。系统提供的预警、提醒等功能也便于各参建单位人员及时关注异常情况，并迅速做出反应。

5. 重视细节，动态控制

（1）建设两套冷却管网，用于不同情况下的通水冷却，降低水温与混凝土温差，实现“小温差”控制。

（2）根据“早冷却、慢冷却”原则研究确定孔口区通水龄期，采取个性化、精细化通水方式对过深孔混凝土进行通水冷却，保证接缝灌浆进度和大坝混凝土正常上升。

（3）借助信息系统，实时掌握情况，逐仓号动态调整通水温度和通水流量，实现“小温差、慢冷却、早冷却”。

（4）根据季节变化，做好温控重点转换。高温季节以控制最高温度和表面养护为主，严格落实开仓前喷雾降温、浇筑中保温隔热、收仓后不间断养护；低温季节大坝横缝面保温工作于9月底前基本完成，后续横缝面、上下游坝面、仓面保温工作遵循“及时、到位、严密”的控制要求，随坝体上升跟进展开，每年10月实现高温季节温控工作重点向低温季节温控工作重点的转换。

7 大坝接缝灌浆

7.1 基本情况

溪洛渡大坝为混凝土抛物线双曲拱坝，顶拱中心线弧长 681.51m，分为 31 个坝段、30 条横缝，不设纵缝，横缝须进行接缝灌浆。横缝设计形式为“一刀切”的铅直平面，要求横缝尽量与上、下游面正交，初步布置时以 520m 高程拱圈中轴线近似径向布置，河床部位则尽量和表孔中心线一致。大坝横缝平面布置见图 7-1，大坝横缝上游面立视图见图 7-2。横缝面和坝身深孔、临时导流底孔边墙的距离一般不小于 5m，和纵向廊道边墙的距离一般不小于 1m，河床坝段底部结构扩大区分缝为拱坝坝体横缝的自然延伸。横缝设置主要控制参数见表 7-1。

表 7-1 横缝设置主要控制参数

分缝编号	方向角（°）	截距（m）	分缝编号	方向角（°）	截距（m）	分缝编号	方向角（°）	截距（m）
1	39.79	-63.021	11	68.54	77.006	21	120.61	48.796
2	41.44	-45.786	12	73.78	84.609	22	123.94	37.307
3	43.26	-29.006	13	79.34	89.966	23	126.92	24.836
4	45.30	-12.75	14	85.22	93.062	24	129.59	11.519
5	47.57	2.899	15	91.20	87.872	25	131.98	-2.53
6	50.12	17.845	16	97.02	86.225	26	134.13	-17.211
7	52.98	31.968	17	102.65	82.287	27	136.06	-32.443
8	56.22	45.127	18	107.94	76.209	28	137.82	-48.155
9	59.86	57.152	19	112.79	68.193	29	139.41	-64.287
10	63.96	67.851	20	116.90	59.149	30	140.86	-80.791

注：方向角为拱坝坐标系内横缝方向与 X 轴线间夹角，逆时针为正，反之为负；截距为横缝方向线与拱坝中心线距拱坝控制点 O 间距离，在 O 点上游为正，反之为负。

坝段间横缝采用止浆片将缝面分割成若干层（个）独立灌浆区。灌区高程最低 324.50m，最高 610.00m；灌区分层最多为 28 层，单层高度 6~12m，共 556 个灌区，灌浆工程量为 236 700m^2。特高拱坝需全年进行接缝灌浆，以改善坝体在施工期的工作性态，并满足度汛挡水和工程总进度要求。

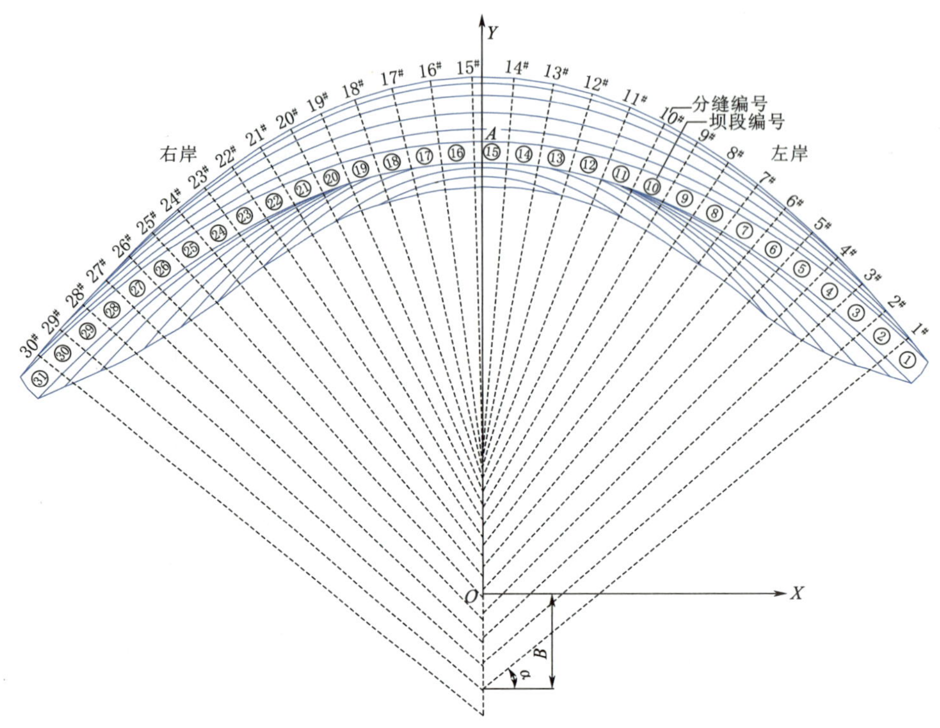

图 7-1　大坝横缝平面布置图

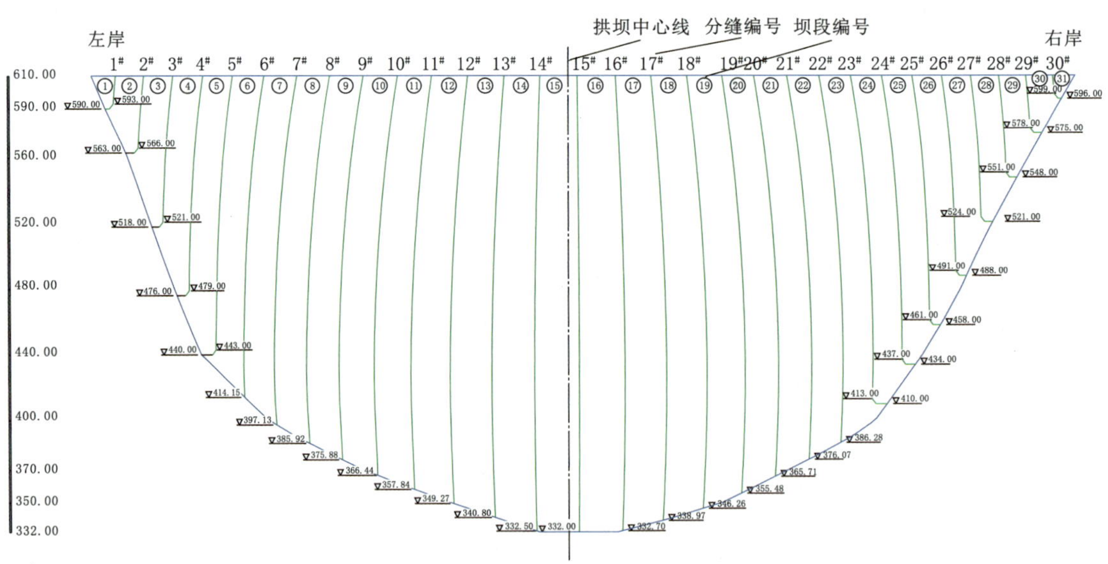

图 7-2　大坝横缝上游面立视图

7.2　灌浆系统布置

根据缝面面积及尺寸选用灌浆区形式（A、B、C 型）：

（1）灌浆区面积大于400m^{2}时，采用C型灌浆区形式，C型为上下游方向分两个小灌浆区形式，单区单灌浆槽系统。

（2）灌浆区面积小于400m^{2}且缝底线长度大于30m时，采用B型灌浆区形式，B型为单区双灌浆槽系统。

（3）灌浆区面积小于400m^{2}且缝底线长度小于30m时，采用A型灌浆区形式，A型为单区单灌浆槽系统。

横缝灌浆区为灌浆槽+升浆管结构布置形式，每个区由ϕ42mm进浆管、80mm×80mm三角形灌浆槽、ϕ38mm排气回浆管、回浆槽、ϕ20mm缝面升浆管和ϕ800mm球面键槽等组成，形成面出浆型灌浆系统。

接缝灌浆在垂直高度方向，自下而上按照已灌区、拟灌区、同冷区、过渡区和盖重区分成5区，515m高程以下为两个同冷区，515m高程以上为1个同冷区。

7.3 接缝条件与控制措施

7.3.1 接缝灌浆开灌条件

（1）两侧坝段混凝土龄期原则上不得小于120d。

（2）接缝灌浆张开度不小于0.5mm；小于0.5mm的缝面需要采用磨细水泥灌浆，必要时采用化学灌浆。

（3）接缝灌浆施工时，灌浆区同高程相邻坝段应同时冷却至设计封拱温度，灌浆区及其上部的同冷区、过渡区、盖重区应满足温度梯度要求。大坝封拱温度控制见表7-2。

表7-2 大坝封拱温度控制

坝段编号	高程范围（m）	封拱温度（℃）
1~10	≤575	13.0
	575~584	14.0
	584~610	16.0
11	≤575	13.0
	575~610	14.0
12~19	≤467	13.0
	467~610	12.0
20	≤575	13.0
	575~610	14.0
22~31	≤575	13.0
	575~584	14.0
	587~610	16.0

7.3.2 混凝土浇筑过程控制

拱坝均衡浇筑形象对接缝灌浆影响至关重要，对施工期拱坝应力状态调整影响较大。2011 年夏季，拱坝最低浇筑高程 459m、最高浇筑高程 488m，导流底孔已经完成，正进入泄洪深孔施工阶段，大坝呈整体往上游侧倾斜，接缝灌浆高程为 413m，最大悬臂高度为 75m，但部分时段拱坝悬臂高度突破了设计要求。仿真分析表明，横缝面拱向应力大部分以微拉为主，下游贴角部位有 0.7~1.0MPa 的拉应力，贴角与基岩相接处有较明显的应力集中现象，仍满足设计要求。拱坝承受水压力和其他荷载后，主要靠水平拱的作用把它们传到拱坝两端坝肩岩体上，同时靠悬臂梁把剩余部分荷载传到坝基，因此拱坝接缝灌浆尤为关键。特高拱坝需全年进行接缝灌浆，以改善坝体在施工期的工作性态，并满足度汛挡水和工程总进度要求。

（1）严格控制混凝土相邻高差和全坝高差，相邻高差按 12m 控制，在局部可作适当调整；全坝高差按 30m 控制，以使坝体快速、均衡上升。

（2）严格控制悬臂高度，要求各坝段浇筑和接缝灌浆均匀上升，拱坝浇筑高程在 410m 以下时，悬臂高度控制在 80m 以内；高程在 410m 以上时，孔口坝段允许悬臂最大高度≤50m，非孔口坝段允许悬臂最大高度≤60m。超出悬臂高度控制要求的必须经过预先技术论证。

（3）协调分期冷却降温及控温时间，确保接缝灌浆时上部各区温度及温降幅度形成合适的温度梯度，同时兼顾各坝段施工进程不一致出现的温度差异情况，以减小混凝土梯度造成的温度应力，防止混凝土开裂。

7.3.3 灌浆质量检查标准

（1）各灌区的接缝灌浆质量应以分析灌浆施工记录和成果资料为主，结合钻孔取芯和槽检等测试资料成果，综合进行评定。其主要内容如下（但不限于）：

①灌浆时坝块混凝土的温度。

②灌浆管路通畅、缝面通畅以及灌区密封情况。

③灌浆施工作业情况。

④灌浆结束时排气管的出浆密度和压力。

⑤灌浆过程中有无中断、串浆、漏浆和管路堵塞等情况。

⑥灌浆前、后接缝张开度的大小及变化。

⑦灌浆材料的性能。

⑧缝面注入水泥量。

⑨钻取混凝土芯、缝面槽检和压水检查成果以及孔内探缝、孔内电视等测试成果。

⑩钻孔芯样抗拉、抗剪试验成果。

（2）灌区灌浆质量合格的条件。

①灌区两侧坝块混凝土的温度达到施工图纸的规定值。

②两个排气管均排出浆液且有压力。

③排浆密度达到 1.5g/cm^3 以上。

④有一个排气管处压力已达施工图纸要求压力的 50% 以上。

（3）接缝灌浆质量检查应在灌区灌浆结束28d后进行。灌浆结束后，承包人应按要求将灌浆记录和有关资料提交监理人，以便确定检查部位。

（4）钻孔取芯、压水试验和槽检工作应选择被评定为较差的灌区进行，若该区各项检查均满足要求，即可认为灌浆质量合格。孔检、槽检结束后应回填密实。每层灌区接缝灌浆完成28d后开始钻孔取芯，但须事前完成检查影响范围内混凝土裂缝或缺陷处理及冷却水管回填。

芯样合格标准：结石线充填率不小于90%。

压水试验合格标准为：压水压力为0.25MPa，透水率$q \leqslant 1$Lu。

（5）接缝灌浆灌区的合格率应达80%以上，不合格灌区的分布不集中，且每一条横缝内灌区的合格率不应低于75%，即可认为接缝灌浆质量合格。否则，应按监理人批准的措施进行处理。

7.3.4 灌浆过程控制

1. 管理措施

（1）成立灌浆管理小组，对灌浆进行全过程控制。接缝灌浆制约条件较多，包括混凝土浇筑过程中灌浆管路、止浆片的埋设质量控制、温控过程控制、灌浆施工时的交叉作业等。为此，成立了包括混凝土浇筑人员、温控人员、监测人员、灌浆人员参加的接缝灌浆小组管理灌浆过程，在浇筑期人员开始介入，保证系统埋设的可靠，系统维护方便，施工协调。

（2）实行灌前方案审查、灌后总结制度。由于灌浆涉及的条件较多，灌浆施工前，由施工单位对灌浆系统进行检查，对外漏、上下串水、混凝土缺陷进行提前处理，对开灌条件进行检查，编制单区的灌浆仓面设计。灌浆小组组织召开审查会议，对开灌条件进行审查，对缺陷处理的质量进行评价，确定是否能够进行开灌。

每层灌区灌浆结束后，施工单位及时对灌浆成果进行统计分析，形成灌浆小结。在下次灌浆仓面设计审查时进行总结评审，并将总结中的经验教训作为上一层灌区的预案。

（3）灌浆过程中实行监理旁站、业主抽查制度。接缝灌浆过程要求人员素质较高，在灌浆施工中，要求质检人员的数量较多，每个作业点必须全程有质检人员、监理人员旁站，监测人员全程跟踪，开灌前记录仪厂家现场配合。

2. 技术措施

（1）系统安装。

先浇块浇筑前，提前架设好进、回浆管，底部出浆槽、顶部排气槽模板，排气管以及四周止浆片。出浆槽和排气槽与坝块侧模板紧贴，安装牢固。

出浆槽和排气槽的盖板在后浇块浇筑前安装。在盖板安装前，彻底清洗去除槽内渣、尘、异物。盖板与混凝土面缝隙以稠水泥浆涂抹。材料要保证能将盖板与混凝土之间的周围缝隙密封，不漏水、不漏浆。

止浆片前期采用塑料止浆片，通水检查时发现串漏较多，分析认为是塑料止浆片在折叠过程中容易损坏，后期调整为橡胶止浆片。为保证止浆片在振捣时减小变形，对止浆片设立了支架。

引出管头在前期由于从坝肩槽内上引，管路多，造成标识混乱的问题，在总结经验教训的基础上，对上引中管路的相对位置进行统一，进回浆管、排气管分不同的材质、不同管径进行区分，由后期的效果看，未再出现标识混乱问题。

（2）灌浆系统维护。

在先浇块浇筑前后及后浇块浇筑后，均应对预埋灌浆系统进行通水检查。

整个灌区形成后，承包人再次对灌浆系统通水复查，不合格者，应及时处理，并将通水复查记录提交监理人。

灌浆系统的外露管口应严密封堵，妥善保护；在浇筑前应将先浇块的缝面用清水冲洗干净，并应防止污水流入接缝内。

（3）灌浆材料的选择。

横缝张开度大于0.5mm时采用普通硅酸盐水泥，浆液采用0.45：1水灰比并加0.7%的高效减水剂，开灌时先采用1：1浆液进行润管。对横缝张开度小于0.5mm的横缝或混凝土有小的缺陷的横缝，采用了湿磨细水泥，湿磨细水泥采用0.5：1浆液通过湿磨机三次磨细，浆液中95%以上的水泥颗粒最大粒径要求小于40μm，$D_{50}=8\sim12\mu m$。

在夏季，由于温度较高，为保证浆液质量，采用了冷水制浆。

（4）灌浆作业过程。

为监测横缝张开度，在坝体的下游面均安装了表面测缝计，测缝计由监测专业人员进行安装和监测。根据设计要求，横缝增开度不大于0.5mm的要求，根据测缝计安装高度不同对横缝测缝计观测值进行了换算。

由于灌浆管头引出坝体高程不同，为保证缝面受压达到设计要求，通过对压力表的位置与缝面顶端的距离对表压进行了换算。

当排气管排浆达到或接近灌浆浆液浓度，且管口压力达到设计规定值或缝面增开度达到0.5mm，注入率不大于0.4L/min时，持续20min，灌浆结束。

在闭浆升压时，如缝面增开度增大的趋势明显时，采取减少进浆压力、增加邻缝平压水压力等措施，但平压水压力应保证在灌区顶部不超过0.20MPa。若这些措施均无效果，增开度持续增加则立即停止灌浆，并打开顶部管路放浆，以降低缝内浆液压力。此时，无论灌浆区顶部压力是否升至0.35MPa，以增开度0.5mm为控制标准结束灌浆。

3. 特殊情况处理

（1）管头混乱处理。接缝灌浆初期，由于浇筑块都在槽内，冷却水管及接缝灌浆管都要从槽内竖直引到高出地表才能出仓，管路多，工人施工经验少，在通水检查中发现造成引部分管头标识混乱，为搞清管头情况，通过钻孔返通水、通颜色水、通风等措施才弄清管头情况，保证了管头的准确。

（2）串漏处理。在通水检查中，发现较多的串漏缝，外漏包括上下游缝外漏、串坝体排水管、串混凝土裂缝、串混凝土层间缝等。针对不同的串漏情况，分别采取了不同的处理措施。

①沿横缝外漏。沿横缝开槽，用速凝材料作表面封堵、埋灌浆管，在灌区上下骑缝打止浆孔，通过进浆管灌浆（堵漏材料），控制压力避免浆液进入缝面。在接缝灌浆中，如果浆液从埋管中窜出，当浓度达到或接近进浆浓度时通过弯折埋管起压。

②沿混凝土裂缝或层间缝外漏。主要表现为L形缝延伸裂缝、坝前缝角损伤和层间缝等。对L形缝延伸裂缝和层间缝，采用了裂缝表面封闭的措施。完成接缝灌浆后再进行裂

缝处理；对缝角损伤，由设计专门制定了处理措施，采取了表面封堵处理、锚杆固定、裂缝灌浆等措施，同时取消上下游小灌区的灌浆；串坝体排水管；对坝体排水管出水口进行封堵，埋入管头接阀门。灌浆中，如浆液串入，至出浓浆后关闭阀门直到灌浆结束。该方法致使部分坝体排水管被堵塞，需再处理。

③与上层灌区互串。在串量较小时，上层通小流量水冲洗灌区，避免污染；在串量较大时通过控制进浆压力，在上层灌区通平压水保证排气管压力。

（3）灌浆管路堵塞处理。针对出现的管路堵塞情况，由灌浆小组分析堵塞的影响，当能保证一个灌区有一套进回浆和排气管路时，可直接灌浆，灌浆结束后对堵塞管路进行倒灌封孔；否则制定补钻孔措施，补钻孔需覆盖原有管路区域。灌浆中延长灌浆时间。

（4）缝面不畅处理。通水检查中有的管路进浆管和回浆管互通，排气管头互通，但进浆管和排气管间不通，在B型灌区中，存在上游进浆管和排气管相通，下游进浆管和排气管相通，但上下游灌区间不通的情况，分析认为是缝张开情况不佳。为此采用了适当降低缝两侧坝体混凝土温度、冷水浸泡缝面、适当提高压水压力等措施，如仍不能畅通，灌浆中采用冷水制浆、浆液中加减水剂、稀浆润管、湿磨水泥灌浆等措施取得较好成果。

（5）灌浆过程中横缝突然张开处理。由于突然张开，往往带动下部已灌区二次张开，分析产生的原因，为在灌浆闭浆后，被灌缝内浆压很高，相邻缝平压水突然撤掉造成。为此制定了平压水撤压过程控制方法。在以后的灌浆中这一情况未再发生。

7.4 接缝灌浆质量控制指标

7.4.1 灌浆指标

各层灌区的接缝灌浆指标见表7-3。

表7-3 接缝灌浆指标

灌区编号	起止高程（m）	灌缝范围	灌浆面积（m^2）	混凝土龄期（d）		混凝土温度（℃）			张开度（mm）		总耗灰量（t）
				最大	最小	最大	最小	平均	最大	最小	
1	建基面~332	13~18号	3 309	466	363	13	12.3	12.9	1.34	0.35	17.58
2	332~341	13~19号	5 059	216	364	14.7	12.5	12.8	0.72	0.24	27.94
3	341~350	12~19号	6 274	398	204	13.8	12.1	12.8	—	—	14.96
4	350~359	11~20号	7 424	362	185	13.3	11.2	12.8	1.88	0.47	19.29
5	359~368	11~20号	6 678	311	163	13.5	12	12.9	—	—	12.49
6	368~377	10~20号	6 709	319	167	13.4	12.5	13.1	1.78	0.2	20.5
7	377~386	9~22号	8 373	345	177	13.5	12.8	13.1	2.3	0.4	19.5
8	386~395	8~22号	8 763	325	144	13.5	12.8	13.3	3.2	0.7	18.8
9	395~404	7~22号	8 833	323	166	13.6	11.3	12.9	2.2	1.1	21.0

续表

灌区编号	起止高程(m)	灌缝范围	灌浆面积(m^2)	混凝土龄期(d)		混凝土温度(℃)			张开度(mm)		总耗灰量(t)
				最大	最小	最大	最小	平均	最大	最小	
10	404~413	7~22 号	9 107	345	213	13. 2	11. 2	12. 4	2. 44	0. 5	44. 3
11	413~422	6~23 号	10 071	318	168	12. 8	11. 7	12. 3	2. 89	0. 31	43. 9
12	422~431	6~23 号	10 034	345	191	12. 9	11. 2	12. 0	2. 40	0. 24	44. 7
13	431~440	6~24 号	10 019	350	214	12. 6	12. 0	12. 2	1. 63	0. 35	60. 9
14	440~449	5~24 号	10 662	343	228	12. 6	11. 9	12. 3	1. 88	0. 23	66. 3
15	449~458	5~24 号	10 603	368	198	13. 3	11. 3	12. 5	2. 68	0. 1	62. 88
16	458~467	5~25 号	10 769	353	180	13. 0	11. 9	12. 7	3. 41	0. 15	55. 86
17	467~476	5~25 号	10 453	337	188	12. 2	10. 8	12. 0	4. 66	0. 35	52. 97
18	476~485	4~25 号	10 770	338	194	12. 8	11. 2	12. 1	4. 25	1. 03	53. 17
19	485~494	4~25 号	10 630	355	211	11. 9	10. 7	12. 0	5. 75	0. 78	53. 19
20	494~503	4~26 号	11 008	335	173	12. 6	10. 8	12. 0	4. 92	0. 1	63. 15
21	503~512	4~26 号	10 431	337	154	12. 9	11. 3	12. 0	3. 64	0. 16	50. 6
22	512~521	4~26 号	10 008	352. 5	140. 6	13. 0	11. 4	12. 0	3. 53	0. 42	59. 7
23	521~530	3~27 号	10 072	308. 4	130. 2	13. 3	11. 3	11. 5	3. 88	0. 53	50. 3
24	530~539	3~27 号	9 983	299	122	13	10. 4	12. 1	3. 72	0. 69	57. 6
25	539~548	3~27 号	9 419	296	120	13. 1	11. 8	12. 2	2. 98	0. 38	49. 3
26	548~557	3~28 号	9 156	311	138	12. 1	11. 4	11. 8	3. 52	0. 58	39. 8
27	557~566	3~28 号	8 699	307	127	12. 7	11. 4	12. 1	3. 76	0. 98	43. 2
28	566~575	2~28 号	8 850	309	121	12. 7	11. 4	12. 0	3. 26	0. 38	48. 0
29	575~587	2~29 号	9 385	371	119	12. 8	10. 9	11. 7	2. 89	0. 24	37. 1
30	587~599	1~5 号	1 440	386	315	15. 3	13. 6	14. 6	1. 62	0	5. 3
	587~599	26~29 号	1 316	419	174	16. 1	13. 5	14. 9	0. 35	0. 31	2. 8
31	599~608	1~5 号	994	400	224	15. 3	11. 3	14. 1	0. 78	0. 23	3. 4
	599~608	26~30 号	1 025	446	134	15. 8	13. 1	14. 3	1. 16	0. 2	3. 1

大坝横缝接缝灌浆混凝土温度控制在设计要求的灌浆温度；同冷层、过渡层、压重层温度梯度控制满足设计要求；混凝土龄期均大于 4 个月；缺陷灌区经处理后，灌浆管路、缝面畅通，能满足灌浆设计要求；接缝张开度：最大 3. 2mm，最小 0. 2mm。施工过程中对缝面张开度偏小灌区采用湿磨细水泥浆灌注；灌浆时排气管出浆浓度均达到设计要求；施工过程中个别灌区存在串浆的现象，采取了限压、限流、上层通水平压措施。灌浆注灰量均大于横缝的理论缝容。灌浆成果满足设计要求。

7.4.2 质量检查成果

根据灌前检查及灌浆情况，将灌区质量状况分为A、B两类灌区。A类灌区为完全符合设计要求的缝面，B类灌区为不完全符合设计要求的缝面，A类灌区按10%的比例进行钻孔抽检；B类灌区按100%的比例进行检查。

灌后质量检查方法有钻孔取芯（斜孔、骑缝孔）、压水试验、全景图像、声波检测等。

灌浆结束后，监理人根据承包人提交的灌浆记录和有关资料，确定检查部位。接缝灌浆灌后质量检查共布置53个检查孔，检查孔芯样表面光滑，缝面均见水泥结石充填饱满密实，结石与混凝土胶结紧密，线充填率91%以上，检查孔压水透水率最大为0.85Lu，最小为0Lu，满足设计透水率小于1Lu的要求。

由大坝运行成果看，大坝坝后未出现渗水情况，拱坝变形在设计要求内。

7.5 经验总结和改进意见

1. 系统埋设是做好接缝灌浆的基础

接缝灌浆系统在混凝土浇筑过程中灌浆专业人员需提前介入，对止浆片的架设、完好性进行检查，对止浆片周围的混凝土骨料的分拣、振捣等进行控制，对管路管头的引出提前规划。本项目既有成功的经验也有失败的教训：在前三个灌区，由于管路引出不规范，为查清管头归属耗时三个月，经过系列改进，对出口位置提前规划，管头采用不同的口径和材料，确定各管头的相对位置，保证了后期未再出现混乱情况。对串漏情况，不但耗时且灌浆中不能升压，且为保证灌满，需延长灌浆时间，耗费水泥。所以在今后施工中还有待研究解决串漏的措施。

2. 灌前方案审查和灌后施工总结对提高施工质量起到保证作用

通过灌前方案审查和灌后总结，保证了每条缝的开灌条件满足要求，对各种特殊情况提前制定了预案，保证灌浆过程顺利进行。每层灌区灌浆结束后，施工单位及时对灌浆成果进行统计分析，形成灌浆小结，并将总结中的经验教训作为上一层灌区的预案。通过逐层总结积累，形成了拱坝接缝灌浆各种问题处理的方案大全，对管理水平和处理问题能力提高起到了较好的作用。

8 大坝质量和安全管控

8.1 质量管控

8.1.1 概述

溪洛渡工程建设期处于“后三峡时代”，建设环境与三峡工程大为不同。一方面，随着国家发展、社会进步，对工程质量和质量管理工作提出了更高要求；另一方面，随着市场经济的深入变革，水电工程建筑市场发生的重大变化给质量工作提出了新挑战。社会用工方式发生了深刻变化，各水电施工企业也在全面转型，劳务建筑市场运行正在逐步规范化，一线工人技能亟须通过培训提高。

在溪洛渡工程筹建初期，对上述形势、特征的总体认识不深刻、不到位。随着工程建设的全面展开，问题和困难逐步显露出来。在三峡集团领导下，溪洛渡工程建设部始终以“创建西部典范工程”，实现工程质量“零缺陷、零事故”为管理目标，随后又在实践中提出“全闭合、零失误”工作质量目标，坚持迎难而上，求实创新，持续改进各种管控措施，在传承三峡质量管控模式的基础上，取得了新的成绩。主要表现为：一是通过良好的责任划分和奖励机制，充分调动各参建单位及全体建设者的质量主动性和积极性，真正实现了全员参与；二是通过积极的事前预控，精细化、信息化和标准化的过程管控，以及严格的事后闭合监控，强化了对工程质量全方位、全过程的控制。

截至目前，已完建工程质量总体优良，顺利实现蓄水发电目标。溪路渡工程大坝坝肩、大坝混凝土、大坝防渗帷幕工程质量优良，得到蓄水安全鉴定专家组和金沙江水电开发质量检查专家组的充分肯定，被誉为“精品工程”，为“西部典范工程”目标的全面实现打下了牢固的基础。

8.1.2 管理体系

2004 年 6 月，溪洛渡工程建设部正式成立，代表三峡总公司履行工程质量工作责任，对溪洛渡水电站工程建设质量实行总管理、总控制。

以溪洛渡工程建设部为主任单位，组织成立溪洛渡工程质量管理委员会，全面领导溪洛渡工程施工建设期的质量管理工作。同时，以国家验收、安全鉴定和质量监督部门、金沙江水电开发质量检查专家组等部门和机构形成高层质量监督体系，以设计、监理、合同项目施工、制造和安装单位为基本执行体系，共同构成了溪洛渡工程质量管理体系（见图 8–1）。

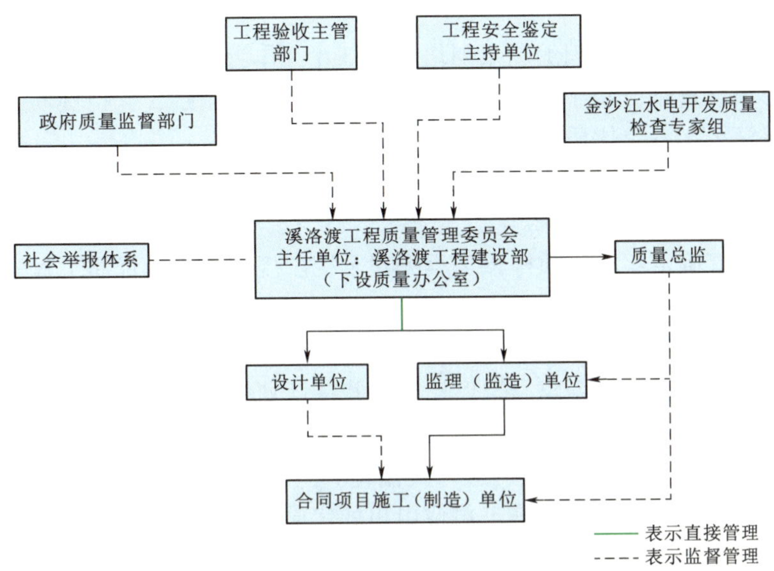

图 8-1　溪洛渡工程质量管理体系

8.1.3　管理体系运行及效果

1. 质量会议的组织

质量会议是工程建设过程中参建各方进行工作布置、检查、沟通、协调的主要形式。溪洛渡工程质量管理会议主要包括例会和专题会两类。工程开工初期，各类会议多、文件多，存在着会议纪要下发慢，会议要求落实不闭合、不检查等多项体系运行顽症。2009 年后，质管办组织对全工区内的会议运行体系进行了清理，组织精简各类会议，改变会风、文风，并在全工区大力推行会议要求闭合的常态化检查机制，大幅度提高了会议体系运行效率。经逐年磨合、简化，形成稳定的会议执行体系。根据会议主持单位（部门）划分，主要含三个层次：一是质量管理委员会质量工作会议（全工区范围）；二是溪洛渡工程建设部项目部、监理层次质量会议；三是各施工、监理单位内部质量会议。

2. 质量提升活动的组织

在传承三峡工程质量管控模式的基础上，溪洛渡工程建设部在大型水电站工程建设质量管理提升方面进行了新的尝试和探索。自 2005 年，坚持每年开展"消除质量顽症，创建精品工程"劳动竞赛，组织实施优质样板工程创建及推广活动。通过历年组织摸索，逐步形成了成熟、稳定的质量提升模式。

（1）活动内容。

①样板创建。

通过有效激励、组织各参建单位在施工过程中进行管理、技术及工艺（工法）改进和创新，形成优质施工工艺（工法）。同时为加强对一线作业人员的培训和指导，组织编制配套《优质工艺标准化手册》。标准化手册细化、量化了施工全过程中各工序的质量标准和工艺要求，服务对象直接面向一线作业管理、技术骨干（如带班技术员、质检员等），是对各工程施工技术方案和设计技术要求等文件的有益补充。

②样板推广。

以标准化手册为基础，组织编制系列培训幻灯片，作为一线骨干对外协劳务进行末端培训的教材，既形象又直观，易于理解和接受。同时通过有效激励，保持优质工艺工法的固化和稳定推行，保证了工程总体质量持续提升。

（2）活动过程。

①年初策划。

根据工程进展，确定年度优质样板工程创建及推广规划，明确优质工程标准，并制定配套评审及奖励细则。

②季度评选。

季度初，各单位报送样板创建及推广计划，并按计划组织实施。

季度中期，组织评审组进行现场考察、观摩（事先通知）；组织对现场如混凝土养护、通水冷却（温控）、保温及外观等项目进行突击检查（事前不通知）；同时组织第三方（如溪洛渡工程建设部测量中心）对各施工单位申报的优质样板（推广）工程进行抽测。

季度末，各施工单位组织申报，监理及项目部进行初审，报送汇报材料至质量总监办。

质管办汇总各单位申报材料，制订评审计划，并组织评审组通过现场考察、申报单位汇报、测量中心通报抽测情况、质量总监办通报突击检查情况、评审组提问、不记名投票等步骤，对申报工程项目进行评选。

质管办统计评选结果，拟定评选报告，报溪洛渡工程建设部审批后公布结果并发放奖励。

③年终总评。

质管办统计各优质工程推广规模、推广持续时间、推广稳定性等因素，对优质工程项目进行年终综合评审，推荐年度优质样板树立奖工程项目（即精品工程项目），报溪洛渡工程建设部审批后公布结果并发放奖励。

（3）活动创新及特色。

溪洛渡水电站工程建设自开工以来，历年均涌现出一大批优质、精品工程，覆盖开挖、支护、金结制安、混凝土、灌浆等各方位，带动了工程质量总体水平的提高，工程质量得到了质量检查专家组、蓄水安全鉴定和验收专家组和各级领导的肯定。2012 年 3 月，质量专家组长陆佑楣院士连用了三个“了不起”和一个“首创”，充分肯定了大坝的施工质量。活动创新点及特色如下：

①摸索出“样板创建+样板推广+样板推广+……=样板树立（精品工程）”的工程质量提升模式，并配套形成了健全的评审和奖励机制，带动全工区形成良好的“创样板、推样板、树样板”的质量氛围。工程质量提升模式见图 8-2。

②总结形成了一批标准化、规范化的优质施工工艺（工法）和施工技术总结，为三峡集团后续大型水电工程建设提供了宝贵的经验。图 8-3 为施工标准化工艺手册汇编。

③实施“精细化的奖励模式”，充分调动了参建各方的积极性。如：

第一，按照工艺复杂程度、施工规模、项目的重要性及质量要求的不同，将各施工项目划分为 A、B、C 三类进行分级奖励。

第二，采取“样板创建，样板推广，样板树立”奖励模式，保持参建各方稳定、持续的质量积极性。

第三，简化财务手续，及时发放奖励，评审及发放频次为每季度一次，且按“突出重点、专款专用、发放到人”的原则将奖金全部发放至相关参建人员个体。为保证奖励发放到位，所有被奖励人员领取奖金后，均有签字记录并报质管办备案，质管办不定期对奖励发放进行抽样复查。

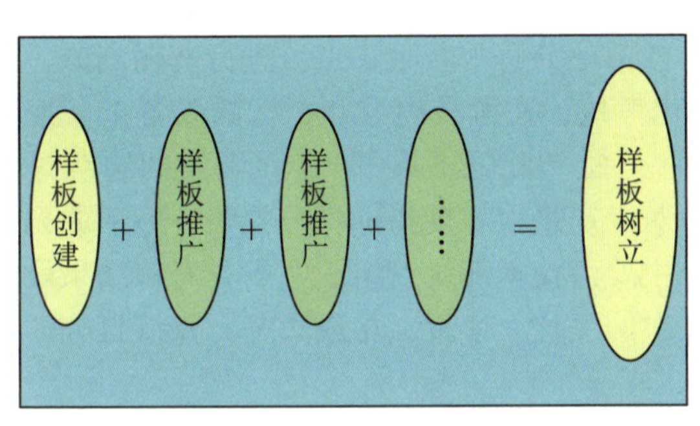

图 8-2　工程质量提升模式

图 8-3　施工标准化工艺手册汇编

3. 质量考核和检查

质量考核有广义和狭义之分。广义的质量考核，通常泛指工作质量考核；狭义的质量考核，通常指工程质量考核。本章所讲质量考核为广义质量考核。

溪洛渡水电站是大型水利枢纽工程，其建设期主体工程承包单位有十多家，为科学评价各施工单位工作业绩和合同履约能力，并调动各参建单位的工作积极性，经初期探索试行、逐年完善，至主体工程全面展开阶段（2007 年以后），溪洛渡工区已形成覆盖较为全面，并延伸到一线的责任追溯和工作考核问责体系。

（1）考核体系。

①对各施工单位在合同外实施工点综合考核（综合体系运行、进度、质量、安全）、质量样板专项评比、安全和文明施工专项考核；在合同内，实施综合奖励考核（如大坝、地下厂房、泄洪洞项目）；对设计单位实施设计工作专项考核；对监理单位实施监理工作专项考核；此外还有精神文明考核和溪洛渡工程建设部内部考核等。

②同时强制要求各参建监理、施工单位质量第一责任人均与下属二级生产、综合部门签订年度（工作）质量责任书，实施季度（月度）考评及年度总评问责。

③组织各参建单位大力推广“浇筑云图”等管理经验，细化落实一线操作层质量职责，建立质检、立模、钢筋、焊接、振捣、抹面、通水养护、保温等一线重点或关键工序的建档、追溯及配套考核奖惩制度，责任深化落实到基层。

通过这些制度化、常态化的考评问责及奖惩工作，在工区各层次建立了良好的工作评价导向，潜移默化地影响了各参建单位及全体参建人员质量责任主体意识的形成。随着质量意识提高，各单位工作主动性、积极性和创造性被充分调动和激发，从而推动各项日常工作有效开展。

（2）工作创新和特色。

整个考核体系的建设和实施基本按照科学管理的原则进行。其中，如下工作较有特色：

①关于职责划分。

组织编制了《内部管理手册》《设计管理手册》《监理管理手册》《施工管理手册》《施工质量管理手册》《施工区管理手册》，对各参建单位工作职责进行了科学划分和规定，为规范日常管理和实施考核工作奠定了基础。

②关于考核问责。

力求考核工作的科学化，主要表现为考核对象、考核内容和具体指标设置的精细化、考核过程的公平公开化和考核结果的准确化等几个方面。如：为强化参建单位二级责任部门的主体意识，采取工点管理模式，把单个施工合同按部位分解为若干工点，进行责任划分，并按不同工点类别（分 A、B、C 三类）实施精细化考核；在考核内容和指标的设置上，兼顾对过程（行为）和结果，工作和工程质量的双重把控（此处不展开）；在考核的组织过程中，分级实施并与各种日常检查工作有机结合，对于定量化客观指标打分权限一般下放到各家监理单位完成，而对于定性化主观指标的打分主要由技术部统一组织完成；考核结果最后要经项目部、技术部和溪洛渡工程建设部三个层次的复核、审批，尽最大努力保持打分的公平和结果的准确。

③关于奖惩激励。

力求激励工作的科学化，主要表现为：

第一，严格执行与考核结果挂钩，以奖为主的激励原则。各项考核均配套相应的激励措施，同时为扩大奖励覆盖面和覆盖层次，精细化设置多重奖项，使得各参建单位、部门、集体及个人均有获奖机会。为保持激励效果的持续，根据考核项目的不同，按月度（合同内考核）、季度（专项考核）、年度（综合考核）等频次组织实施激励。

第二，奖励措施以经济与精神激励共同组成。其中：经济奖励的发放严格落实到个人，这一条经验非常重要，即符合当前中央提高中低收入人群收入，扩大内需的大方针政策，又对调动广大工程建设者的积极性有着直接激励作用（如 2011 年溪洛渡工程建设部共落实合同外质量奖励近 1 300 万元，各参建单位内部共落实质量奖励近 800 万元，奖励全部发放至现场各级管理、监控、技术支持和一线施工人员）。精神奖励的落实主要以大会公开化为原则，这也是在实践中摸索出的较为有效的一项管理措施，如溪洛渡工程建设部组织季度质量、安全例会，首先对本季度奖励项目进行公开通报，这对鼓动各单位的士气、激发其荣誉感并调动其积极性有相当的效果。

4. 质量宣传和培训

溪洛渡水电站是世界级工程，工程规模之宏大、工程项目之繁杂，世所罕见，工程建设管理极具挑战性。大坝所需混凝土浇筑量近 700 万 m^3，所构成的混凝土结构形式也千差万别，涉及的施工技术方案多达上百种。而受生产力水平限制，在混凝土工程施工过程中，尽管在骨料生产、混凝土拌和及运输等环节实现了自动化、机械化控制，但在浇筑现场，从清基、立模、架筋、埋件、振捣、抹面到拆模、养护等一系列工序，无不以大量人力手工劳作配合机械作业来完成。于是，在施工技术方案已定的条件下，相对于机、料、法、环，人，尤其是从事一线现场劳作的人的工作质量，成为影响混凝土工程质量最为关键的因素。而随着市场经济体制改革的深化，农民外协劳务人员日益成为水利工程一线建设的主力军。因此，为保证工程质量，必须持续不断地对这些缺乏工程经验和专业技能的外协劳务人员进行培训、再培训，提升其质量意识，提高其工作技能，严谨其工艺作风。

（1）一线作业技能培训。

关于对一线作业人员的培训问题，三峡工程有诸多好的做法和经验。这点在溪洛渡工程建设过程中得到了很好的传承，如结合样板工程创建活动，组织编制了50余种优质施工标准化工艺手册。工艺手册细化、量化了施工全过程中各工序的质量标准和工艺要求，服务对象直接面向一线作业管理、技术骨干（如带班技术员、质检员等），是对各分部工程施工技术方案和设计技术要求等文件的有益补充。以工艺手册为基础，各单位又组织编制了系列培训幻灯片和各类工艺明白卡，作为一线骨干对外协劳务进行末端培训的教材，既形象又直观，易于理解和接受。这些措施有力促进了各项目施工工艺水平的提高，带动了混凝土施工质量的总体提升。同时，溪洛渡工程建设部在各季度体系检查过程中，培训工作是必查内容之一，在检查过程中，把一些单位在培训方面好的做法和经验进行提炼，传递给其他单位。

（2）质量管理技能培训。

关于溪洛渡工程建设部和各参建人员管理知识的培训，三峡集团、溪洛渡工程建设部综合部和各参建单位都做了大量工作，本节重点论述溪洛渡质量管理过程中一项有特色的管理工作——施工质量体系检查。

为进一步提高管理工作的有效性和效率，在系统总结三峡工程十几年来建设管理经验的基础上，三峡总公司于2005年对照ISO9001标准的要求编制了质量管理体系文件，通过了贯标审核，进入了规范管理阶段。2005年底，体系在溪洛渡工程建设部正式投入试运行，并通过了总历年内审、外审。通过历次内审、外审，结合工程管理实践，溪洛渡工程建设部逐步意识到工作质量对工程质量的强力支撑作用。于是借鉴该模式，对各施工单位实施季度质量体系检查，并将检查结果量化评比，对于优秀者予以奖励。经过逐年摸索（累计实施相关检查20余次），该工作模式也比较成熟，有如下特点：

①季度实施，持续关注。与溪洛渡工程建设部季度例会和工点考核频次相匹配，检查工作每季度末组织实施，每家施工单位半天，检查对象主要是各施工单位质量部、技术部和综合部。检查组成员一般由质量总监办（含质量总监）、项目部和监理相关人员组成。分工一般为：质量总监负责检查本季度施工技术文件（施工方案、作业指导书等）编制、审批（查）及批复闭合情况；项目部和监理负责检查本季度各建设、监理协调例会和专题会议要求闭合情况（重点是专题会，因例会有下次会议闭合上次会议要求的工作流程，而专题会没有），现场监理指令、违规或缺陷处理整改闭合情况，以及各种质量签证表格、记录填写情况；质量总监办统一检查本季度新增管理制度、人员变化情况，内部考核及激励实施落实情况，内部例会闭合机制运行情况及外部顾客投诉、期望闭合情况等；此外设置专人检查技术交底和培训体系运行情况；另外，2012年把各单位档案验收工作纳入检查项目。因每季度持续实施，所以对各单位体系运行状况始终有一个动态的掌握，每次检查总工作量不大（只查本季度），检查过程中重点关注相关证据链，各单位无须做太多准备工作，只需提供日常体系运行相关文件记录即可。经历年实施，本项活动已得到各单位认同。质量体系季

度检查会见图8-4。

图8-4　质量体系季度检查会

②相互交流，取长补短。检查工作既是监督，又是互相学习、探讨的机会。检查中质管办有意营造开放性氛围，引导大家结合本季度各项工作的落实情况、新的管控亮点、新的问题畅所欲言、平等交流，使得无论检查组成员还是被检查对象都在头脑中形成“风暴”，进行深度思考，从而为下季度质量工作寻找新的思路和做法。同时，如果在某个单位中发现好的做法，检查组也会在其他单位中进行宣传和推广，做法成熟后，即上升为一项强制性工作标准来执行。

所以，从某种角度来看，这项检查工作也是一种培训，而且形式更为灵活，正所谓“寓学于做”。各单位质量管理人员大部分都是从技术岗位上转型的，对管理学基本原理、相关体系知识认知往往不深，通过这项活动，相关质量管理人员的管理技能不断提高，各单位质量管控工作持续改进。

同时，针对检查过程中发现的普遍存在的管理或技术薄弱环节，质管办也针对性地组织专题培训，提高各参建单位的认识。组织实施了大坝混凝土施工工艺标准、ISO9000质量管理体系标准、质量管理内业、混凝土宏观性能的微细观机制、质量汇报幻灯片编制、科技报告编制和奖励申报等专题培训，培训工区各级质量管理骨干上千人。

（3）质量宣传。

关于质量宣传工作，除按照国家相关要求每年组织“质量月”活动并进行宣传外，溪洛渡工程建设部总结出一条非常重要的经验，就是一定要充分利用日常的考核问责和奖惩机制的导向和强化作用，来促使各参建单位逐步形成良好的质量主体责任意识。打多少条标语，贴多少条广告，不如一次公平、公正、公开且及时的奖励或严肃的处罚效果更好。

8.2　安全管控

8.2.1　概述

1. 安全管理理念

从2003年工程筹建到2013年下闸蓄水，十年来，溪洛渡水电站安全管理工作始终坚持

“双零”管理目标，努力创建“本质安全型”工地和西部典范工程，在传承三峡安全管理经验的基础上，结合工程实际特点，健全完善安全管理体系，积极推行“一岗双责”，强化员工安全教育培训，加强重点危险源监督管理，加大隐患排查整改力度，安全管理工作由初期的“粗放型”向“规范化、标准化”转变，安全管理工作持续改进，安全生产总体形势受控。

2. 坚持“双零”管理目标，创建本质安全工地

在安全管理上，始终坚持“双零”管理目标，以过程的“零违章”“零隐患”保证“零死亡”“零重伤”的结果，达到“零事故”的最终目标；提高全员安全意识，要求全体参建人员从自我做起、从小事做起、从每天做起，努力做到人人安全、天天安全、事事安全；在全工地组织开展以“本质安全”为主题的研讨征文活动，并组织进行评比和交流。

3. 安全风险分析

溪洛渡大坝具有高边坡、大体积、多工序等特点，安全风险始终如影随形，同时由于社会化用工形式的改变，大量使用农民技工，人员普遍文化程度不高，安全知识匮乏，流动频繁，管控难度大。工程各阶段的风险分析如下：

开挖爆破阶段：爆破作业点多面广，危险因素多，相互干扰大，火工材料领用退各环节的管理和爆破协调和警戒难度大；边坡、洞室开挖过程中，由于地质结构复杂，易发生坍塌和落石，造成设备受损和人员伤害；由于溪洛渡工程位于峡谷，山高坡陡，立体交叉作业现象突出，协调工作量大。

混凝土浇筑阶段：混凝土浇筑阶段存在大型设备、高排架、大模板、混凝土生产系统液氨等诸多重点危险源，可能因结构安全造成群死群伤事故；因建筑物结构复杂，多孔洞、多临边，易发生高处坠落事故。

金属结构与机电设备安装阶段：大件吊装频繁、金属结构和机电安装与土建、装修施工的交叉作业协调难度大。

8.2.2 管理体系建设

组织架构方面，溪洛渡工程建设部于2004年成立安全生产委员会，负责全工地的安全工作的组织、协调和管理，下设安委会办公室，负责日常具体工作，溪洛渡工程建设部各项目部负责项目范围内安全工作的监督和协调管理工作。各监理单位设置有安全副总监和安全管理部门，配备了安全监理工程师，各施工、运行单位设置了专职安全副局长和安全管理部门，配备了专职安全管理人员，各工区、厂（队）设置有专职安全员。形成了溪洛渡水电站安委办、溪洛渡工程建设部各项目部、监理单位、施工运行管理单位与日方全总监“4+1”的安全管理模式。

职责划分方面，积极推行“一岗双责”制，建立生产、设备等主管职能部门为实施体系，安全管理部门为安全监管体系的责任体系，实施体系负责安全工作布置、检查和落实，监管体系负责对实施体系的履职情况进行监督检查。溪洛渡工程建设部在日常检查和管理工作中，将人员履职情况作为重点检查内容，在事故调查时，将人员履职情况作为人员责任追究的依据。

制度建设方面，制定了20余项安全管理办法，促进了安全管理程序化、规范化、标准化建设。

8.2.3 管理体系运行

1. 加强履职履责，形成全员安全管理氛围

为了加强溪洛渡水电站工程建设各监理、施工单位安全管理体系运行管理，切实做好工程建设各阶段安全生产工作，定期开展安全管理体系检查，及时纠正安全体系运行方面出现的问题，确保了各级管理人员认真履职履责。目前，扭转了原来“安全管理只是安全部门的事情”的认识误区，大多数生产、设备管理人员能够主动履行岗位职责，积极落实隐患整改，如原来对于业主、监理提出的现场安全问题，现场的生产管理人员持推诿的态度，认为不是自己的事情，目前，生产管理人员对安全管理人员和各级指出的现场安全问题积极落实整改，已初步形成了全员管安全的良好氛围。

2. 狠抓安全教育培训，提高安全意识和素质

坚持员工入场“三级”教育、高危作业安全技术交底、班组六项循环等教育活动，同时加大对于班组长的教育培训力度，每季度进行一次轮训，开展班组活动的操演竞赛，各参建单位注重创新培训方式，提高培训的针对性、实效性。2013 年，民技工电教室投入使用，通过各参建单位申请，集中采用多媒体培训，缩减了成本，提高了成效，一定程度上解决了民技工流动性大、培训难等问题。

3. 认真组织开展危险源辨识评价，强化重点危险源的管理

对危险源实行分层管理，各施工单位负责本单位危险源的辨识、评价和自主管理工作，每年对生产经营活动中的危险源开展一次全面的辨识和评价，制定安全防范措施和控制措施，每月对危险源辨识清单进行更新，实行动态管理；各监理单位督促落实危险源的安全防范措施和控制措施；溪洛渡工程建设部对各施工、监理单位危险源的管理情况进行监督检查。

通过对危险源的辨识评价，确定各单位工程施工的重点危险源，按照《重点危险源过程控制监控程序文件》进行严格管理。一是严格执行安全许可验收制度，高排架、大件吊装、洞室、竖井施工等高危作业，由施工单位提出安全技术措施，经监理单位、溪洛渡工程建设部项目部审批、检查、验收合格，签发安全生产许可证后方可作业。二是加强过程监督检查和控制，施工、监理单位严格按照检查频次和检查内容进行过程的监督检查。另外，根据各类重点危险源的特点，采取了有针对性的技术和管理措施：

（1）爆破开挖。

对于明挖爆破成立了爆破指挥所，实行统一管理和定时爆破；爆破警戒方面，由爆破指挥所负责施工区内的大警戒，由爆破单位负责爆破影响区的小警戒；爆破过程各工序的控制执行“爆破四证”（爆破申请证、准钻证、准爆证、爆后检查证）制度；各爆破作业单位成立由本单位职工组成的专业爆破队伍，负责爆破作业。施工期间，未发生由于爆破作业而导致的群死群伤事故和由于火工材料而导致的社会事件。

（2）天然边坡治理。

对高排架搭设进行独立单元划分，按排架高度 20m、宽度 30m 为一个独立单元，均有独立的爬梯和通道，单元之间采用大横杆柔性连接和设置卸荷斜撑措施，起到分段卸荷作用，搭设过程执行单元检查验收程序；严格执行恶劣天气情况下高排架暂停和恢复管理程序；对于危岩体及时排查编号，明确责任人，制定个性化的处理方案并及时处理，处理完成后，进行联合验收，且建立危岩体处理档案。2009 年至 2011 年共完成左右岸天然边坡 658

块危岩体的加固处理，未发生安全事故，并在2009年的右岸天然边坡支护处理过程中，由于及时发现危岩体出现崩塌迹象，组织人员安全撤离，成功避免一起由于危岩体崩塌造成排架垮塌的伤亡事故。

（3）大型设备管理。

缆机引进专业化的监理单位，实行专业管理；采用在操作室安装监控系统，规范人员操作行为；严格执行日、周、月检查、维护保养制度。

（4）交叉作业。

制定了《溪洛渡水电站交叉及相邻作业管理规定》，实行“要让面”和避让制度，建立了监理单位、溪洛渡工程建设部项目部和安委办的分层协调机制，监理单位负责监理范围内交叉作业单位协调，溪洛渡工程建设部项目部负责项目管理范围内的交叉作业协调，安委办负责跨项目部的交叉作业协调，从实际情况来看，协调机制运行比较有效。

（5）交通安全。

在危险路段增设波形梁、减速坎，在湿滑路段采取技术措施进行处理，累计投入3 000余万元。对施工区内悬挂施工区号牌的车辆进行统一年检，严格执行交通管理“三项制度”（车辆交通驾驶员周教育、车辆周检查、上路周巡查），在驾驶员取得驾照的基础上，进行入场三级教育和操作技能的考核，执行考核合格后方可上岗的准入制度。但是目前由于接送民技工上下班通勤车辆的配置不足，或是乘车不便等原因，存在乘坐车况不良的皮卡车、双排座等上下班现象，存在较大事故隐患。

（6）防洪度汛安全。

汛前组织成立防洪度汛组织机构，划分责任区，编制完善防洪度汛和抢险应急预案，定期开展防洪度汛专项检查，汛期细化落实“三责”（责任区、责任人、职责），严格执行“三查”（雨前检查、雨中巡查、雨后复查恢复），确保每年的防洪度汛安全，未发生由于地质灾害等造成的人员伤亡和大的财产损失事件。

4. 运用科学统计方法，将定性的安全管理转变为定量的安全管理

以现场检查发现的问题为基础，采取先对存在的问题进行定性分析和归类，后对问题的类别和数量进行统计，并根据所存在问题对现场安全文明施工带来的影响程度对施工单位进行打分，通过各施工单位的得分与所存在问题的比较，促使各施工单位加强现场管理，查找自身不足，减少施工现场所存在的安全问题（隐患），提高现场管理水平。

5. 加强安全文明施工管理，营造良好的安全文明施工环境

主体工程开工后，工程建设部制定了《溪洛渡文明施工管理实施细则》，从环境管理、厂区、施工现场等13个方面，对现场的安全文明施工提出了具体标准和要求，并建立了激励机制，进行月考核，季度奖励兑现。为了进一步以点带面，促进文明施工管理，组织开展样板作业面创建活动，在同类作业面中，评选出样板，组织各参建单位进行观摩学习，推动全工地现场的文明施工管理，提升管理水平，创造良好的文明施工环境。针对机电安装工程对作业环境要求较高的特点，改善大环境、营造小环境，对地下厂房的临时通风系统进行了研究、实验、改善，实行定点就餐、定点吸烟。

6. 加大安全生产投入，保证安全措施的落实

根据国家政策要求，对溪洛渡水电站各合同项目安全费用构成进行了统计分析，向三峡集团提交了专题报告，经三峡集团审批同意后，对各个合同项目中九项特殊安全措施投入进

行补差，从 2008 年至今，累计补差超过 3 000 万元。

7. 探索和推进安全管理信息化工作

2013 年，逐步推进高坝施工全工区人员智能安全管理在线实时监测监控、预警预报评价体系和系统建设。6 月份，基于 3G 和 WiFi 无线技术的人员安全跟踪信息管理系统实施方案通过了专题会议审查并立项，目前已在大坝施工区发放 200 部手机进行试用，通过手机终端上报的 GPS 信息进行人员定位安全管理，已取得初步成效，下阶段将着重加强扩充数据样本、手机持有人教育培训、解决电子围栏的精确性、实现施工区全员管理等工作。

9 大坝安全监测

9.1 基本情况

溪洛渡工程安全监测系统是保证工程施工、蓄水和运行安全的一项重要措施，也是验证设计的主要手段之一。溪洛渡工程具有高拱坝、高地应力地区修建规模巨大地下洞室群、地震烈度高、工程建设和运行周期长等特点。根据安全监测的目的和工程特点进行设计，溪洛渡工程安全监测系统必定具有总体结构复杂、监测项目繁多和监测精度高等特点。

9.1.1 安全监测设计目的

1. 为施工及施工期服务，检验施工质量，指导施工

对开挖过程安全控制进行坡度、梯度、进尺、爆破参数等的调整，为安全施工提供可靠依据；对开挖后的支护处理进行监测和反馈，为支护处理措施提供依据，可节省工程投资；掌握混凝土施工过程中的温度变化规律，为坝体等建筑物温控提供可靠依据。

2. 为大坝等建筑物的安全运行提供保障

为首次蓄水提供科学依据，大坝的第一次加载其变位等存在调整适应过程，也是后期运行的重要依据，通过监测数据的动态分析，掌握变化规律，在确保安全的前提下，可充分发挥效益；在初期运行期和运行期，通过监测数据的分析与反分析，掌握大坝等建筑物的运行性态和规律，评判安全裕度，并通过实时监测，以保障电站的安全可靠运行。

3. 为设计和科研服务

通过监测资料的系统分析和反馈分析，部分验证设计边界假定和参数的合理性。为工程实践和科研提供有益的经验，提高设计和科研水平。

工程安全监测设计遵循“有效、合理、可靠监控工程的安全可靠运行以及必要的设计反馈研究”的原则，并为建设更多更好的超级高坝提供宝贵的原型资料及分析成果。

9.1.2 安全监测设计原则

（1）设计指导原则密切结合工程实际；对各工程部位不同时期的监测项目的选定应从施工、首次蓄水、运行期全过程考虑，可充分合理反映建筑物工作状况。

（2）监测项目相互兼顾，一个项目多种用途；在不同时期能反映出不同的重点。目的明确、重点突出、兼顾全面，相关项目统筹安排、配合布置；应保证在恶劣条件下仍能进行重要项目的监测。

（3）监测仪器设备选型要顾及耐久、可靠、实用、有效，力求先进。仪器设备具备耐久性、稳定性、适应性，并满足量程和精度要求。应使仪器设备种类尽可能少，提供简洁接

口和可靠连接，利于实现监测自动化系统的运行、管理和维护。

(4) 应有良好的照明、防潮防湿和交通条件，必要时可设置专用通道，以保证在大洪水和特殊条件下观测工作的进行。

(5) 力求设计先进可靠的自动化数据采集系统，同时考虑必要的人工观测手段，以保障观测数据不致中断。

(6) 仪器设备及时安装，保证数据的可靠性、实时性、连续性和一致性，以及为建筑物的安全分析评价提供有效合理的初始值、基准值以及必要的监测数据成果。

9.1.3　安全监测设计思路

溪洛渡水电站安全监测采用系统、总体规划设计思路，工程建设初期，设计提交了《金沙江溪洛渡水电站安全监测工程总体设计报告》，报告针对挡水建筑物拱坝、两岸高边坡、泄水建筑物、两岸特大型地下洞室群等监测管理对象，在可行性研究基础上，结合各建筑物结构设计安全验证需求、安全监测工程规范要求，立足满足施工期、运行期以及方便监测自动化需要，在借鉴二滩等国内特大型水电工程安全监测基础上，形成溪洛渡水电站安全监测总体设计方案。

9.2　安全监测项目

溪洛渡工程大坝安全监测体系以混凝土双曲拱坝和坝基安全监测为核心，工程安全监测管理对象还包括：水垫塘及二道坝、坝区工程高边坡等。溪洛渡工程安全监测系统的监测项目分为常规监测项目、专项监测项目、近坝区地质环境监测项目 3 大类。此外，还有各种巡视检查项目（见表 9-1）。

表 9-1　溪洛渡工程安全监测项目一览表

常规监测项目		专项监测项目	地质环境监测项目	巡视检查方法
原因量	效应量			
气象	变形	变形监测网	近坝区地壳形变监测	目视
水位	渗流渗压	水力学监测	近坝区滑坡监测	耳听
泥沙	应力应变	结构动力监测	地震监测	手摸
流量	温度	自动化监测	……	依靠视听装置

溪洛渡工程安全监测体系以混凝土双曲拱坝安全监测为核心，工程安全监测对象还包括：坝区监测基准网、坝区工程边坡；左右岸泄洪洞、水垫塘和大坝孔口等泄洪消能建筑物；左右岸地下厂房与引水发电建筑物、工程水力学和动力学；近坝区堆积体和滑坡体；其他临时监测对象，如导流洞、围堰、地下厂房施工期开挖以及拱坝封拱灌浆和温控监测等。此外，还包括库盘观测专项、安全监测自动化系统专项等工作。

(1) 变形监测控制网包括平面、垂直变形基准网建网、改造和复测。

(2) 混凝土双曲拱坝监测是溪洛渡工程安全监测的核心，包括坝体和坝基变形、渗流、混凝土应力应变、温度、接缝、裂缝、拱端压应力、绕坝渗流等监测，孔口及闸墩钢筋应力、闸墩锚索应力、闸墩混凝土应变、孔口水力学和动力学、临时导流底孔磨蚀监测和大坝强震反应监测等。

(3) 枢纽区边坡监测主要包括坝肩、缆机平台、电站进出水口、导流洞、水垫塘等边坡和谷间堆积体等的渗流、表面及内部变形以及支护结构效果监测。

(4) 专项监测包括水力学、坝体强震反应和库盘变形等。

(5) 巡视检查包括日常巡视检查、年度巡视检查和特别巡视检查。

(6) 环境量监测包括上下游水位、库水温、气温和降雨量等。

9.3 安全监测布置

9.3.1 监测网

水平位移控制网由校核网、基准网、工作基点网组成。垂直位移控制网由校核点、基准点和工作基点网组成。

1. 水平位移基准网

基准网和校核网由15点组成，即位于左岸的TN7、TN5n、TN3n、TN1-1、TN1、TM1、TM3和位于右岸的TN8、TN6n、HV01-LR、TN2n、TN17、TN19、TM4以及大坝15号坝段坝顶测点TP15-1。其中TN2n、TN3n、TN5n与TN6n作为监测网的基准点（相对固定点），各布设一条倒垂测点校核基准点的稳定性，施工完成后各倒垂深度分别为：TN2n为40m，TN3n为70m，TN5n为50m，TN6n为30m。水平位移基准网示意图见图9-1。

水平位移基准网建网后进行首次观测，之后每年复测1~2次。

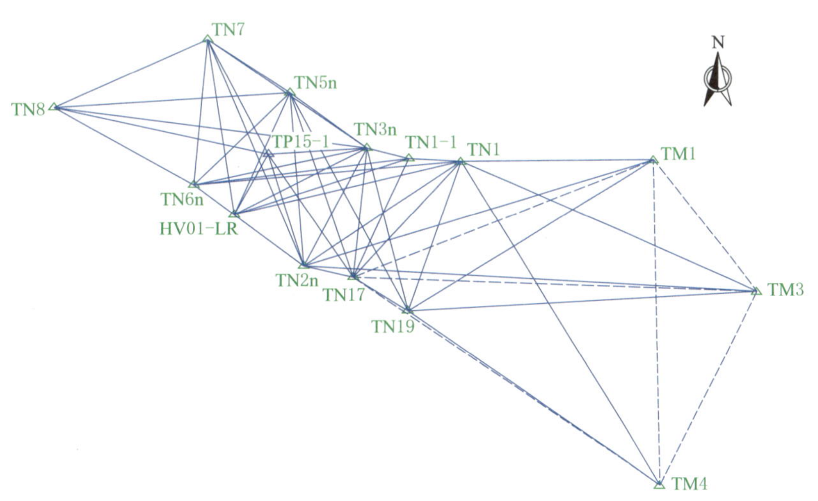

图9-1 水平位移基准网示意图

2. 水平位移校核网

TM1、TM3、TM4、TN17为水平位移校核网点。水平位移校核网布置见图9-1。

3. 水平位移工作基点网

水平位移工作基点网由TN8、TN14、TN12、TN13、TN15、TN16、TN17、TN18、TN19、TN20、TN21、HV13-JDL、XⅡ32共13点组成，见图9-2。

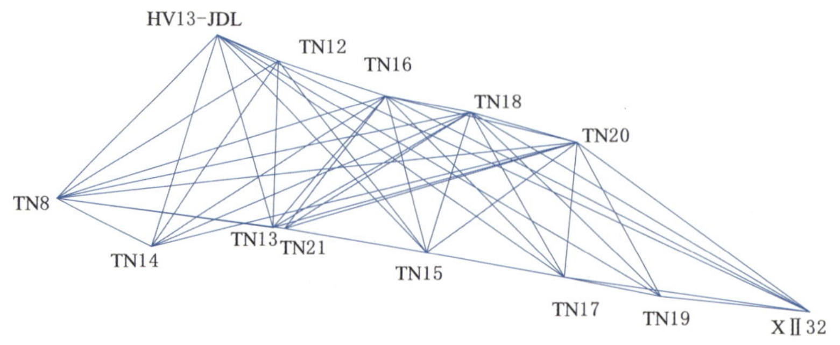

图 9-2 水平位移工作基点网示意图

4. 垂直位移基准网

垂直位移基准网由基准点 XIBM02（校核基点 XIBM02－1、XIBM02－2）、校核基准点 XIBM01（校核基点 XIBM01－1、XIBM01－2）和双金属标校核基点 XIBM00（校核基点 XIBM00-1、XIBM00-2）及 36 个新旧工作基点 B1、B2、B3、B4、B5、B6、B7（原 BB08－1）、B8（原 BB07－1）、B9、B10（原右岸水垫塘临时工作基点 LS12）、B11、B12、B13、B14、B15、B18、B19、B21、B23、B25、B26、B28、BB01、BB01－1、LS7、LS8、LS8－1、BB12、BB13、BB10、BB09、LS4X（原右岸测点 LS4 破坏后重新埋设）、LS10、LS10－1、LS11、LS13、LS14、LS15、LS16、LS17 组成。垂直位移基准网观测路线见图 9-3。

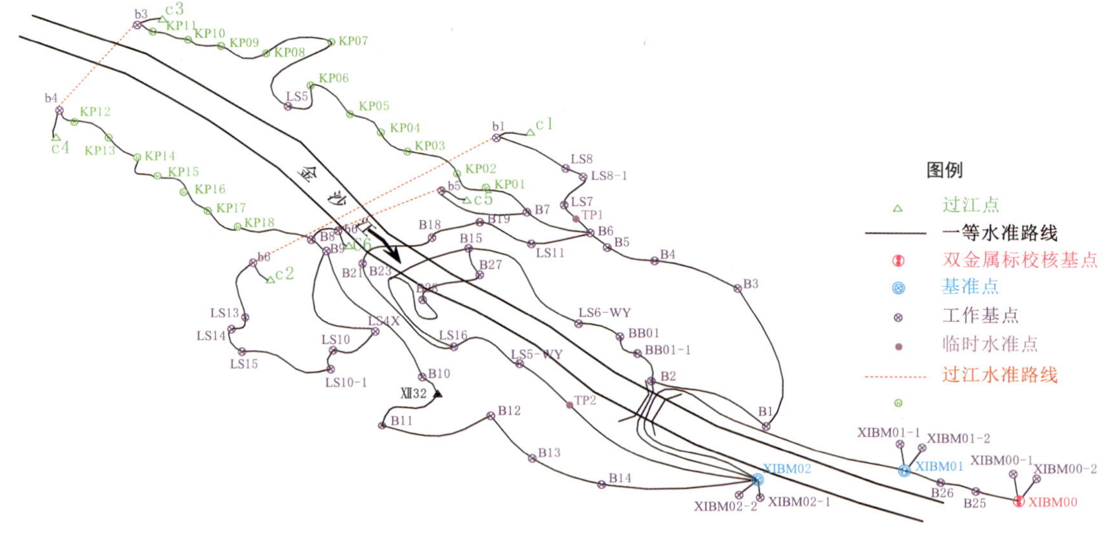

图 9-3 垂直位移基准网观测路线

水准路线沿两岸布设，上游经大坝（施工期经上下游围堰）、下游经金沙江永久性大桥与两岸水准路线相连，组成水准环线；2012 年上、下游围堰拆除后，分别在左、右岸高程 610m 平台和左、右岸堆积体选择适当的位置进行 2 处跨河水准观测。XIBM01、XIBM02 位于坝下游离施工区较远的专设硐体内，与施工区山体有天然溪沟相隔，且受施工干扰小，点位稳定可靠，双金属标校核基点 XIBM00 位于坝下游离施工区约 6km 远的专用公路旁，垂直位移基准网环线总长约 75km。

为便于水平位移基准网点改平计算，将其观测墩与垂直位移基准网水准点组成水准路线，连测各平面网点的高程。水平位移网点高程连测观测路线见图9-4。

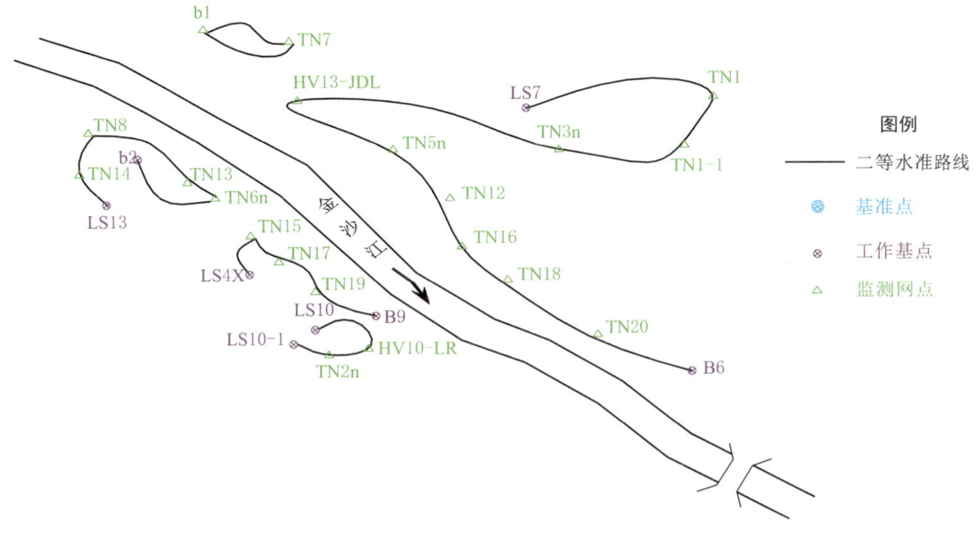

图9-4　水平位移网点高程连测观测路线

9.3.2　混凝土拱坝监测布置

1. 坝体水平位移

（1）正垂线。

大坝水平位移显示了大坝结构的整体综合变位现象，是了解大坝工作状态的重要监测项目。选择5、10、15、22、27号坝段5个断面和两岸坝肩灌浆廊道布置共7条分段的正垂线，共29个测点，以较全面地观测坝体水平位移。

（2）大地测量系统。

在正垂线坝段以及1、31号两个边坝段的坝顶各布置一个观测墩，共计7个；在坝后564.5m高程和527m高程的5、10、15、22、27、30号坝段以及470m高程和431m高程的10、15、22号坝段布置观测墩标，共计16个；用大地测量方式观测坝体水平位移和坝顶弦长，观测墩标构成正垂线坝体水平位移监测的校核和补充手段。

（3）弦长监测。

大坝431m、470m、527m、610m布置4条弦长测线。

2. 坝基水平位移

采用倒垂线、引张线对坝体、坝基和左右岸坝肩重要位置的水平位移进行监测，并辅以多点位移计进行坝基位移监测。

（1）倒垂线。

布置在7条正垂线对应的坝基，其中15号拱冠坝段倒垂线采用倒垂线组（2条），其中一条锚固深度为另一条的1/2，用于监测拱冠坝基挠度。共8条8测点。

（2）引张线和伸缩仪。

在大坝347.25m、395.25m、527.25m三个高程的左右岸灌浆平洞内各布置了一套引张线，其中347m高程左岸布置5个测点，右岸布置4个测点；在395m高程左岸布置5个测点，右岸布置6个测点；在527m高程左岸布置3个测点，右岸布置6个测点。共计布置6套29个测点。

为监测抗力体横河向水平位移，在347.25m、395.25m、527.25m三个高程的左右岸灌浆平洞内（引张线测点处）各布置一套伸缩仪，伸缩仪每套6个测点（7个外部变形观测墩）；每5m一个测点，共计布置伸缩仪6套36个测点。

3. 坝体和坝基垂直位移及倾斜

（1）体垂直位移和倾斜。

在347.25m高程廊道内，布置26个水准观测点，2个水准基点；395.25m高程廊道内，布置34个水准观测点、2个水准基点；470.25m高程廊道内，布置34个水准观测点、2个水准基点；527.25m高程廊道内，布置35个水准观测点、2个水准基点；563.25m高程廊道内，布置53个水准观测点、2个水准基点；610m高程廊道内布置43个水准观测点、2个水准基点。共计布置水准点239个、水准基点12个。

（2）坝基垂直位移。

布置多点位移计进行坝基应力/稳定敏感位置的水平位移监测。2、3、5、6、9、10、12、14、15、21、22、23、24、26、29号坝段各布置1套五点式位移计；16、18号坝段各布置2套五点式位移计。

多点位移计共计19套，采用振弦式（兼有测温功能，用于监测基础温度）传感器。

4. 接缝

横缝测缝计：1、3、5、7、9、11、12、13、14、15、16、17、18、19、21、24、26、28、30号坝段横缝，除第3、5、10、13、31层灌区以外，每个灌区布置一组（3支）横缝测缝计，上游测缝计距上游坝面4.2m，下游测缝计距下游坝面4.2m，中部测缝计布置于上、下游坝面中间位置。在2、3、4、25、27号L形横缝各埋设7支测缝计，1、26、28、29、30号L形横缝各埋设2支测缝计。共布置681支横缝测缝计。

坝基测缝计：3、4、5、8、15、17、19、20、22、25、27、29号坝段建基面上，布置一组监测坝基与大坝混凝土接缝开度及变化的测缝计，该组测缝计（3支）在建基面上按上、中、下布置，即在距上游坝面4.2m、距下游坝面4.2m和中间各布置1支。另外，14、18号坝段仅在其建基面上游布置测缝计，11号坝段在其建基面上按上、中、下布置两组测缝计。共布置50支基岩测缝计。

5. 渗压

在顺河向12、14、15、16、17、18、19号坝段坝基部位布置渗压计。其中12号坝段一个断面共布置3支渗压计，16号坝段322.50m高程布置3支渗压计，15号坝段一个断面布置8支渗压计，14、17、18号坝段332.00m高程各埋设1支渗压计，19号坝段共布置3支渗压计。10号坝段沿河流方向布置4支渗压计。22号坝段沿河流方向布置4支渗压计。5号坝段布置一个断面，共7支渗压计。7号坝段386.00m高程布置3支渗压计。24号坝段布置7支渗压计。28号坝段布置3支渗压计。2号坝段布置3支渗压计。29号坝段布置3支渗压计。渗压观测共计52支振弦式渗压计。

6. 渗漏量

大坝341.25m、347.25m、395.25m、470.25m、527.25m、563.25m高程灌排廊道布置

量水堰，以较为准确地获得渗量数据，共计布置量水堰14套。

7. 温度

温度计主要布置在6、10、16、22、27、29号坝段，选取有代表性的高程，靠近上游侧和下游侧各布置1支温度计，混凝土温度观测共计159个测点。

通过对大坝坝基温度的观测，掌握其变化规律，为分析计算大坝的真实工作状态提供必要的计算参数。渗压计及多点变位计的测温仪器兼做坝基温度监测。

8. 应力

（1）坝体应力。

按照从上游到下游的原则，10、22号坝段376.20m高程拱端处各布置3组应变计组，11号坝段355.40m高程拱端处布置5组应变计组，14、18号坝段334.40m、372.00m、387.00m高程各布置5组应变计组，16号坝段334.40m、372.00m高程各布置5组和4组应变计组，21号坝段355.40m高程拱端处布置5组应变计组。442.20m高程5、7、10、12、14、16、18、20、22、25号坝段布置应变计组，其中5向应变计组20组，6向应变计组10组。481.30m高程4、7、10、12、14、16、18、20、22、26号坝段布置应变计组，其中5向应变计组16组，6向应变计组14组。520.20m高程7、22号坝段各布置2组5向应变计组。562.20m、604.20m高程3、7、16、22、29号坝段各布置2组5向应变计组。共计布置三向应变计组10组，五向应变计组66组，六向应变计组69组。

（2）坝基压应力。

15、16号坝段坝基各布置1支和2支岩石压应力计。12号坝段333.00m高程布置3支岩石压应力计。20号坝段布置6支岩石压应力计。10号坝段370.30m高程布置3支岩石压应力计。22号坝段376.00m高程布置3支岩石压应力计。4、26号坝段481.30m高程布置3支岩石压应力计。共计布置50支岩石压应力计。

9. 坝体强震监测

大坝强震监测所用强震仪重点选择布置在坝体5、10、15、22、27号坝段五个断面，选取395.25m、470.25m、527.25m、610.00m高程形成四个较完整的强震监测拱圈。强震仪共计26台，具体布置如下：在拱坝坝顶1、5、10、15、22、27号及31号坝段各布置1台强震仪，共布置7台强震仪；563.25m高程上检查廊道布置2台强震仪；527.25m高程中检查廊道布置5台强震仪；470.25m高程下检查廊道布置5台强震仪；395.25m高程交通廊道布置5台强震仪；347.25m高程基础廊道布置2台强震仪。左岸边坡布置2台强震仪，右岸边坡布置1台强震仪，左岸地下厂房布置2台强震仪，右岸地下厂房布置2台强震仪。在大坝1号公路外侧距上游坝址约1 500m附近用于自由场观测的1台地震仪，借用了已建成的溪洛渡水库地震台网的1台地震仪。枢纽区共计布置33台强震仪。

10. 抗力体监测

（1）渗流渗压监测。

大坝两岸坝肩下游排水平洞内布置水位观测孔，进行绕坝渗透水流水位的监测，左右岸各布置24个绕渗观测孔，共计48个。共布置5个监测断面，分别为大坝下游贴脚部位、4个抗力体排水平洞轴线断面。沿大坝贴脚部位共布置10个绕渗孔，左、右岸各5个。坝后第一个抗力体排水平洞监测断面布置16个绕渗孔，分别布置在4层排水平洞内，左、右岸各8个，每层2个。其余三个排水平洞监测断面共布置22个绕渗孔。在左岸ADL19～ADL21

平洞和右岸ADR19~ADR21平洞各增设一个绕渗监测断面，共6个绕渗孔。

（2）坝趾锚索和多点位移计监测。

拱坝左岸坝趾边坡：400.00m高程以下设置两个监测断面，布置11套锚索测力计；400.00~460.00m高程设置3个监测断面，布置26套锚索测力计。拱坝右岸坝趾边坡：400.00m高程以下设置两个监测断面，布置10套锚索测力计；400.00~460.00m高程设置3个监测断面，布置25套锚索测力计。拱坝左右岸460.00~600.00m高程坝趾边坡：共布置19套锚索测力计。

此外，还在拱坝460~610m高程左右岸坝趾边坡增设8套四测点多点位移计。

11. 大坝导流底孔监测设计

3号导流底孔布置有3个横向监测断面，沿底孔中心线方向布置1个监测断面，每个监测断面布置6支磨蚀计，共计24支磨蚀计。3号导流底孔出口闸门段布置有锚索测力计，以监测底孔闸墩等结构的预应力锚索工作状态，共计16支，其中主锚索测力计12支，次锚索测力计4支。3号导流底孔分别在426.40m、422.00m、410.00m高程和出口支撑大梁、出口闸墩扇形等处共布置40支钢筋计。

4号导流底孔沿底孔中心线方向布置1个监测断面，共布置6支磨蚀计。4号导流底孔出口闸门段布置有锚索测力计，共计10支，其中主锚索测力计6支，次锚索测力计4支。在坝体底孔闸墩和孔身，布置钢筋计，进行典型断面的混凝土钢筋应力监测。

共计布置30支磨蚀计、26支锚索测力计、40支钢筋计。

12. 坝体深孔和表孔监测设计

在坝体表孔闸墩和大梁，以及深孔闸墩和孔身，共布置112支钢筋计，进行典型断面的混凝土钢筋应力监测。并在4号深孔左、右闸墩各布设一个观测断面，每个断面布置3支无应力计，共计6支。

为监测表孔、深孔闸墩等结构的预应力锚索工作状态，采用76支锚索测力计（6测点）进行安全监控。

坝体表孔和深孔共计6支无应力计、112支钢筋计和76支锚索测力计。

13. 水垫塘和二道坝监测设计

（1）水垫塘。

水垫塘边坡渗压：

在桩号坝0+126.00m、坝0+186.00m、坝0+366.00m三个断面的水垫塘左、右岸边坡各布置3支钻孔渗压计，共计18支渗压计，进行岩体内部渗压监测。同时监测边坡断面的渗压，也为水垫塘雾化观测及分析评价提供必要的监测数据。

水垫塘底板渗流、渗压：

为掌握水垫塘底板渗流、渗压情况，在桩号坝0+126.00m、坝0+186.00m、坝0+366.00m三个断面各布置3支渗压计，共计9支；在水垫塘两岸、底板、集水井内布设33个人工量水堰进行监测。

水垫塘底板锚筋：

为掌握水垫塘底板锚杆、锚筋工作性态，特别是在泄洪运行期间的底板锚杆、锚筋工作性态，在桩号坝0+126.00m和桩号坝0+186.00m两个断面共计布置21支锚杆应力计。

由于水垫塘底板混凝土分两层浇筑，水垫塘底板上下层混凝土在泄洪期间可能存在脱空的现象。为掌握水垫塘底板在泄洪时的工作状况，需在泄洪时对底板上下层混凝土的动态位移进行实时监测，根据泄洪落水区情况，在水垫塘底板桩号坝 0+101.00m ~ 桩号坝 0+365.00m 间安装 30 支光栅测缝计和 8 支光栅应变计，测缝计和应变计布置在上下层混凝土分界处，位于浇筑块的中心线上。光缆牵引用保护管沿浇筑层经水垫塘廊道预留口，进入水垫塘廊道，牵引至二道坝观测室。

水垫塘底板廊道及二道坝渗漏量监测：

为掌握了解水垫塘充水后及大坝蓄水初期，水垫塘底板廊道排水洞、底板和总的渗漏量数据，在水垫塘底板廊道左岸 1~6 号排水支洞安装 12 个临时矩形量水堰，右岸桩号坝 0+089.00m、坝 0+125.00m、坝 0+185.00m、坝 0+245.00m、坝 0+305.00m、坝 0+365.00m 六个断面各布置 2 个三角形量水堰，共 24 个人工观测量水堰。

在水垫塘左岸 355m 排水廊道共计布置 2 个人工观测量水堰。

水垫塘及二道坝共计布置 33 个量水堰，堰型为矩形堰和直角三角形堰。

水垫塘新增仪器：

水垫塘新增谷幅测距线 24 条、垂直位移工作基点 4 座、水准点 54 座、单点位移计 1 支、伸缩仪 1 套（7 个测点）；二道坝单点位移计 2 支，伸缩仪 1 套（3 个测点）。水垫塘安全监测一期布设锚索测力计 11 支，位于左右岸 360m 高程马道；二期增加锚索测力计 10 支、锚杆应力计 8 支、钢筋计 8 支。

（2）二道坝。

二道坝坝基布设 1 个横断面和 1 个纵断面，进行坝基渗压观测。横断面左、右岸边坡廊道各布设 3 个渗压测点，河床坝段布设 4 个渗压测点；顺河向纵断面布设 3 个渗压测点，共计 13 个。

渗压观测采用地下水位观测孔与渗压计结合的方法。

根据现场情况，选取出水量较大的 20 个测压管安装压力表。

在二道坝内左、右岸河床坝段廊道内各布设 1 套自动渗流量计，共计 2 套，同时，自动渗流量计还包含人工量水堰，以相互检验。所有仪器电缆引至二道坝观测房进行集中观测。

在二道坝共计布置 4 个人工观测量水堰。

14. 防渗帷幕监测设计

通过对坝基灌浆排水平洞、两岸坝肩下游排水平洞内的绕坝渗流地下水位的观测，以期为大坝防渗帷幕工作状态和坝肩稳定评价提供必要的监测数据。

拱坝坝基灌浆平洞内共布置 36 个绕渗孔，左右岸各 18 个，分别布置在 347.25m、395.00m、470.00m、527.00m、563.00m、610.00m 高程坝基灌浆平洞内，每个高程布置 6 个绕渗孔。

拱坝坝基排水平洞内共布置 20 个绕渗孔，左右岸各 10 个，分别布置在 341.25m、395.00m、470.00m、527.00m、563.00m 高程。

测压管水位采用压力表或平尺水位计观测，有压时采用压力表观测，无压时采用平尺水位计观测。

此外，根据 2012 年 12 月水电水利规划设计总院专家组在工程现场开展的 1、2、5、6 号导流底孔下闸前现场检查和评审工作的专家组意见，结合大坝渗压监测实际情况，为加强河床坝段的渗压监测，增设 11 个渗流孔。

绕渗孔共计71个。

在大坝两岸坝肩下游排水平洞内布置水位观测孔，进行绕坝渗流水位的监测。

9.4 安全监测主要仪器参数与安装埋设控制

9.4.1 主要仪器技术参数

溪洛渡工程监测振弦式仪器厂家主要是美国基康公司、北京基康公司等。差阻式仪器全部采用南京电力自动化设备总厂的产品，数字电桥及振弦读数仪均采用与内埋仪器相配套的原厂产品。垂线装置、引张线、水准标芯、强制对中基座等外部变形监测设备均采用由成都飞翔测绘设备有限公司生产的最新合格产品。

1. 外部变形监测仪器技术参数（见表9-2）

表9-2 外部变形监测仪器技术参数统计

序号	仪器名称	规格型号	生产厂商	技术参数
1	全站仪	TCA2003	瑞士徕卡	测距精度≤1mm+1ppm，测角精度≤±0.5″
2	电子水准仪	DiNi12	德国蔡司	每公里往返测高差偶然中误差≤±0.5mm
3	条纹码尺	2m长线型	德国蔡司	
4	条纹码尺	3m长线型	德国蔡司	
5	气压计		长春气象	精度0.1mbar
6	观测墩标盘	F-1A	成都飞翔	
7	水准标芯	B-2	成都飞翔	

2. 内部变形监测仪器技术参数（见表9-3）

表9-3 内部变形监测仪器技术参数统计

仪器名称	仪器型号	生产厂家	技术参数
测缝计	振弦式，GK4400/25mm	美国基康	量程：0~25mm；分辨率：<0.05%F.S
	差阻式，CF-12G	南自厂	量程：0~12mm；耐水压：3MPa
基岩测缝计	振弦式，GK4400WP/25mm	美国基康	量程：0~25mm；分辨率：<0.05%F.S；耐水压：2MPa
裂缝测缝计	振弦式，GK4400/25mm	美国基康	量程：0~25mm；分辨率：<0.05%F.S
	振弦式，GK4400WP/25mm	美国基康	量程：0~25mm；分辨率：<0.05%F.S；耐水压：2MPa
	差阻式，CF-25G	南自厂	量程：0~25mm；耐水压：3MPa
多点位移计	振弦式，GK-4450/100mm	美国基康	量程：100mm；分辨率：<0.05%F.S；耐水压：0.5~2MPa

3. 应力应变及温度监测仪器技术参数（见表 9-4）

表 9-4 应力应变及温度监测仪器技术参数统计

仪器名称	仪器型号	生产厂家	技术参数
应变计	DI-25（差阻式）	南自厂	拉伸 600με，压缩 1 000με；温度范围：-25～60℃；耐水压：0.5MPa
无应力计	GK-4911	美国基康	量程：±1 200με；耐水压：2MPa
钢板应变计	BGK4100/4000	北京基康	耐水压：0.5MPa、2MPa
锚索测力计	BGK4900-1000～4000kN	北京基康	国产振弦式仪器，4～6 弦，内置温度计。量程：1 000～4 000kN；精度：0.5%F.S
锚杆应力计	KL-32A	南自厂	量程：拉 300MPa，压 100MPa；温度范围：-25～60℃；耐水压：0.5～2MPa
	GK4911（振弦式）	美国基康	量程：拉 300MPa，压 100MPa；灵敏度：0.025%F.S；精度：0.25% F.S；温度范围：-20～80℃；直径：ϕ25mm、ϕ28mm、ϕ32mm、ϕ36mm
	BGK4911（振弦式）	北京基康	量程：拉 300MPa，压 100MPa；灵敏度：0.025%F.S；精度：0.25% F.S；温度范围：-20～80℃；直径：ϕ25mm、ϕ28mm、ϕ32mm、ϕ36mm
钢筋计	KL-32A	南自厂	量程：拉 300MPa，压 100MPa；温度范围：-25～60℃；耐水压：0.5～2MPa
	GK4911（振弦式）	美国基康	量程：拉 300MPa，压 100MPa；灵敏度：0.025%F.S；精度：0.25% F.S；温度范围：-20～80℃；直径：ϕ25mm、ϕ28mm、ϕ32mm、ϕ36mm
岩石压应力计	GK4810/35MPa（振弦式）	美国基康	量程：0～35MPa；灵敏度：≤0.025% F.S；精度：0.1%F.S；线性度：≤0.1%F.S
	GK4850-1-20MPa（振弦式）	美国基康	量程：0～20MPa；灵敏度≤0.025% F.S；精度：≤0.1%F.S；线性度：≤0.1%F.S
温度计	DW-1（差阻式）	南自厂	铜电阻温度计。温度范围：-30～70℃；精度：±0.3℃

4. 渗流渗压监测仪器技术参数（见表 9-5）

表 9-5 渗流渗压监测仪器技术参数

仪器名称	仪器型号	生产厂家	技术参数
测压管	ϕ50/32PVC-U	自制	花管段 3m，透水孔径 ϕ8mm，开孔率≥20%，配 0～2MPa 压力表
渗压计	GK4500S/3.0MPa（振弦式）	美国基康	量程：0～3MPa；精度：≤0.1% F.S；线性度：≤0.5%F.S

5. 监测仪器电缆与读数仪技术参数（见表 9-6）

表 9-6　监测仪器电缆与读数仪技术参数

电缆名称	仪器型号	生产厂家	技术参数
四芯屏蔽电缆	LN-RVVP-4	木联能	4 芯，高密铜网屏蔽电缆，单芯截面积 0.75mm²，芯线电阻<6Ω/100m（单根），电缆绝缘>50MΩ，护套耐压 2MPa
	BGK05-250V6	北京基康	4 芯，铝网屏蔽电缆，单芯截面积 0.75mm²，塑料护套
十芯屏蔽电缆	LN-RVVP-10	木联能	10 芯，高密铜网屏蔽电缆，单芯截面积 0.30mm²，芯线电阻<6Ω/100m（单根），电缆绝缘>50MΩ，护套耐压 1MPa
	BGK05-375V6	北京基康	10 芯，铝网屏蔽电缆，单芯截面积 0.75mm²，塑料护套
十四芯屏蔽电缆	LN-RVVP-14	木联能	14 芯，高密铜网屏蔽电缆，单芯截面积 0.30mm²，芯线电阻<6Ω/100m（单根），电缆绝缘>50MΩ，护套耐压 1MPa
	BGK05-500V6	北京基康	14 芯，铝网屏蔽电缆，单芯截面积 0.75mm²，塑料护套
五芯水工电缆	LN-YSSXP-5	木联能	5 芯，高密铜网屏蔽电缆，芯线采用镀锌铜线，单芯截面积 0.75mm²，双护套橡胶电缆，护套耐压 2MPa，每 100m 单芯电阻<3Ω，各线间的绝缘电阻>100MΩ
	YSZW	上海南洋	5×0.75mm²，水工屏蔽电缆，橡胶护套，耐高水压
遥测水位计	GK4500	美国基康	振弦式，分辨率 0.025% F.S，线性 0.25%，精度 0.1%
电测水位计		美国 Sinco	测绳长 100m，精度±0.1%F.S，线性度≤0.1%F.S
数字电桥	SQ-5	南自厂	电阻比测量范围 0～19 999（0.01%），测量精度±0.01%；电阻值 0～200Ω，测量精度±0.02Ω；工作温度：-10～50℃
弦式仪器读数仪	GK-403	美国基康	测量范围：400～6 000Hz；分辨率 0.25μs，测量精度±0.01%；工作温度：-10～50℃
	VWGK-403	大连基康	测量范围：400～6 000Hz；分辨率 0.25μs，测量精度±0.01%；工作温度：-10～50℃
测斜仪读数设备	Sinco-50302510	美国 Sinco	系统精度好于 6mm/25m，灵敏度±0.02mm/500mm，二力平衡伺服加速度型；便携式，测斜仪探头（公制）2 通道测量，内存容量 40 次测量，数据自检和修正；储存读数仪，电缆盘，滑轮，模拟探头
强震仪	GSMA-2400IP3	北京港震机电技术公司	三分向传感器，带自动记录仪，数字式，不丢失记录≤30s

9.4.2 主要仪器安装埋设

仪器埋设是通过对设计文件的审查、仪器采购、开箱验收、现场率定等控制措施，使安全监测仪器设备和埋设质量高、稳定性好，满足规范和设计要求的目的。主要监测仪器安装埋设如下所述。

1. 双金属标、垂线钻孔

双金属标、垂线钻孔孔位的放样误差小于±2cm。

倒垂孔的造孔开孔孔径为 ϕ273mm，钻孔终孔孔径为 ϕ219mm，有效孔径大于 ϕ168mm，保护管管径 ϕ168mm，有效管径均大于 ϕ100mm。双金属标的造孔孔径为 ϕ219mm，有效孔径大于 ϕ168mm，保护管管径 ϕ168mm，全孔孔斜不大于 0.5°。

钻孔施工部位，局部基础混凝土厚度不低于 1.5m，以利于钻机底座固定，并可以防止钻机钻进过程中钻机移动，造成孔位的变动，从而影响钻孔的垂直度。

钻进过程中，需采取水泥浆护壁和下保护管的措施防止塌孔，如果出现塌孔现象，需进行回填灌浆，固结后重新扫孔。

钻孔过程中，孔口需做好保护，防止杂物掉入后卡阻，每钻进 1m 需检测一次孔斜，当发现钻孔偏斜超过规定时，及时纠偏。纠偏无效时，按监理人的指示报废原孔，重新钻孔。

钻孔岩芯获取率达 90% 以上，并按规定编号顺序整齐存放，绘制钻孔柱状图。芯样的最大长度限制在 3m 以内，一旦发现岩芯卡钻或被磨损，立即取出。钻孔班报完整、翔实，对岩芯及时拍照并整理完成钻孔柱状图。

钻孔达到设计终孔高程后，经设计、监理鉴定后，决定是否终孔或继续加深钻进。

2. 横缝测缝计

测缝计由套筒和仪器两个部分组成，一般先埋设套筒，后安装埋设仪器，具体施工步骤如下：

放样：按设计坐标测量放样，并标记测缝计埋设点位。

埋设套筒：在先浇块模板上钻 ϕ7mm 的孔，将套筒盖用钉子通过盖上的两个钉孔固定在模板上，将套筒内填满棉纱，螺纹口涂上黄油，旋上筒盖，将套筒拴紧在套筒周围的模板上，并用红油漆画出明显标记，以便拆模时依油漆的痕迹寻找套筒位置。

安装埋设仪器：后浇筑块混凝土浇至距离仪器埋设位置 20cm 时，打开套筒盖，取出填塞棉纱，旋上测缝计进行预拉调试，周围混凝土剔除 8cm 以上大骨料后人工插捣密实，仪器周围 1m 范围内禁止振捣器之间插入。

上部 0.5m 范围内混凝土浇筑时，仪器埋设部位混凝土须人工插钎捣实。

仪器检查与保护：仪器埋设后应立即进行检查测读，了解仪器工作是否正常，若有损坏及时更换，同时做好监测电缆的标识、牵引与保护。

电缆牵引：监测电缆按照设计要求牵引入站，每向上牵引不超过 9m，需在电缆护管内灌注水泥浆进行保护。

3. 基岩测缝计

基岩测缝计布设于大坝建基面上，用于监测大坝混凝土与基岩结合部位的开合变化情况，沿水流向常采用上游、中部、下游的空间布置方式，综合反映大坝浇筑期及坝体挡水后建基面部位的变形情况；沿高程方向，测缝计套筒带有长 5m 的锚杆，钻孔后锚入基岩，可反映固结灌浆期间及灌浆完成后，建基面浅表层岩体的变形规律。

在坝基已开挖清理的基岩面上按设计给定的坐标进行测量放样，标记测缝计埋设点位。

在埋设点位垂直基岩面钻孔（若遇软弱层必须移到完整的岩面上），孔径 ϕ90mm，孔深 5m，钻孔完成后，进行冲洗，清除岩粉。

室内将锚头、连接杆、连接杆护管、测缝计套筒组装好，现场将组装好的连接杆送入孔中，孔内回填 M25 微膨胀水泥砂浆，用手水准控制筒口与孔口齐平。将套筒内填满棉纱，螺纹口涂上黄油，旋上筒盖。

混凝土浇至距套筒高程 20cm 时，打开套筒盖，取出填塞棉纱，旋上预拉 1/3 的测缝计，周围混凝土剔除 8cm 以上大骨料后人工插捣密实，仪器周围 1m 范围内禁止振捣器之间插入。

上部 0.5m 范围内混凝土浇筑时，仪器埋设部位混凝土须人工插钎捣实。

仪器检查与保护：仪器埋设后应立即进行检查测读，了解仪器工作是否正常，若有损坏及时更换，同时做好监测电缆的标识、牵引与保护。

电缆牵引：监测电缆按照设计要求牵引入站，每向上牵引不超过 9m，需在电缆护管内灌注水泥浆进行保护。

4. 多点位移计

多点位移计应用于近坝岩质开挖边坡的松弛变形监测、大坝基岩深部地质分层变形监测等。多点位移计组件主要由四个部分组成：传感器、不锈钢测杆、传感器基座及保护罩、锚头。多点位移计的钻孔埋设步骤如下。

（1）钻孔。

按照设计图纸给定的坐标进行测量放样，标记多点位移计钻孔点位。

按设计图纸要求的孔位、孔径、孔深进行钻孔，多点位移计钻孔孔径一般采用 ϕ110mm，孔口 1m 范围扩孔至 ϕ150mm。钻孔轴线弯曲度小于钻孔半径。

采用地质回转钻机进行钻孔并取芯（取芯率应达到 90% 以上），岩芯拍照、描述并做出钻孔岩芯柱状图。

钻孔结束后冲洗干净，测量钻孔深度、方位、倾角。

（2）安装锚头和不锈钢测杆。

组装：按照设计的测点深度，将锚头、位移传递杆、护管、隔离支架和传感器组装后运至埋设地，依据孔深标出灌浆管的位置。

安装：将组装好的多点位移计锚头、传递杆和灌浆管逐段捆扎好，护管连接处用胶密封，并对每米护管用彩色胶带做出标识，然后缓缓送入孔内。

封孔灌浆：为确保注浆饱满，根据不同的孔深、倾角以及部位，选择适当的注浆压力灌入水泥砂浆，当排气管中开始回浆即表明已灌满，即可停止灌浆，堵住灌浆管和排气管。

（3）位移计安装埋设。

浆液终凝 24h 后打开孔口装置，经检测合格，开始安装位移计。

按照位移计的安装方法进行安装，将位移计固定在多点位移计锚头上，位移计的活动端固定在位移传递杆上。位移计的轴线要与位移传递杆平行。

按上述步骤依次将各传感器连接到连接杆座上。

将传感器与电缆连接好并做好记录，采用读数仪进行检测。

安装完毕后，将位移计电缆从保护罩的电缆孔中引出，安装保护罩。

5. 无应力计

无应力计由无应力计筒和应变计组成，应变计埋设于筒内。溪洛渡水电站对于混凝土的自生体积变形监测采用了诸多方法，进行了多次原型试验；选用了锥形桶、圆形桶、方形桶三种形式，并采用正埋和倒埋两种方法。埋设步骤如下：

用铅丝将一支应变计固定在无应力计筒的中心部位，将组装好的无应力计筒放置在距离配套应变计组约 1.5m 的位置；

当混凝土浇筑至仪器埋设高程后，调整好筒体的方向使其保持铅直状态，打开无应力计筒顶盖，回填剔除 8cm 以上大骨料的中、细石混凝土，人工小心插钎振捣密实；

当筒内混凝土填至距筒口 5cm 时，盖上顶盖并固定好，用混凝土将无应力计筒覆盖好，仪器电缆从筒的底部引出，仪器周围 1m 范围内禁止振捣器之间插入。

上部 0.5m 范围内混凝土浇筑时，仪器埋设部位混凝土须用人工插钎捣实。

仪器检查与保护：仪器埋设后应立即进行检查测读，了解仪器工作是否正常，若有损坏及时更换，同时做好监测电缆的标识、牵引与保护。

电缆牵引：监测电缆按照设计要求牵引入站，每向上牵引不超过 9m，需在电缆护管内灌注水泥浆进行保护。

6. 应变计组

溪洛渡拱坝主要布设了 3 向应变计组、5 向应变计组、6 向应变计组。埋设步骤如下。

按设计要求，先测量放样，确定应变计的埋设位置，采用预埋锚杆固定支座位置和方向。在支座上调准和安装支杆，再将应变计绑扎在支杆上，注意不能对应变计在固定方向上的变形产生约束。所有应变计应严格控制方向，埋设仪器的角度误差应不超过 1°。

浇筑混凝土时先用无底保护箱将埋设点围起来，箱内回填捡除大于 80mm 粒径粗骨料的浇筑混凝土，以插钎人工捣实，与箱外混凝土齐平上升直至仪器全部埋入。逐渐提升保护箱并最终取出。

埋设过程中应进行现场维护，非工作人员不得进入埋设点 5m 半径范围以内。仪器埋好后，埋设部位应做明显标记，并留人看护。

应变计埋设后，应在仪器旁插上标记，上层继续浇筑混凝土时必须对仪器加以保护，防止振坏或移位，但振捣也不能太远，以免造成仪器附近积水，影响埋设质量及监测成果。

坑内仪器埋设过程中连续进行测读，如测读出现异常应即时查找原因，必要时对仪器进行更换和调整。

9.4.3 主要仪器初始值读取要求

多点位移计的基准值选择是：在仪器安装完成，水泥浆完全凝固后，所测传感器稳定频率为基准值。

锚杆应力计、钢筋计的基准值选择是：在仪器安装完成，水泥浆完全凝固后，仪器不受外力影响时的稳定频率为基准值。

渗压计的基准值选择是：由于渗压计埋设方法不同，基准值的选择方法也不相同，如埋设在静态水平衡处时，可以渗压计浸泡后饱和频率作为基准值。

锚索测力计安装就位后，加荷张拉前，准确测量其初始值和环境温度，连续测三次，当三次读数的最大值与最小值之差小于1%F.S时，取其平均值作为监测的基准值。

钻孔倾斜仪待水泥完全凝固，连续进行三次独立观测，当三次观测成果最大值与最小值的互差较小时（本工程掌握在2mm/25m），取三次平均值作为基准值。

变形监测点的观测，平面采用边交会，高程采用精密水准法，首次值进行连续两次独立观测，且两次计算的坐标、高程符合规范规定后，取两次平均值作为基准值。

水位孔（测压管）：安装后24h以上的测值作为初始值读数，取三次连续读数差小于1%F.S时平均值作为初始值。

测缝计：在安装调试后立即开始测读，取混凝土终凝时的测值为初始值读数。

压应力计：在安装调试后立即开始测读，取混凝土终凝时的测值为初始值读数。对于二次加压型号的压应力计，在混凝土水化热后降温阶段进行二次加压，加压后测值作为初始值。

应变计：取混凝土终凝后测值为基准值，一般在埋设后24h取值。

9.5　实施效果与评价

溪洛渡工程大坝、水垫塘、二道坝等部位共完成内观监测仪器3 374支（套）仪器，目前完好率为95.08%，见表9-7；完成外观监测仪器933个（座），完好率100%，见表9-8。

表9-7　大坝及枢纽区边坡内观监测仪器统计

序号	工程部位	单位	仪器数量	失效数量	完好量	完好率（%）	备注
一	大坝工程	支	3 374	166	3 208	95.08	
1	拱坝	支	2 555	123	2 432	95.19	
2	坝身泄水孔口	支	324	7	317	97.84	
3	水垫塘及二道坝	支	244	16	228	93.44	
4	水垫塘检修新增	支	251	20	231	92.03	

表9-8　大坝及枢纽区边坡外观监测仪器统计

序号	工 程 部 位	单位	仪器数量	完好量	完好率（%）	备注
一	坝区基准网		114	114	100.00	
1	水平位移基准网（校核网）					
1.1	网点（边、角测量）	点	17	17	100.00	
1.2	精密水准点（改平）	点	17	17	100.00	
1.3	倒垂线测点	个	4	4	100.00	
2	垂直位移基准网					
2.1	精密水准点	点	38	38	100.00	
3	水平位移工作基点网					

续表

序号	工 程 部 位	单位	仪器数量	完好量	完好率（%）	备注
3.1	网点（边、角测量）	点	19	19	100.00	
3.2	精密水准点（改平）	点	19	19	100.00	
二	大坝工程		455	455	100.00	
1	水平位移观测墩	座	25	25	100.00	
2	廊道精密水准点	点	232	232	100.00	
3	双金属标	座	2	2	100.00	
4	倒垂线测点	个	8	8	100.00	
5	正垂线测点	个	29	29	100.00	
6	引张线测点	个	29	29	100.00	6 条测线
7	伸缩仪测点	个	36	36	100.00	6 条测线
8	大坝弦长	座	8	8	100.00	4 条测线
9	谷幅测点	座	26	26	100.00	13 条测线
10	库盘沉降点	座	60	60	100.00	
三	枢纽区边坡工程		234	234	100.00	
1	水平位移观测墩	座	117	117	100.00	
2	垂直位移点	座	117	117	100.00	
四	水垫塘检修新增		130	130	100.00	
1	垂直位移工作基点	座	4	4	100.00	
2	精密水准点	点	68	68	100.00	
3	谷幅测点	座	28	28	100.00	18 条测线
4	测距点	座	30	30	100.00	24 条测线
合 计			933	933	100.00	

9.6 经验总结和改进意见

通过精心设计和合理布设，溪洛渡工程安全监测系统能全面、准确地掌握工程各种建筑物（含基础、边坡、洞室岩体，下同）、近坝区岸坡的工作性状和安全状态。溪洛渡安全监测工程通过对仪器采购、现场率定、埋设安装、基准值选取、数据采集等进行精细化施工，并对过程和工序进行严格控制，最终建设成一个分布广、监测项目多，集监测、分析、评价于一体的高效率的系统。

溪洛渡安全监测系统经过了施工期和蓄水初期检验，目前运行状态良好。监测仪器埋设达到了高质量、高成活率、高稳定性目标，并取得了系统、完整、高精度的观测数据。监测数据能准确真实地反映建筑物变形和应力等指标的变化规律，为工程稳定性分析和安全评价提供了基础资料。主要成果有：

（1）溪洛渡高拱坝坝基倒垂孔最大设计孔深达到136m，为达到设计要求的有效管径，需严格控制孔斜，钻孔难度大。施工过程中，通过加装导向器、扶正器和专用钻杆等措施，并每钻进1m对孔斜进行校正，最终1次成孔，且有效管径达到107.3mm。

（2）溪洛渡大坝监测仪器克服了大坝本身高自重应力影响，内观仪器完好率为95.08%，外观仪器完好率达100%。溪洛渡安全监测系统在施工期和运行期完整监测数据，达到了检验施工质量、指导施工、评价大坝等建筑物的安全运行状态之目的。

（3）在西南高山峡谷地区，300m级高拱坝蓄水后影响范围大，两岸山体变形复杂，如何完全掌握山体变形是监测重点和难点。溪洛渡工程通过对基准网分级布网，逐级控制，提高了观测的精度和起算基准的稳定性；同时在枢纽区边坡上下分层、逐级推进布设变形监测点，并辅以谷幅测点，形成一个全方位、立体的变形监测体系，达到了全面掌握枢纽区边坡变形的目的。

同时，主要改进意见有：

（1）特高大坝蓄水后，将对枢纽区地应力场、渗流场产生强力扰动，其对工程的影响需要通过长期观测和综合评估。因此，对大型水电工程，监测系统需要布置更多区域影响监测项目。

（2）拱冠梁坝段一直为监测的重点部位，施工过程中，难以避免造成监测仪器损坏，为确保后期有足够的原型观测数据，建议在拱冠梁坝段监测仪器布设时留有一定的冗余量。

10 大坝初期运行

溪洛渡水电站于2013年5月4日导流底孔下闸蓄水，2014年9月28日水位首次蓄至正常蓄水位600m，截至2021年12月31日，拱坝已经历了水位八次加卸载周期。大坝蓄水全过程及各蓄水时段开展了较为全面的大坝安全监测分析和大坝工作性态研究工作，为大坝蓄水过程中的安全运行提供了有力的技术保障。

10.1 蓄水节点

2013年5月4日，4号导流底孔下闸，溪洛渡水电站正式开始蓄水。

2013年5月7日，8、9号高位导流底孔开始过流。

2013年5月15日，3号导流底孔下闸，由7~10号高位导流底孔控泄库水位。

2013年6月6日，库区水位到达500m，拱坝泄洪深孔全线下闸挡水。

2013年6月9日，拱坝泄洪深孔开始控泄库水位。

2013年6月18日，拱坝7~10号高位导流底孔关闭，3、5、6号泄洪深孔开启。

2013年6月23日，蓄水至死水位540m高程。

2013年6月23日—10月21日，库水位维持在540m。

2013年10月21日—12月9日，库水位由540m蓄至560m。

2013年12月9日—2014年4月3日，库水位维持在560m。

2014年4月3日—5月20日，库水位由560m下降至540m。

2014年5月20日—7月12日，库水位由540m蓄至560m。

2014年7月12日—8月26日，库水位由560m蓄至580m。

2014年8月26日—9月28日，库水位由580m蓄至600m。

2014年9月28日—2015年2月28日，库水位维持在600m。

2015年2月28日—6月13日，库水位由600m下降至540m。

2015年6月13日—9月29日，库水位由540m蓄至600m。

2015年9月29日—10月22日，库水位维持在600m。

2015年10月22日—2016年5月20日，库水位由600m下降至546m。

2016年5月20日—10月8日，库水位由546m蓄至600m。

2016年10月8日—2017年6月16日，库水位由600m下降至543m。

2017年6月16日—11月8日，库水位由543m蓄至600m。

2017年11月8日—2018年5月30日，库水位由600m下降至548.86m。

2018年5月30日—9月30日，库水位由548.86m蓄至600m。

2018年9月30日—2019年6月14日，库水位由600m下降至544.69m。

2019 年 6 月 14 日—10 月 4 日，库水位由 544.69m 蓄至 600m。

2019 年 10 月 4 日—2020 年 6 月 20 日，库水位由 600m 下降至 544.40m。

2020 年 6 月 20 日—10 月 5 日，库水位由 544.40m 蓄至 600m。

2020 年 10 月 5 日—2021 年 6 月 19 日，库水位由 600m 下降至 539.78m。

2021 年 6 月 19 日—10 月 15 日，库水位由 539.78m 蓄至 600m。

溪洛渡水电站自 2013 年 5 月蓄水以来，其拱坝共经历了 8 次加卸载过程。库水位过程线见图 10-1。

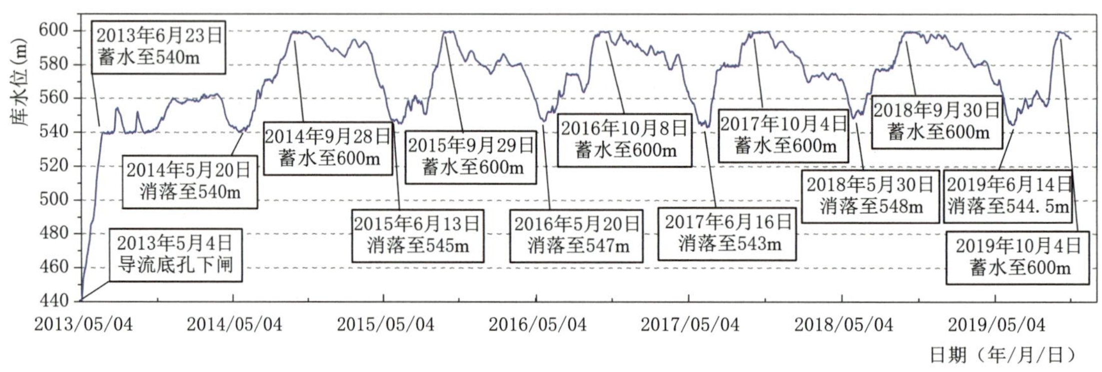

图 10-1　库水位过程线

10.2　初期运行情况

10.2.1　监测成果

混凝土双曲拱坝是溪洛渡工程安全监测的核心，其主要监测项目包括：坝体变形监测、坝基变形监测、坝体横缝开合度监测、坝基接缝开合度监测、渗流渗压监测、坝体应力应变监测、坝基及拱端压应力监测、温度监测、上下游水位监测、气温监测、降雨监测等，其中以变形和渗流渗压监测为重点。

1. 坝基变形

截至 2021 年 12 月底，溪洛渡大坝坝基水平位移量级相对较小，坝基水平位移量级总体较小，各部位径向位移在±3mm 内，切向位移除 10、22 号坝段位移为-6.80mm、-8.09mm 外，其余部位切向位移在±2mm 以内。

2. 坝体变形

截至 2021 年 12 月底，水位消落和回升过程中，大坝径向位移表现出与库水位良好的相关性，库水位消落时径向位移向上游，库水位回升时径向位移向下游，库水位平稳时径向位移向上游。

坝体径向位移由拱冠梁 15 号坝段向两岸递减，对称性好，470m 高程以下向下游变形，470m 高程以上向上游变形；当前拱冠梁最大径向位移为-25.80mm，测点位于 15 号坝段 610m 高程。

坝体切向位移分布：拱肩坝段大于两岸及河床坝段且右岸大于左岸，最大切向位移

-11.95mm，测点位于22号坝段610m高程，15号坝段最大切向位移为-4.98mm。

大坝各层廊道沉降变形主要发生在大坝施工期间，当前累积最大沉降24.22mm，测点位于高程347m廊道16号坝段。高程347.25~563.25m廊道的垂直位移变形规律基本一致，均表现为左岸抬升右岸下沉。高程470m以下廊道河床坝段测点沉降大于两岸灌浆平洞内测点，总体呈对称分布，高程470m以上廊道右岸坝段测点沉降大于左岸坝段测点，总体呈从左到右递增趋势。坝顶610m高程主要表现为抬升变形，左岸量级大于右岸。

3. 渗流渗压

（1）渗压。

截至2021年12月底，坝基渗压水位在336.59~583.16m，其中防渗幕前渗压水位在571.89~583.16m，防渗幕后渗压水位在337.55~556.58m，排水幕后渗压水位在336.59~555.40m。埋设于不同高程的渗压计相较于324.5m建基面存在12.09~258.66m的水头。各部位渗透压力总体变化量较小。

610.0m、563.25m、527.0m、470.25m、395.25m高程灌浆廊道测压管水位低于廊道底板，347.25m高程灌浆廊道测压管水位有高于灌浆廊道底板，高出6.28~74.23m（UP06-BG）。排水廊道除341.25m高程有测压管水位高出排水廊道底板外，其他排水廊道测压管水位均低于排水廊道底板，最大高出排水洞底板8.53m。

左右岸抗力体地下水位基本稳定，大部分测压管水位均低于廊道底板高程。

（2）渗流。

截至2021年12月底，大坝渗控系统渗漏水量总和为187.03L/min。整个蓄水周期内渗流量的变化呈减小趋势。各层平洞的渗流量与上游水位之间呈正相关，上游水位变化对坝基总渗流量有一定影响。各平洞的渗流量随其高程的增加而减小，其中341m高程廊道渗流量所占份额最大在72%~75%，各层平洞渗流量所占份额随着水位的升降变化不大。

水垫塘及二道坝总渗流量呈逐年递减趋势，截至2021年12月底，水垫塘系统总渗漏量为3443.36L/min。水垫塘底板和1、2号排水主洞渗流量较大，其中1号排水主洞所占比例最大，在39%左右，其他部位渗流量较小。

4. 坝基岩体压应力

截至2021年12月底，拱坝坝基当前压应力为0.53~8.91MPa，蓄水后坝基压应力变化量为-0.72~5.09MPa，压应力增大的测点主要分布在坝基中部及下游侧。目前基岩压应力基本趋于稳定。

5. 坝体横缝和坝基接缝

监测成果表明，坝体横缝和坝基接缝普遍处于压缩状态。

6. 坝区谷幅变形

坝区谷幅变形情况有以下特点：

（1）拱坝上下游的谷幅长度均表现为缩短，当前上游谷幅长度累积缩短73.13~107.06mm，最大缩短量位于722m高程的VDL03-VDR03；下游谷幅长度累积缩短83.88~85.45mm，最大缩短量位于610m高程的VDL06-VDR06。

（2）拱坝上下游谷幅收缩量值基本相当；高低高程测线变形量基本相当，差异发生在蓄水初期谷幅变形增长加剧期间。

（3）谷幅变形主要分为三个阶段：2012年后至2014年底，大坝开始蓄水到第一次蓄水

600m 期间，受库盘压力、渗流场、温度场及时效等因素联合影响，谷幅变形为增长变形加剧，其变形速率达-27mm/a 左右；2015 年至 2016 年底，经过多次加卸载蓄水周期，渗流场、温度场等因素逐步稳定，谷幅变形逐步趋缓，期间变形速率达 10mm/年左右；2017 年后，随着加卸载蓄水周期增加，各环境因素进一步稳定，谷幅变形基本趋缓，期间变形速率基本小于 3mm/a。

综上所述，现有监测资料表明：拱坝及坝基变形工作状态正常，拱坝处于线弹性工作状态；坝体、坝基渗压监测值正常，渗流量可控；拱坝坝踵、坝趾和接缝均处于受压状态，拱坝应力变化规律符合拱坝受力特性。

10.2.2 谷幅变形分析

对拱坝-地基系统而言，坝体和坝肩边坡的变形特点就是谷幅变形，即蓄水后两岸边坡向河谷中心收缩。国内外拱坝建设中都有相关的工程案例，如国内已建成的李家峡拱坝、小湾拱坝、锦屏一级拱坝等工程都出现了不同程度的谷幅收缩现象，且由于地质条件等因素的差异，这些拱坝谷幅收缩的量值大小不一。和同类工程相比，溪洛渡拱坝蓄水运行初期谷幅收缩较大，针对溪洛渡大坝蓄水后出现的新问题，为大坝长期安全考量，正在通过开展库盆变形和谷幅收缩机理及其对拱坝安全影响的研究，对拱坝蓄水运行初期坝体应力、变形状况等进行全面反馈分析，并综合评价大坝整体安全和拱坝基础极限承载能力，为拱坝基础系统长久运行安全提供技术支撑。

目前已有研究成果如下：

1. 谷幅变形机理初步研究

补充地勘及水质分析成果揭示，蓄水后灰岩中地下水主要来自永盛盆地周边高山降雨补给；蓄水后玄武岩中地下水位在大坝防渗帷幕线上游最大升高 60m，与库水位关系良好，帷幕下游地下水位与蓄水前基本相当，水位变化与下游江水位变化相关，靠近水垫塘部位的山体水位甚至低于江水位，显示大坝帷幕防渗效果良好。蓄水后大坝帷幕线上下游灰岩中地下水位均出现近 150m 的水头大幅升高，一般低于库水位 20~50m，且随库水位变化而变化，与库水位关系良好，判断帷幕上下游灰岩存在水压力传递通道。蓄水前后玄武岩和灰岩地温基本一致，未监测到明显变化。

综合相关监测成果分析后得出结论：溪洛渡拱坝坝区谷幅收缩变形是溪洛渡坝址区特殊的水文地质结构和工程条件造成的；水库蓄水后引起了坝址区较大范围的渗流场重构，继而引发应力场、温度场、变形场的调整变化，从而产生了坝址区较大范围的谷幅收缩变形，该结论各方已形成共识；蓄水后由于下覆的永盛盆地阳新灰岩含水层顶部相对隔水层 P2Bn 渗压增加，有效应力减小，造成 P2Bn 和以上岩体整体抬升、变形，是产生谷幅收缩的主要机理。

2. 谷幅收缩对拱坝工作性态影响规律研究

(1) 坝体变形规律：大坝变形增量与库水位相关性好，库水位上升，径向变位趋向下游，切向变位趋向两岸；库水位消落，径向变位趋向上游，切向变位趋向河床。谷幅收缩引起大坝向上游变形，水荷载加卸载过程坝体变形规律基本一致，径向变位增量大致以 15 号坝段为中心向两岸逐渐减小，高高程变位增量大于低高程；卸荷过程坝体向上游变幅均大于加载过程坝体向下游变幅。

（2）坝体应力规律：目前对坝顶高程附近谷幅收缩变形的计算分析表明，拱坝变形规律性良好，大坝上游面两侧拱端和中下部高程以受压为主，大坝下游面以受压为主且拱效应明显，大坝拉压应力均满足设计要求。谷幅收缩引起下游坝面中下部高程拱冠梁附近产生拱向压应力增量，会与该部位水压荷载引起的拱向压应力增量相叠加。当前谷幅收缩条件下，溪洛渡拱坝处于弹性工作状态，各项指标均在设计允许范围内，大坝结构运行安全。

3. 谷幅变形收敛值预测研究

鉴于溪洛渡工程谷幅变形机理较为复杂，结合大坝谷幅测线监测成果，采取统计回归方法、多元回归统计法和双参数指数函数经验公式法对拱坝谷幅变形进行拟合预测。不同方法预测的变形发展趋势一致，预测的收敛值和收敛时间略有差异。

（1）采用统计回归方法，以谷幅收缩变形速率小于0.01mm/d作为收敛标准，预测各条测线谷幅变形基本在2021—2023年收敛，谷幅变形收敛值为77.9~110.3mm。其中，靠近坝肩坝顶高程610m的VD04测线预测收缩值为85.8mm，2022年1月收敛。

（2）采用多元回归统计方法，以谷幅收缩变形速率小于0.001mm/d作为收敛标准，预测各条测线谷幅变形基本在2023—2025年收敛。其中，上游高程VD01和VD03测线收敛速度较慢，在2025年左右收敛；VD04测线在2024—2025年左右收敛，谷幅变形收敛值为72~80mm。

（3）采用双参数指数函数经验公式法，将收敛阈值设为0.01mm/d，预测各条测线谷幅变形在2019年左右收敛。其中，VD04测线在2019年1月左右收敛，最终谷幅变形收敛值为80.5mm。

综上所述，多种方法预测靠近坝肩坝顶高程610m的VD04测线收敛时间约在2019—2024年，谷幅变形收敛值为72~85.8mm。

4. 极限放空条件下拱坝安全性研究

以坝顶高程附近VD04测线当前收缩量值67mm、VD04测线预测最大值85.8mm、敏感分析极限值100mm进行极限放空条件下的拱坝工作性态分析，初估极限放空水位可达509m，按设计假定的500m水位进行了研究：

（1）库水位500m条件与死水位540m工况相比，拱坝应力分布状态相似，拱圈以受压为主，最大压应力位于坝踵，最大拉应力位于下游面中部高程两岸拱端。

（2）谷幅变形收缩量值67mm时，水位500m条件下拱坝最大压应力11.22MPa、最大拉应力2.01MPa；谷幅变形收缩量值85.8mm时，最大压应力12.68MPa，最大拉应力2.58MPa；谷幅变形收缩量值100mm时，最大压应力13.82MPa，最大拉应力3.04MPa。

（3）谷幅变形影响下，低于死水位工况对坝体应力状态不利，下游坝面中部高程拱端附近会产生一定范围的拉应力区。

10.3 小结

自2013年5月4日蓄水以来，大坝经过8个完整的加卸载过程。大坝变形与库水位相关性、同步性好，大坝径向变形协调性好。坝体及坝基接缝绝大部分处于闭合状态。大坝三个方向应力基本为压应力，应力状态好，分布规律合理。坝基渗压正常，渗压系数低于设计值；大坝渗控系统渗流量总体不大，蓄水后略有减小。监测数据反映大坝工作状态，目前总体正常。

水垫塘和地下厂房渗流量随上游水位变化，其他测值变化平缓，工作状态基本正常。

谷幅最大收缩变形达 78.62mm，2015 年 1 月后速率趋缓，2021 年平均收缩值小于 0.001mm/d，已基本收敛。水电水利规划设计总院分别于 2017 年 7 月 17 日—19 日、2018 年 8 月 20 日、21 日和 2018 年 12 月 27 日—28 日对相应的专题研究成果进行了三次评审并提出了评审意见，认为溪洛渡拱坝结构是安全的，溪洛渡水电站也于 2019 年顺利通过工程竣工安全鉴定。

11 溪洛渡特高拱坝智能化建设

11.1 基本体系

11.1.1 特高拱坝智能化建设理论

特高拱坝智能化建设是在大坝建设数字化的基础上，基于物联网、自动测控和云计算技术，运用通信与智能控制技术，实现对大坝结构全生命周期信息的实时、在线、个性化管理与分析，从而实现对坝体坝基实时工作性态进行控制的综合筑坝的集成技术。简言之，就是采用通信与智能控制技术对大坝全生命周期实现所有信息的实时感知、自动分析与性能控制的筑坝技术。图 11-1 给出了基于物联网的闭环智能控制特高拱坝智能化建设体系结构。

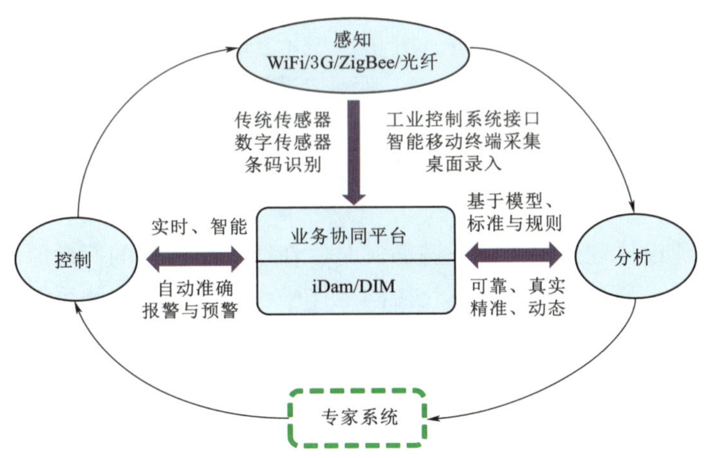

图 11-1 闭环智能控制特高拱坝智能化建设体系结构图

基本特征为通过对混凝土结构、施工设备、施工环境和现场人员的管理与控制，将施工过程、监测反馈信息、环境信息、人员活动轨迹等各类数据自动采集进入数据库，实现监测数据仿真分析一体化、施工管理和预警控制在线智能化，减少在大坝结构建设运行过程中的人为干预，实现对施工现场人员和工程质量安全有效智能管控，达到提高生产效率、增强大坝结构安全稳定目的，从而确保工程全生命周期安全。

由图 11-1 可以看出，实时传感感知、实时数据驱动的真实分析、预报预警实时控制是智能控制的三个关键要素。感知，就是采用先进的和自主研发的传感与采集技术，及时、全面获取工程数据，并依靠互联、移动网络，实时传输；分析，就是基于海量数据、质量安全判断规则与标准，利用实时数据全过程开展整坝真实工作性态分析，通过知识管理专家咨询体系，对拱坝建设质量、安全和进度进行预判与决策；控制，就是通过智能设备及系统，通过预定的时程曲线和控制标准进行动态的优化和调控，实现目标和过程的有效控制，并结合阈值达到预测、预警报警和动态调整的目的。

11.1.2 高拱坝智能化建设内涵

高拱坝智能化建设体现了集成化、全生命周期和科学、现代化的管理体系创新，其核心理念是：①集成化：强调基于管理活动的项目参与各方（业主牵头下的设计、监理、施工、科研、技术咨询）资源的最优整合，特别是面向建设管理过程、全员的协同工作极大提高了项目管理效率，实现了科研成果紧密结合生产实践，真正做到产学研用的良性循环，实现了各方的互利与共赢；②全生命期：强调从设计、施工到运行全过程的方案和措施设计、工程数据采集，保证信息的“六性”（及时性、真实性、准确性、全面性、有效性和预见性）；③质量保障：强调质量管理的动态性，关键是预警、预报，主要在预防。

高拱坝智能化建设体现了施工全过程的全面精细化控制技术创新，其核心理念是：①精细控制：采取一系列的智能控制技术，如通水冷却智能控制系统、混凝土智能振捣系统和灌浆记录仪数据在线监控系统，保障了施工数据的及时性和真实性，确保设计技术要求的落实；②精细化管理、精细化施工：研发了一套行业软件，对混凝土基础处理、混凝土施工、温度控制的数据进行全面的搜集、整理、分析、展示、共享，促进了精细化施工和管理，保证了数据的准确性和全面性；③预防为主：保证工程的质量和安全需要参建各方的协调配合，需要做到精心管理、精心设计、精心科研、精心施工；谨慎、客观、前瞻性的科研成果为上述要求的落实提供支持，保证了数据的有效性和预见性，为工程质量和安全的预控提供保障。

高拱坝智能化建设体现了建设过程遵循实时、在线、个性化的行动原则创新，其核心理念是：①实时、在线：通过集成到一体化协同工作平台内智能化监测系统，实现了施工数据的实时、在线采集；②仿真反馈：在施工数据实时、在线采集的基础上，实现全过程、全方位的仿真反演，做到及时预警预报、可知可控；③个性化控制：特高拱坝结构复杂，温度、应力应变分布不均，施工进度控制困难，为全面实现工程质量、进度、安全等目标，须对悬臂高度、通水冷却方案、灌浆时机等采取个性化控制。

11.2 全面感知

高拱坝施工过程工程数据的全面感知，就是结合施工现场的自然条件与施工布置特点，通过先进的、成熟的和自主研发的智能传感设备与信息采集技术，将无线传输、智控设备自动采集、现场 PDA 录入、计算机桌面录入、RFID 射频识别等数据采集手段引入到大坝基础处理、混凝土施工、温度控制等数据的采集工作中，并依靠互联、移动网络实时传输，全面、及时地获取拱坝建设的真实信息并有效地及时传输进入数据库，主要把握采集和传输两个环节。图 11-2 给出了高拱坝施工过程工程数据全面感知和双向传输体系。

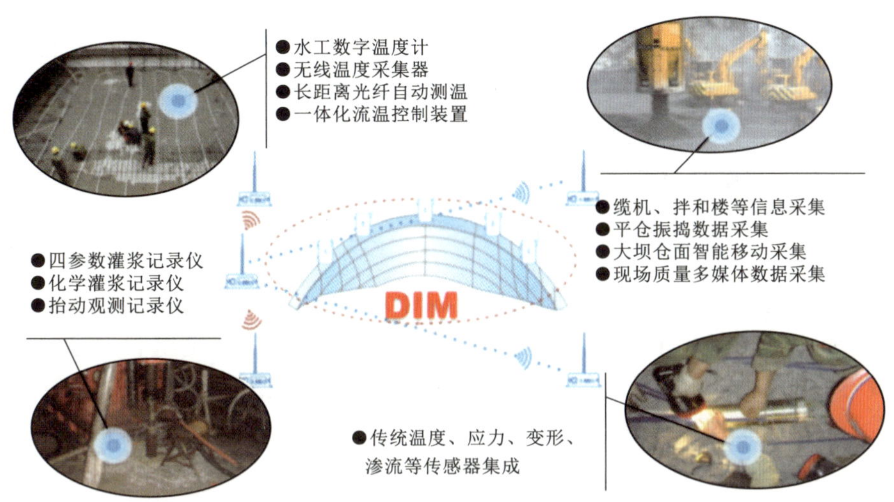

图 11-2 高拱坝施工过程工程数据全面感知和双向传输体系

11.2.1 基于互联网的全过程智能化监测

具体实施过程，可根据各个业务的应用场景，分析并选择合适的采集技术，并以此为基础对采集流程进行重组、对采集模式进行优化，形成一系列符合拱坝施工特点的数据采集模式。具体内容如下：

（1）在工程施工现场利用光纤、WiFi、3G+ZigBee 等通信传输技术，建立覆盖整个工地的无线网络，利用无线传输或光纤传输等手段，为综合数据采集提供稳定、高速的网络基础设施。

（2）对有自动控制设备的生产系统，通过应用数据库技术及组态技术实现与监控系统的对接，进行数据的实时提取与分析。

（3）对于作业面不固定、流动性较大的采集部位，应用无线数据采集终端及射频/条码识别技术，进行灵活、实时的数据采集。

（4）对于大批次的实时跟踪数据，应用在线式数字传感器，实现周期性、高效的数据采集。

（5）对于流程化、表单化的设计、质检等数据，采用移动掌上电脑、智能手机、现场手工录入与流程化的数据处理模式，或专用的导航式数据录入系统，通过规范性管理减少出错的概率。

11.2.2 数据集成模型 DIM

BIM（Building Information Model）即“建筑信息模型”，是一个设施（建设项目）物理和功能特性的数字表达，是一个共享的知识资源，是通过分享有关这个设施的信息，为该设施从建设到拆除的全生命周期中的所有决策提供可靠依据的过程，是在项目的不同阶段，不同利益相关方通过在 BIM 中插入、提取、更新和修改信息，以支持和反映其各自职责的协同作业。它具有可视化、协调性、模拟性、优化性和可出图性五大特点。

大坝全景信息模型（Dam Information Model）是在全面继承大坝 BIM 设计信息的基础

上，以工程结构物分解（PBS）、结构物（地质）三维模型为核心，运用三维数字技术，工程建造过程中动态集成工程设计信息、施工过程信息、安全监测信息等与大坝工程相关的所有信息，重点实现面向大坝建造过程及工程全生命周期的建筑物综合信息管理。BIM面向设计过程，形成的是设计成果，模型粒度较粗，不能动态反映施工动态与细节；而DIM侧重于设计和施工过程的统一，建模更加复杂，细度更高，包括复杂的工程地质信息、个性化坝体结构、众多的关键隐蔽部位（如灌浆孔段）等，结构信息维护与动态更新更加复杂。

DIM采用专业参数化BIM建模件（CATIA+GOCAD）+可视化应用组件（VTK）+模型网格化与轻量化处理与输出的模式，满足各个层级的应用需求。模型利用参数化增量建模与剖切建模等技术，实现施工期结构模型的动态更新、施工过程信息动态叠加等问题，支持现场数据驱动下的模型同步更新、支持动态形象展现与信息共享、实现物料的实时跟踪，支持实时的工程量统计与工程质量跟踪与评价。高拱坝智能化建设数据集成模型DIM见图11-3。

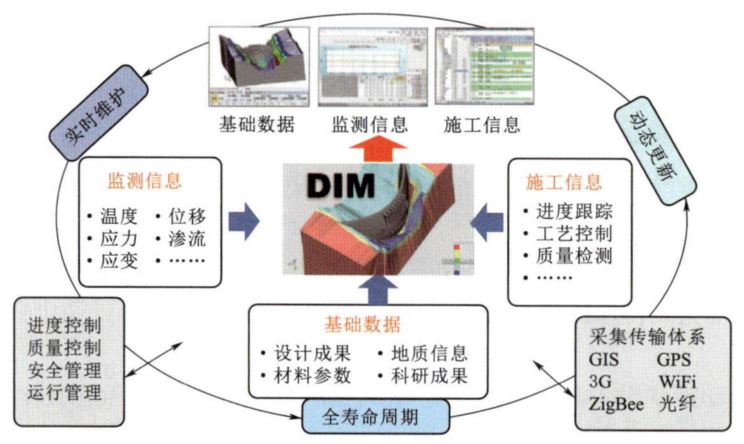

图11-3　高拱坝智能化建设数据集成模型DIM

11.3　真实分析

真实分析就是基于海量数据、质量安全判断规则与标准，以及知识管理专家咨询体系的仿真分析、判断与决策，同时利用大数据技术展开信息分析与数据挖掘应用，满足决策支持和协同工作的需要。

在进度方面，基于互联网技术对拱坝施工全过程的混凝土拌和、运输、卸料、平仓、振捣、温控、养护等各环节进行在线实时监测，以秒级为间隔实时采集施工全过程数据，获取海量的真实施工过程数据，分析现场施工效率和施工组织水平、特点、规律，这是人工搜集数据无法企及的；通过大数据技术对这些海量的真实数据进行相关性分析，可获取各环节之间、环节内部各影响因素之间的关联关系，如缆机运行效率与大坝浇筑强度的关系、平仓机型号及配置与小时浇筑强度的关系、施工时段及气象条件与缆机运行效率的关系等，基于这些相关性分析得到的施工规律再结合现有仿真模型中经实践验证的仿真理论，形成更准确的施工进度仿真模型；以此模型开展温度、应力及进度的耦合仿真分析、复杂孔口微观仿真和缆机全工况调度仿真，预测优化施工组织方案，实现拱坝结构体型的有效控制和施工进度的动态优化，确保工程度汛安全和均衡高效建设。

在仿真方面，基于实时采集的海量监测数据，分阶段动态反演分析获取坝体基础真实力学、热学参数，结合施工过程等真实初始条件和边界条件，全坝全过程模拟拱坝施工“六大过程”——跳仓浇筑、温度控制、材料硬化、蓄水过程、封拱灌浆、环境变化，动态跟踪分析坝体真实工作性态（温度场、应力场、变形场及渗流场等），并将不同区域、不同龄期混凝土的应力与相对应混凝土龄期强度对比，得到各时刻安全系数场，实现对大坝整体混凝土不同区域、时段、关键节点的抗裂安全状态的分析与预报；并开展复杂约束条件下横缝辨识、悬臂控制、陡坡防裂、贴脚加固等的精细仿真，揭示特高拱坝施工期和运行期整体变形协调机理，提出个性化判别标准与动态控制方法，为拱坝整体安全风险控制提供决策依据。

11.3.1 基于互联网的施工工序工效分析

“Garbage In，Garbage Out”（无用数据输入，无用数据输出），施工边界条件和仿真参数等仿真系统输入数据对仿真分析可靠度的重要性可见一斑。传统的施工仿真技术中，高拱坝施工边界条件主要来自设计图档、工程经验和人工观察。如缆机在装料、重罐提升、复合运动、仓面对位、卸料等各环节的周期和速度参数，通常可从设备的设计手册中获取，或者人工观察一段时间内缆机的运行情况来记录其运行效率。由于水电工程的不可复制性，工程经验参数不一定适用；人工观察时间有限，抽样数据不能准确反映实际情况；图档资料更新缓慢，不能及时反映现场边界条件的变化。基于互联网技术对施工全过程的实时监控，可为施工仿真系统及时提供高精度的施工边界条件：

（1）缆机运行效率参数：通过实时监控缆机运行任意时刻的位置和速度信息，可提取符合工程特点和操作管理水平的缆机运行效率参数，以及其效率与仓面位置、施工时段（日间/夜间、不同季节）、施工类型之间的关联规律。

（2）运输各环节的衔接时间参数：实时跟踪记录每罐混凝土从拌和楼、侧卸车、缆机、仓面平仓、振捣各环节的运输和施工时间、位置信息，可获取各环节之间的衔接时间，如缆机料罐与侧卸车衔接的卸料等待时间、吊罐在仓面等待卸料的时间等。

（3）不同类型仓面的备仓时间参数。全面记录已浇筑仓的实际备仓时间和仓面类型，可分析统计仓面类型与备仓时间的关联关系，为后续仓面的施工预测提供参考。

11.3.2 耦合进度的全坝全过程真实工作性态分析

拱坝一般是边浇筑边封拱，封拱区和未封拱区随着浇筑高度增加和冷却过程，坝体基础工作性态是一个动态变化的过程，已灌区也会对未灌区产生整体约束作用，单一坝段模型无法有效模拟全坝温度应力、横缝开度、封拱前后应力重分布等，只有采用全坝全过程仿真才能真实反映特高拱坝真实工作性态。全坝全过程工作性态分析，就是从大坝浇筑的第一仓混凝土开始，全程跟踪模拟大坝浇筑过程、气温变化过程、材料参数变化过程、温度和应力变化过程、横缝开合过程、封拱灌浆过程、蓄水过程等。

耦合施工进度的全坝全过程真实工作性态分析（见图 11-4），就是基于大坝实际浇筑面

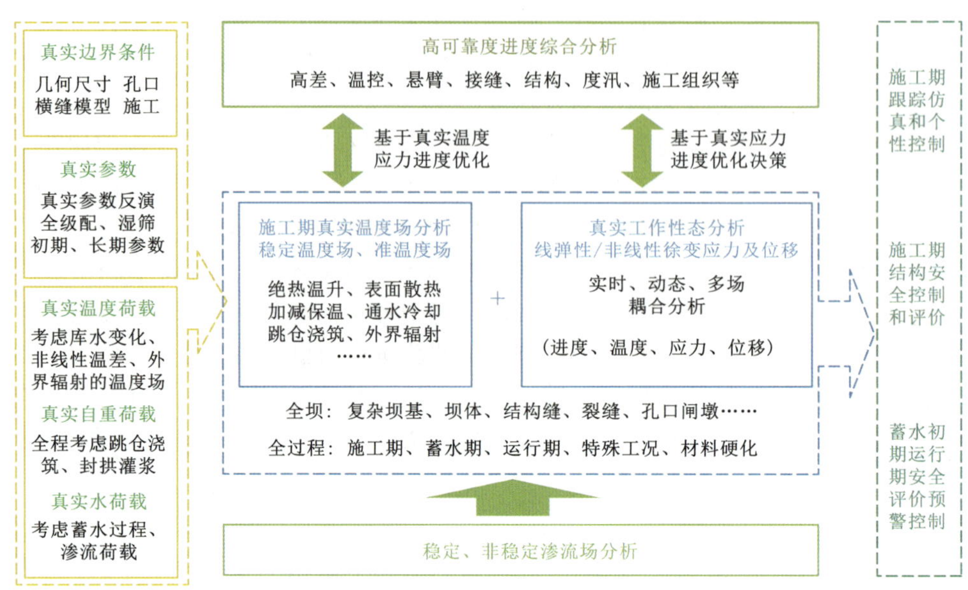

图 11-4　耦合进度的全坝全过程真实工作性态分析

貌，运用高拱坝施工进度仿真模型，基于不同相邻高差、全坝高差、悬臂高度等控制参数和防洪度汛、蓄水发电等关键约束条件，开展多方案进度仿真分析，分析个性化控制方案对进度的敏感性程度，并以进度仿真得到的浇筑顺序和明细数据作为全坝全过程仿真的基础，分析、预测、展现不同浇筑顺序和面貌情况下拱坝施工期到长期运行期的温度场、渗流场、位移场和应力场等，并根据各施工时段坝体结构特点、应力分布状态提出个性化的高差控制指标，反馈给施工进度仿真进一步分析，实现温度应力控制、进度优化等双控目标；另一方面，基于大坝实际浇筑面貌、跳仓及温控数据等，对全坝的实时温度状况和应力状况等工作性态进行仿真分析、验证，通过将不同区域、不同龄期混凝土的应力与相对应混凝土龄期强度进行比较，求出各时刻的安全系数场，并对比关键控制指标，对现场施工控制效果、施工措施或蓄水规划进行评价，对可能超标现象提出预报、预警，并提出相应的应对措施，确保大坝结构安全。

11.3.3　基于监测数据的坝体坝基参数反演

大坝全景信息模型（Dam Information Model），基本囊括了所有的设计、施工和监测方面的信息，主要包括设计热力学基本参数、出机口混凝土、现场钻芯试件室内实验热力参数、现场室内实验参数、温度监测数据、无应力计参数、水准仪参数、多点位移计、测缝计等。

数据是工程的核心所在，在海量的数据中，如何从中获取真实体现大坝混凝土材料特性参数是非常关键的一环。为确保施工仿真计算结果的精确性和有效性，以及客观评价大坝的安全状态提供有效依据，须紧密结合施工期各种原型观测及试验数据，对不同数据进行综合比较、去伪求真，并采用先进的反演优化算法，对关键热、力学参数展开动态反演分析，内容涉及混凝土绝热温升、上下游表面散热系数、线膨胀系数、自生体积变形、混凝土和基础弹模等对大坝温度和应力影响较大的关键参数。参数反分析流程见图 11-5。

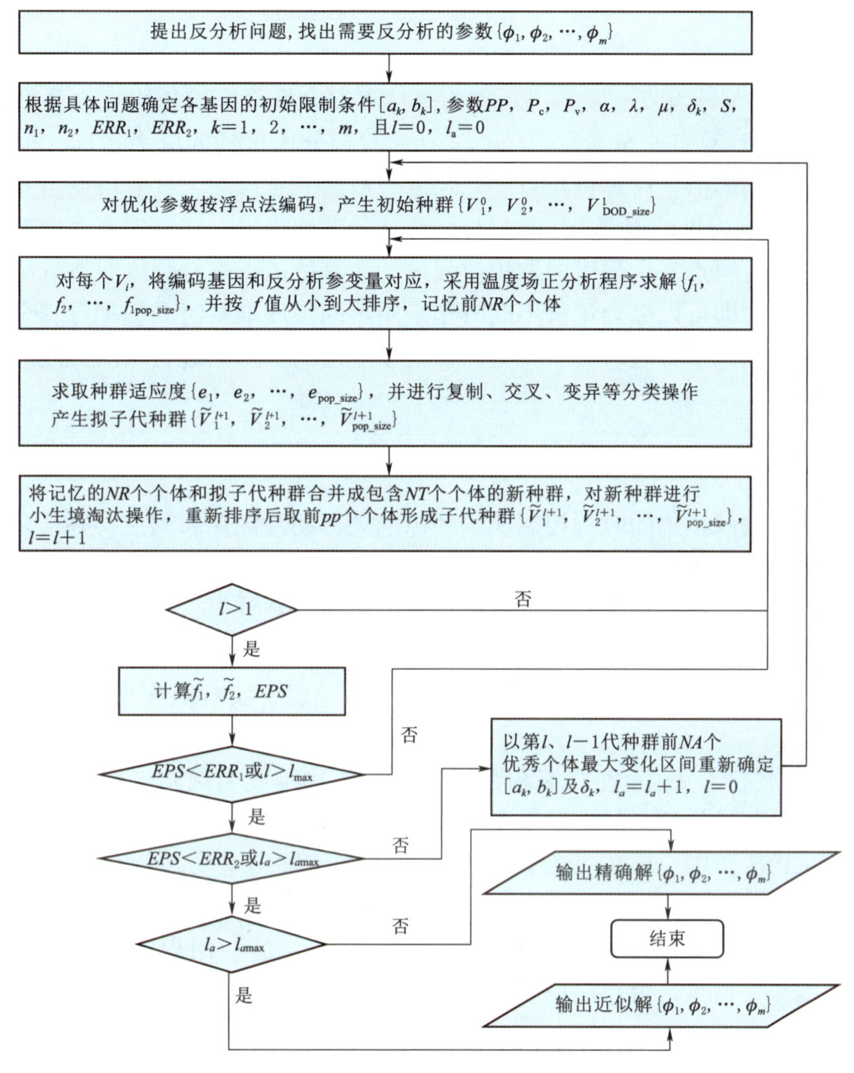

图 11-5　参数反分析流程

11.3.4　施工过程安全分析和评价准则

实际上，高拱坝安全评估要回答两个问题：一是在正常蓄水位等荷载条件下，高拱坝的正常工作性态是怎样的；二是高拱坝还有多少安全裕度。两者相辅相成，而又有所区别。在正常荷载情况下，高拱坝处于弹性工作性态。高拱坝的真实工作性态的安全性可采取点安全度的方法来评价。通过全坝全过程仿真分析，可以得到高拱坝自大坝第一仓混凝土浇筑之日起至运行后期全过程的整坝应力。选择合适的混凝土破坏准则，用强度除以应力，就可以得到全坝全过程的安全度。

在高拱坝（常态与碾压）设计与施工中，一般给出大坝混凝土的7d、28d、90d、180d强度指标，可按照下式计算高拱坝全过程的点安全系数：

$$k(t)=\frac{f_\sigma(t)}{f_s(\tau)}$$

$$f_s(\tau)=\begin{cases} f_s(\tau) & (\tau\leqslant 180\mathrm{d}) \\ f_s(180) & (\tau>180\mathrm{d}) \end{cases}$$

式中：$k(t)$ 为 t 时刻的点安全系数，可以为抗拉点安全系数、抗压点安全系数，也可按照 Drucker-Prager 准则计算点安全系数；$f_\sigma(t)$ 为 t 时刻分析得到的应力指标，根据安全强度准则的不同选用不同的值，计算抗拉点安全强度时取第一主应力，计算抗压点安全强度时取第三主应力；$f_s(\tau)$ 为该处混凝土 t 时刻龄期为 τ 的强度指标，根据安全强度准则的不同选用不同的值，计算抗拉点安全强度时取抗拉强度，计算抗压点安全强度时取抗压强度。

通过上述方法，即可以综合评价不同时刻采用不同强度准则时的整坝点安全度，从中可以判断出正常工作性态下哪些时刻、哪些部位是较危险的，从而进行重点关注。

11.4 实时控制

实时控制就是按照预定的时程控制曲线和标准进行动态优化和调控，并结合阈值或趋势分析预警值进行预测、预警和报警。高拱坝施工智能控制技术集数据采集技术、网络与通信技术、数据仓库与数据挖掘技术、决策支持技术、监测仿真分析、实时控制技术于一体，通过对大坝施工过程信息高效动态地采集和集成管理，实现施工实时、在线监测与反馈控制，并提出高拱坝高标准、高强度连续施工的综合措施和建议，实现流程见图 11-6。具体过程如下：

（1）通过移动终端、桌面客户端和数据接口等形式实现大坝施工质量、进度、基础处理、安全监测和设备运行信息的自动采集或者手动采集。

（2）通过 GPRS、3G、WiFi 无线网络或光纤等局域网络来实现信息的快速传输，并发送至远程数据库服务器中。

（3）根据指定的监控指标标准和判别准则，服务器端的应用程序实时分析判断高拱坝施工质量与进度相关信息是否超出设计标准要求，对于超标信息实施预报警机制。

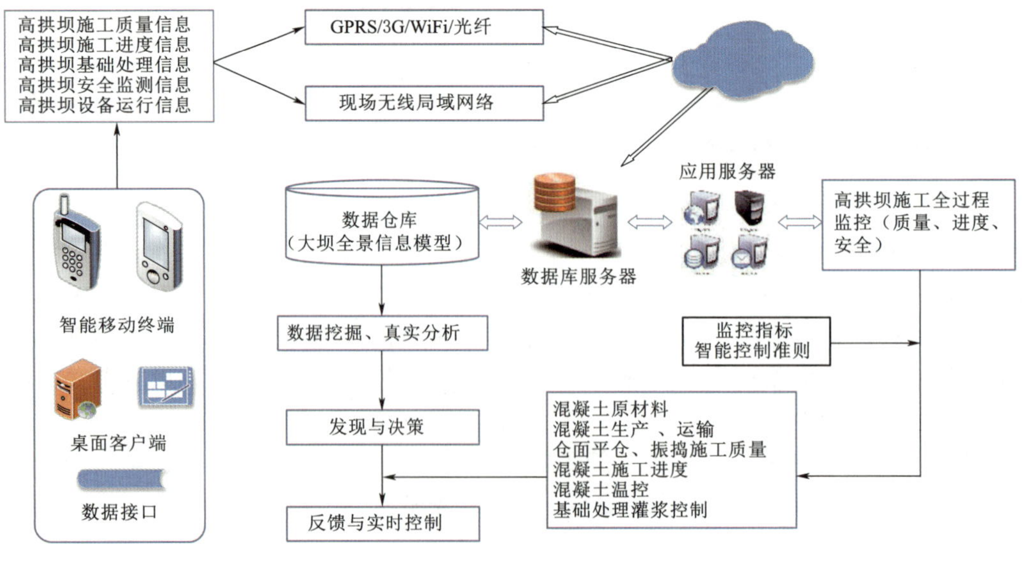

图 11-6 高拱坝实时控制技术实现流程

（4）利用采集到的施工动态信息来建立高拱坝施工信息数据仓库，并在数据仓库的基础上进行深入的数据挖掘分析，从中发现有用的知识来辅助管理者科学决策。

（5）利用施工期采集的原型观测数据进行坝体基础关键热/力学参数展开动态反演分析，结合进度仿真成果或坝体实际面貌，开展全坝全过程仿真分析，评价拱坝工作性态，优化施工组织方案或施工措施，保证坝体结构安全。

（6）根据管理者的决策信息和施工动态监控产生的预报警信息来反馈与智能控制现场施工，指导现场施工人员及时采取相应的措施。

11.4.1 高拱坝施工智能控制技术

1. 通水冷却智能控制系统

通水冷却智能控制系统（见图 11-7）通过无线水工数字温度计和大规模分布式光纤等进行全坝、逐仓温度感知，自动采集并实时传输，通过一体流温控制设备和控制箱实现通水流量的智能动态调整。主要设备包括冷热水循环供水系统、在每组冷热水进管上的校核电磁流量计和一体流温控制设备、在出水管上安装的数字温度测量装置。具体控制过程为：

（1）在浇筑仓混凝土中安装水工数字温度计和分布式光纤，测量浇筑仓内部混凝土平均温度，基于温度自动采集仪系统，实现温控数据自动采集。

（2）在进水管、出水管上安装内插式数字测温装置（固化入一体流温控制装置），测量进水管、出水管温度，并通过两者之间的水温差实时求出混凝土温度的平均降幅。

（3）通过无线传输网络，将实时采集的混凝土内部温度数据、进水口水温及其温差送至服务器和控制箱。

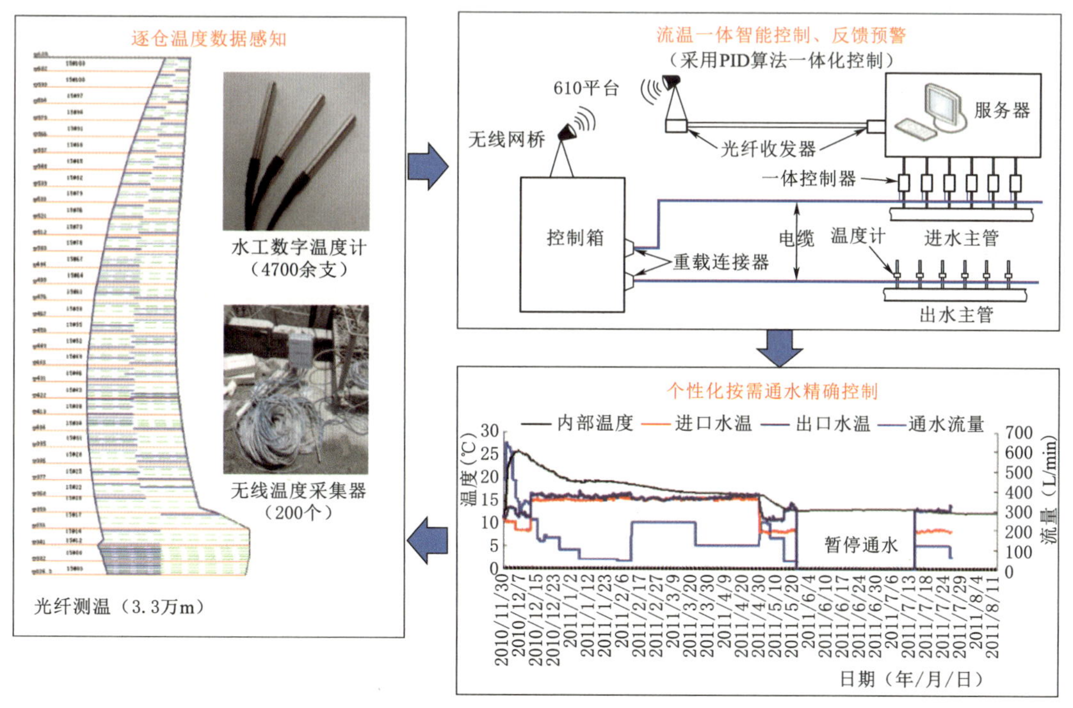

图 11-7 通水冷却智能控制系统

（4）服务器根据混凝土温度降幅，按照流量与温度预测算法计算冷却通水实时控制流量，发送控制指令给控制箱，控制箱依照控制指令自动控制一体流温控制装置内的调节阀电动阀开度，实现通水流量的智能个性化控制。

2. 混凝土运输全过程智能监控系统

混凝土运输全过程智能监控系统采用RFID技术、感应测量技术、无线传输技术，实现运输与拌和楼、运输车与料罐（或缆机吊钩）的关联监控，系统包括服务端、客户端、集成监控设备及RFID卡片几个主要部分。实施的具体方案为：

（1）在运输道路的重点关注位置（如拌和楼进出口、拌和楼出机口、卸料平台进出口、缆机料罐、道路岔口等）设置无源RFID标签；在侧卸车及缆机吊钩上安装集成物联设备，前者设备集成采用RFID技术、感应测量技术、无线传输技术的相关传感器，后者设备集成北斗定位技术、超声波测距技术、无线传输技术的相关传感器。

（2）设置运输车上的RFID读卡模块识别范围，使之能方便地在出料或卸料时读取到对应出机口或料罐（缆机吊钩）的卡片，且不能读取到附近其他出机口或料罐卡片。

（3）通过安装在侧卸车和缆机吊钩上的集成设备，实时获取侧卸车进入拌和楼、离开拌和楼、卸料的准确时间，以及缆机吊钩的三维坐标位置和速度、空间上与其他物品的距离，集成处理后通过无线网络将其发送给服务器。

（4）服务器将解析出的监测数据进行处理，分析得到缆机和侧卸车的运料属性、排队时间、运输耗时、物料匹配、运行安全、运输效率等运输过程关键参数，将监测与分析结果存储并分发给监控客户端。

（5）客户端通过实时图形化显示、历史数据查询、报表输出等方式完成运输全过程分析；结合运输过程关键参数的控制指标或判别准则，对实时监测到的数据进行智能判断，发现超出控制指标时通过监控客户端、短信、监控终端等向施工管理人员、现场操作人员发送报警和建议措施，并记录处理结果，实现智能反馈控制与预警。实时预警控制内容包括缆机超速、缆机防碰撞、侧卸车装料错误和侧卸车卸料错误等。

3. 混凝土仓面振捣质量智能控制系统

混凝土仓面振捣质量智能控制系统（见图11-8）通过安装在平仓机和振捣车上的监控流动站实时获取施工数据，通过现场架设的无线通信网络将监控数据发送至数据处理及应用中心的服务器，数据处理及应用中心实时处理数据供监控终端展示给系统使用人员，实现对平仓振捣质量的实时在线远程监控和智能控制。系统包括服务端、客户端和集成监控设备几个主要部分，实施的具体方案为：

（1）在平仓机上安装集成物联设备，该物联设备集成卫星监控主机、卫星接收天线、罗盘方位传感器、数据缓存WiFi无线通信模块。其中，卫星天线和罗盘方位传感器安装在驾驶室顶。

（2）在振捣机上安装集成物联设备，该物联设备集成采用北斗定位技术、超声测距技术、空间角度测量技术、无线传输技术的相关传感器。

（3）通过平仓机、振捣车上安装的物联设备，实时获取平仓机的工作位置、平仓轨迹、平仓高程等平仓施工关键参数，以及振捣机的振捣位置、振捣时长、插入角度、插入深度、拔插速度等振捣施工关键参数，集成处理后通过WiFi模块发送给服务端。

（4）服务端接收数据后存储至数据库，分析振捣车位置、坯层覆盖时间、坯层厚度和

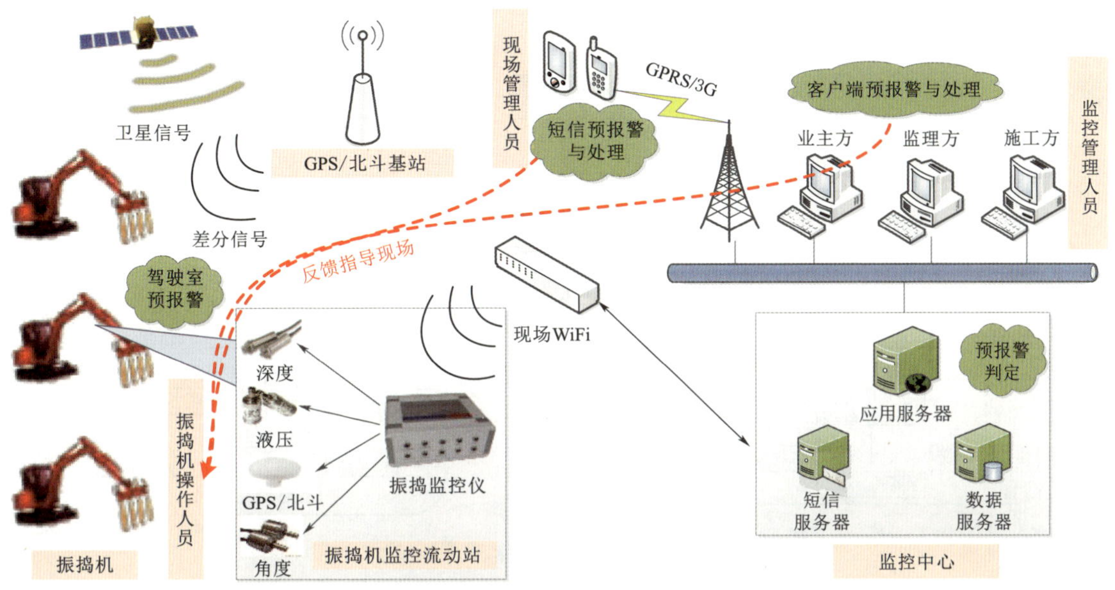

图 11-8 混凝土仓面振捣质量智能控制系统

坯层振捣深度、振捣时间等工作状态，并将监测与分析结果存储并分发给监控客户端。

（5）客户端通过实时图形化显示、历史数据查询、报表输出等方式实现浇筑、平仓、振捣的数据分析；同时结合平仓、振捣施工关键参数的控制指标，对智能感知与分析的数据进行智能判断，发现超出控制指标要求时通过监控客户端、短信、智能控制终端等向施工管理人员、现场操作人员发送报警和建议措施。实时预警控制内容包括以振代平、漏振欠振过振、振捣时长、振捣棒插入深度等。

（6）对于人工振捣棒，通过在振捣棒上安装定位标签，在浇筑单元（仓面）四周布设使用 UWB 无线定位技术的基站接收定位标签信号定位振捣棒，与各基站相连的终端设备通过无线网络将振捣棒的振捣位置发送给服务器。

4. 基础处理数字灌浆系统

基础处理数字灌浆系统（见图 11-9）利用无线传输、网络、信息技术，实现了灌浆与抬动协同工作、多台联网集中监控、数据自动传输、成果在线分析和移动远程控制，为各相关方及时了解灌浆信息、掌握灌浆进度、进行施工监控和管理提供强大的平台，解决了灌浆工程监理人少监控分散的难题，保证了灌浆过程数据安全和工程质量。系统由无线灌浆自动记录仪、现场监控中心、中央服务器和加密硬件等组成，其控制过程为：

（1）灌浆自动记录仪内部集成无线传输模块，实时采集和记录灌浆压力、进/出浆流量、浆液密度以及抬动检测值等，并将其实时传输存储入现场监控中心和中央服务器。

（2）现场监控中心主机通过内设的记录仪记录控制程序，接收、分析来自各施工面的灌浆记录仪采集的灌浆数据。若灌浆压力、流量、抬动等超过预先设定值或出现异常，监控中心的报警器将自动通知施工人员停止施工或远程遥控记录仪停止工作，并记录报警时刻的各种相关数据，供分析和处理；同时，通过数据收发器所联网络，确定各记录仪位置，自动检测记录仪是否在线并绘制记录仪分布图。

（3）中央服务器通过 GPRS、WiFi 数据发射器以及数据线与灌浆记录仪相连，进行数据

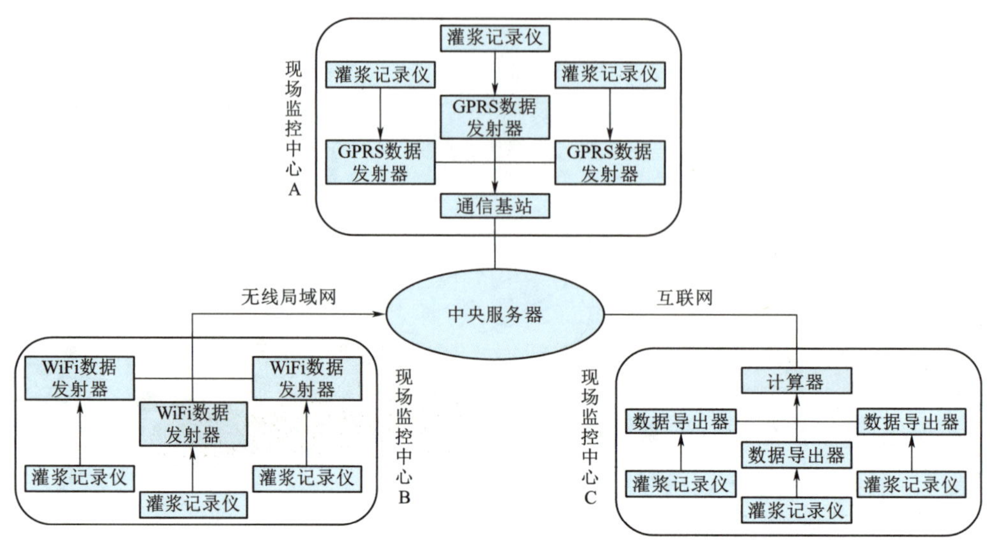

图 11-9　基础处理数字灌浆系统

汇总和集中管理，将其传输至网络化灌浆信息管理平台，对各个点的灌浆施工信息进行综合整理并分门别类地保存，实现灌浆资料查看、搜索、整理、导出、保存及打印等。

11.4.2　智能控制核心装置

1. 一体化流量和温度控制装置

一体化流量和温度控制装置（见图 11-10）具备自动采集冷却水管的温度和通水流量、流量 PID 调节等功能，只需要主控制器给出给定流量，一体化通水装置就能自动完成流量调节，装置具有优良的控制稳定性（浮点控制/比例控制），保证冷却通水流量稳定准确，从而控制混凝土温度和应力。

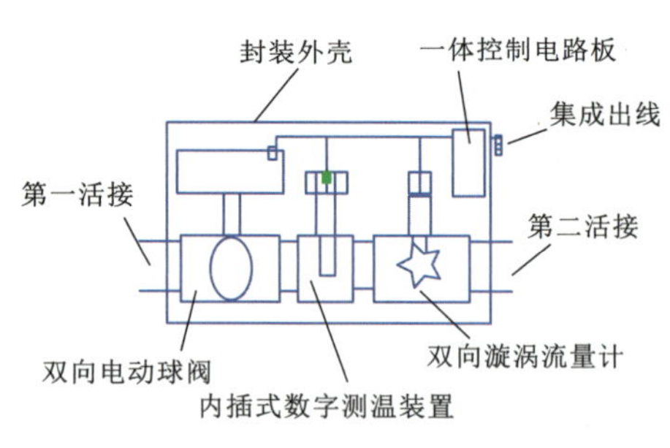

图 11-10　一体化流量和温度控制装置

该装置包括电动球阀、内插式数字测温装置、流量测量装置和一体控制电路板，并固定集成封装在外壳中，装置两端有与外界管径相同的活接连接。双向电动球阀，可根据控制指令对流量大小和方向实现控制；内插式数字测温装置，实时测量管内流体温度；双向涡轮流量计，通过输出脉冲、电磁或电流信号，实时传输瞬时或累计流量；一体控制电路板，对双向电动球阀进行控制，对流量和温度进行传输。其中，该装置还包括第一活接，其外接至主流体管；第二活接，其外接至浇筑仓支管。

2. 混凝土振捣质量智能监控仪

混凝土振捣质量智能监控仪（见图 11-11）为混凝土振捣质量监控的处理单元，将其与架设于振捣台架上的测距模块、定位装置、振动传感设备、角度传感设备连接，可通过信号输出模块与显示单元连接，能够对振捣棒的插入深度与插入角度进行精确监测，并且通过定位装置获得振捣棒的振捣间距，还能够根据振捣棒振动状态，结合振捣棒插入情况实现振捣时长的精确监测，并通过显示单元显示并预警，从而实现振捣质量的实时控制；同时可以无线通信方式实现振捣监控数据的存储与传输，有供远程监控与历史追溯等功能。

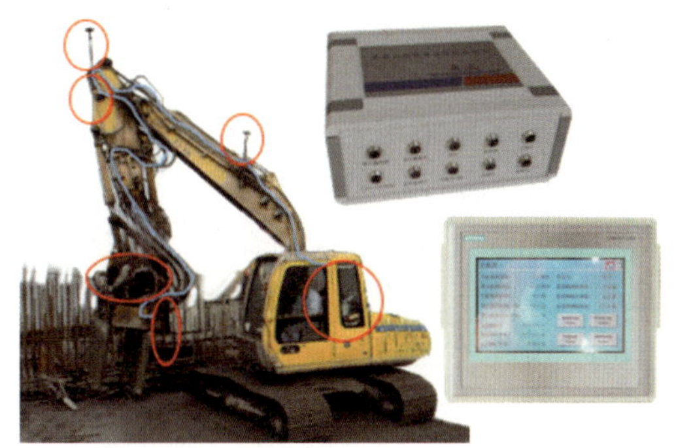

图 11-11 混凝土振捣质量智能监控仪

3. 四参数灌浆自动记录仪

灌浆自动记录仪是灌浆工程数据感知的中心环节。图 11-12 是具有无线传输功能的灌浆自动记录仪，该种记录仪主机由数据采集模块、中央处理器、键盘、显示器和电子硬盘组成，数据采集模块、键盘和显示器分别与中央处理器单向连接，电子硬盘与中央处理器双向连接。仪器在测量流量、压力、密度时，可测量地表抬动量，并分析其与其余三种灌浆参数之间的相互关系，使地表抬动原因的确定更方便、更准确，处理效率高；内置的无线收发器包括无线收发电路、协议控制器和通信协议软件，具有在线状态查询、实时数据上传和记录报表上传等功能。

图 11-12 中流量传感器、压力传感器、密度传感器和位移传感器为输入装置，通过电缆与灌浆记录仪主机内部的数据采集模块相连；数据采集模块将从流量、压力、密度或位移传感器获得的数据传输给中央处理器进行处理，操作人员可以通过键盘向中央处理器输入指令，将数据送到显示器上显示，对电子硬盘进行数据的读取和存储。打印机和报警器均为输出装置，分别通过电缆与灌浆记录仪主机内部的中央处理器相连，根据中央处理器内部的设定值，报警器可以实现实时报警，提醒工作人员进行相应处理。

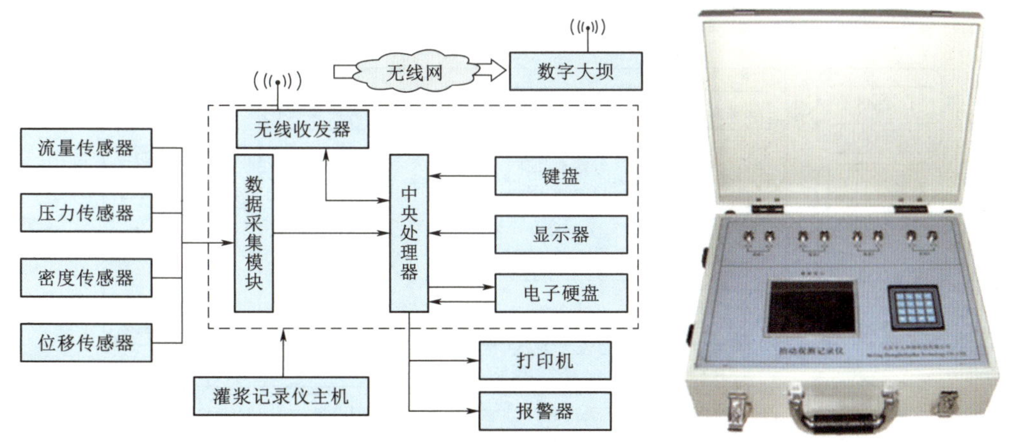

图 11-12 四参数灌浆记录仪结构图

11.5 智能化建坝业务协同平台 iDam

拱坝智能化建设协同平台 iDam（Intelligent Dam Analysis Management）以大坝全景信息模型 DIM（Dam Information Model）为核心，是一个参建各方信息共享、协同、交互的业务工作平台。平台采用企业级分布式应用架构，基于 MS. Net2. 0 平台开发，开发工具为 Visual Studio 2008，后台数据库采用 Oracle10g；可视化平台采用 VTK 平台，集成大量高效模型处理与专业化分析算法，支持交互式、参数化模型处理与动态可视化展现；服务器采用 x86 架构服务器集群，支持 20T 容量的高速 SAN 存储，支持双机热备与应用负载均衡；数据格式为 TICI，支持专业分析软件（Gid/Tecplot/Ansys）仿真分析计算网格模型与仿真成果信息的识别与转换。

一方面，基于全过程智能化监测和集成，提供全面、准确、及时地覆盖大坝建设各专业、全过程的信息数据，并可对其进行查询、分析、反馈和直观展示；另一方面，基于平台中统一的拱坝结构模型、三维地质模型、计算边界条件、网格剖分、岩石力学参数和混凝土热力学参数，紧密结合施工进度等开展真实数据驱动的全坝全过程仿真，对大坝的整体安全状态、应力状态、开裂风险等进行分析，为现场混凝土施工、温控防裂、基础处理的质量控制服务，并制定技术标准与阈值进行科学预测、预报和预警，重点对混凝土开裂风险和拱坝应力变形状态进行有效监控，为拱坝在建设期和运行期各阶段安全状态的判定服务，从而实现全面感知、真实分析和实时控制的特高拱坝智能化建坝有序运转。

根据平台的内涵，平台以混凝土工程为重点，涵盖大坝混凝土浇筑一条龙管理及混凝土温控管理，以及其他工程，包括混凝土工程、固结灌浆、帷幕灌浆、接缝灌浆、基坑开挖、闸门安装等工程施工过程的管理；同时，重点对大坝施工进度（仿真）、工程量统计、地质与结构参数、温度应力场分析评价等进行管理，辅助精细化过程管理与工程决策。图 11-13 给出了高拱坝智能化建设业务协同平台 iDam 总体业务功能。其中：

（1）以智能化建设平台（iDam）各专业模块为基础，实现大坝施工过程管理，包括基坑开挖、固结灌浆、大坝混凝土浇筑及温控、接缝灌浆、帷幕灌浆与金结制安等施工全过程

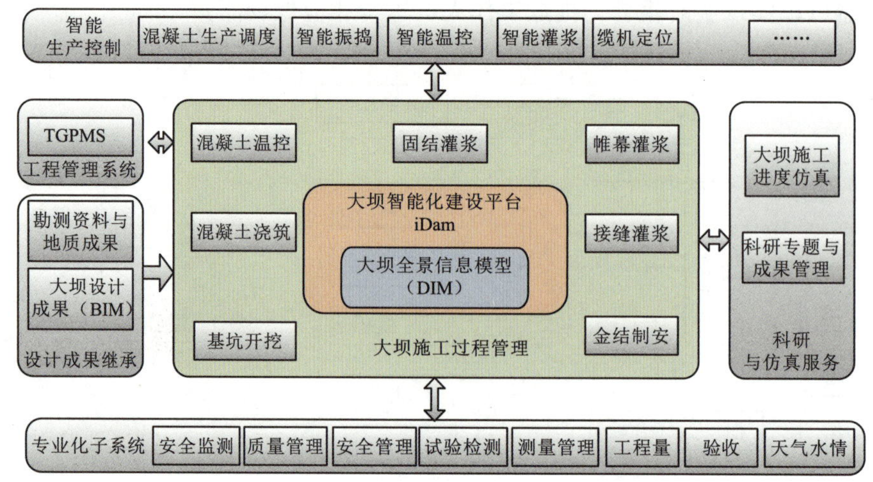

图 11-13　智能化建设业务协同平台 iDam 总体业务功能

精细化管理。

(2) 以集成到平台的智能生产控制为基础，利用先进的软硬件集成技术实现对现场施工环节的数字化监控与智能化控制，包括混凝土生产调度、智能振捣、智能温控、数字灌浆、缆机定位等。

(3) 以 DIM 为基础，继承大坝设计成果，实现大坝工程勘测、设计信息的继承、设计成果的统一管理与实时动态更新，为工程施工过程精细化管理提供数据支持，反映工程动态，并最终形成可交付的“数字大坝”。

(4) 以科研与仿真分析模块为基础，为大坝工程开展一系列科研仿真服务，并提供专题管理、资料管理与成果发布功能；实现包括进度仿真、地质与大坝结构数值计算与仿真分析成果的管理。

(5) 专业化子系统则是从专业服务的角度，满足工程整体需求，提供包括安全监测、质量管理、安全管理、测量管理、试验检测管理、工程量、验收、天气水情等可独立运行的专业化信息。

11.6 拱坝智能化建设项目管理模式和科研模式

11.6.1 “智能大坝”建设项目管理模式

“智能大坝”建设项目管理模式（见图 11-14）具体体现为科学的系统管理、智能的共享平台、动态的工程设计、实时的科研团队支撑，以建设单位为项目管理中心（含协同工作平台），以科研和咨询单位（专家团队）为技术支撑，以设计、施工、监理单位为实体大坝建设基本支柱（简称“一个中心、两个支撑、三个支柱”），形成产学研相结合的有机整体，使得项目各干系人的优势资源得到了充分发挥，集成创新，产学研用紧密结合，充分发挥了科研对项目建设的技术支撑与安全保障作用。

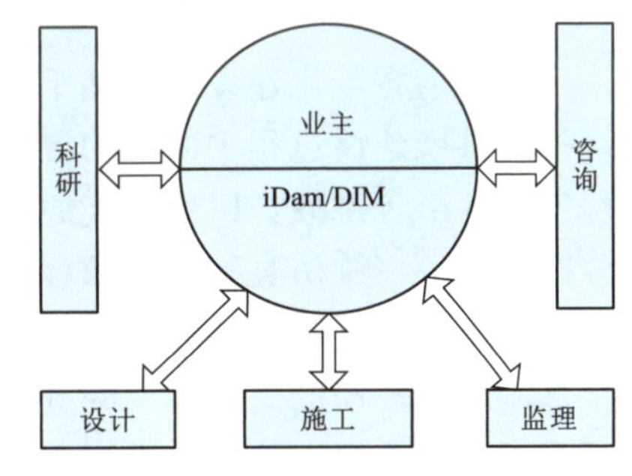

图 11-14 “智能大坝”建设项目管理模式

“一个中心”，就是以业主为主导，组织专业软件公司和参建单位，开发建立并不断完善覆盖拱坝施工管理全方位、全过程的综合业务协同工作平台 iDam，并推动平台在实际工作中的应用；依托 iDam 平台充分发挥业主的主导和建设管理中心作用，对常规管理，分阶段组织召开专题会议；对超常问题，提前研究大坝建设施工计划和技术难题，使工程进展和质量始终处于受控状态。

“两个支撑”，就是要求科研和咨询单位全过程保持对施工现场的跟踪，及时开展仿真分析，针对建设过程中出现的问题提出应对措施；根据施工计划预测可能面临的困难提出预控措施，及时将科研成果转化为生产力。以溪洛渡为例，在建设过程中建立了以总工程师为技术中心的集国内拱坝建设一流专家于一体的技术咨询与决策团队，从质量安全出发，分阶段、及时地对重大关键技术进行了不同方案的咨询和决策，保证设计调整、科研成果与拱坝建设实际的结合与应用。

“三个支柱”，就是组织施工、监理、设计积极参与 iDam 平台建设，发挥主观能动性。

按照预报警和决策支持系统提出的要求，落实施工措施、加强过程控制、动态优化设计，促进工程建设的顺利进行，保证工程在施工期和运行期的质量和安全。

11.6.2 “4+1+*N*”管理执行模式

高拱坝智能化建设是一个集硬件、软件、参建单位和专家团队为一体的综合性人机交互过程。以 iDam 协同工作平台为核心构建的“4+1+*N*”拱坝建设管理执行模式（参建四方、一个协同平台、多家科研单位）可以实现工程数据在参建四方和科研、设计单位的有效流转，满足快速反应、协同工作要求。

“智能大坝”的“4+1+*N*”项目管理执行模式是建设单位根据建设需求，专业化软件公司根据需求进行拱坝智能化建设平台 iDam 的设计和开发，并进行硬件设备采购、安装；平台通过自动采集和人工采集的方式，将工程基本数据和施工数据录入系统，并根据管理要求对各种数据进行分类、统计，以形象、直观的方式为参建四方提供施工管理决策支持信息；参建四方和科研团队跟踪施工进展，提出需要研究解决的重要问题；科研团队从平台提取工程基本数据和施工过程数据进行仿真计算，提出施工建议。

其中，信息化协同工作平台体现了工程建设向实时、精细化的管理技术发展的方向，是建设管理执行模式的联系纽带和核心，为工程建设的参建四方和科研单位之间的信息交流奠定基础，并将建设工地外延扩展；参建四方和科研单位通过协同平台累积的数据库，实现了施工现场信息的准确、及时提取和真实分析，解决施工过程中的问题，选择最优措施，实现产学研用快速有效结合。

11.6.3 小结

特高拱坝智能化建设就是基于物联网全面感知、真实分析和实时控制的闭环控制特征，围绕特高拱坝建设过程中面临的混凝土温控防裂、混凝土浇筑振捣质量、大坝基础灌浆以及工程安全度汛等挑战，以新一代通信技术为支撑，集成物联网技术、移动通信技术、数据筛选分析技术、三维仿真技术、预警预判和决策支持技术、高精度定位技术，将筑坝技术的数字化、信息化，实时感知关键控制点的工程数据，并通过业务协同一体化平台 iDam，开展基于真实数据驱动的高可靠度的进度仿真和全坝全过程的温度、应力、渗流等多场耦合的坝体坝基真实工作性态仿真，进行多方案的比选和预测分析，对技术施工、工作性态、进度质量等进行实时动态分析评价，动态优化调整控制；运用成套智能控制装备和控制系统，实现大体积混凝土施工质量的预报、预警与智能控制，达到“早冷却、慢冷却、小温差”实时、在线、个性化温控，解决大体积混凝土施工漏振、过振、欠振等质量控制问题，实现基础处理灌浆抬动、压力、流量、密度的现地和远程实时监测与控制，使大坝建设过程的全程可控，从而实现拱坝建设科学有序高效。

“感知、分析、控制”的拱坝智能化建设理念和技术代表了特高拱坝智能化建设的发展方向，引领拱坝建设进入了智能化时代，是混凝土拱坝筑坝技术的重大创新。国务院三峡枢纽工程质量检查专家组陈厚群、郑守仁等专家院士调研评价，溪洛渡拱坝在数字化建设、智能化建设方面，开创了我国高拱坝智能化建设的先河；潘家铮、马洪琪、张楚汉、陆佑楣等院士对拱坝智能化建设成果高度肯定；水利部原部长汪恕诚认为这是一个技术与管理的重大创新；国际大坝委员会主席 Luis Berga 教授认为，溪洛渡拱坝智能化建设研究与应用在大体积混凝土智能化建设领域已居世界领先地位，成功解决了“无坝不裂”的世界难题。

智能化建坝模式的探索、成套智能装备的研发和应用实现了对传统筑坝模式的全面超越，与工业 4.0 发展智能化制造装备的大趋势和建造智能建筑的行业发展背景不谋而合，提前实现水电行业“智造升级”，提升了我国水电行业的核心竞争力。2014 年 12 月，“智能大坝”被国家基金委和中国科学院水利学科发展战略研究报告列为未来大坝建设的发展方向。

12 关键技术研究与应用

溪洛渡水电站的挡水建筑物为300m级特高拱坝，也是金沙江水电开发的常用坝型。拱坝体型和结构设计、地基处理、混凝土质量控制是高拱坝建设的关键技术问题。在设计和施工过程中对上述问题进行了深入研究，对建基面及拱坝体型进行了优化；组织精细爆破完成了坝肩槽高边坡开挖；攻克了坝基处理难关；开展了混凝土原材料优选和配合比设计试验研究；借助信息化手段，对混凝土施工进行全过程、全方位的精细化管控，促进并保障了混凝土的施工质量。其中，具有典型创新意义的成果有：

12.1 坝肩开挖

溪洛渡拱坝边坡主要受结构面切割和风化卸荷影响，高程440m以上陡坡段开挖段，岩体以Ⅱ类~Ⅲ2类为主，局部Ⅳ1~Ⅳ2类，下游半幅岩石局部较破碎，风化卸荷严重；高程440m以下缓坡段开挖段，岩体以Ⅲ2类为主，少量Ⅱ类，局部Ⅳ1类，岩体风化卸荷严重，整体较破碎。溪洛渡拱坝边坡开挖钻孔时均要穿越层间层内错动带、挤压带以及地勘洞。由于复杂的地质条件，易出现成孔困难（卡钻、断钻头）、“飘钻”等现象，影响造孔精度和预裂面质量。此外，建基面开挖高度达210m，质点振动速度和岩石松弛深度要求严格，开挖边坡的稳定和安全难度大。

为确保拱坝建基面成型质量，减少爆破对基础的影响，溪洛渡拱坝建基面开挖做了大量的爆破试验和爆破安全监测，通过技术进步和精细管理，形成了一整套高精控制精细爆破施工技术。一是对深孔台阶与预裂爆破相结合的边坡开挖爆破方式进行优化，采用控制起爆排数，对一次爆破总药量进行优化设计，形成了规格化的爆破方式；二是合理优化爆破参数和起爆网络以控制爆源、采用预裂缝爆破以切断传播途径、加固终端以提高抗震能力等综合措施，达到控制振动灾害的目的；三是改造钻机样架，采用“三定”（定人、定机、定位）、“三证”（准钻证、准装药证、准爆证）、“三次校钻”等精细管理技术。通过采取上述技术和管理措施，溪洛渡拱坝建基面开挖质量达到优良水平，法线方向的平均超欠挖、平整度、残孔率的总体合格率分别为95.7%、98.2%、98.1%；97%的测点质点振动速度满足设计要求的小于10cm/s；平均爆破影响深度在1.0m以内，建基面以下1m处声波衰减率在10%以内，均满足设计要求。

项目成果先后获得中国工程爆破协会颁发的科技进步奖特等奖和中国岩石力学与工程学会颁发的科学技术奖一等奖。

12.2 基础处理

1. 拱坝基础固结灌浆快速施工技术研究

溪洛渡水电站拦河大坝为混凝土双曲薄拱坝，最大坝高285.5m，坝体承受的水推力巨大，要求基础具有相应的承载能力。拱坝基础主要地质问题为玄武岩的层间层内错动带及风化夹层，建基面大部分为Ⅲ1类和Ⅱ类岩体，局部分布Ⅲ2类岩体，需对坝基进行全面的固结灌浆，提高岩体的均一性和完整性，以满足坝基要求。大坝分31个坝段，其中13~19号坝段为河床坝段，左岸6~12号坝段、右岸20~24号坝段为缓坡坝段，左岸1~5号坝段、右岸25~31号坝段为陡坡坝段。基础固结灌浆设计总工程量32万m，平均每个坝段灌浆量超过1万m，其中河床坝段坝基灌浆量为12万m，平均为1.7万m，最为集中。

溪洛渡拱坝的基础固结灌浆工程量大，与混凝土施工干扰大，根据工程地质情况和特点，通过试验研究，因地制宜地综合采用有盖重固结灌浆、无盖重固结灌浆和无盖重固结灌浆+引管有盖重灌浆等施工工艺。同时，优化固结灌浆施工程序和施工工艺，减少固结灌浆对高拱坝混凝土快速施工的影响，保证拱坝混凝土均衡上升。

2. 特高拱坝基础深孔帷幕灌浆施工技术研究

溪洛渡水电站大坝基础地质条件复杂，陡倾角裂隙和层间层内错动带发育，河床及两岸山体布置了约30万m的深孔帷幕灌浆，最大帷幕深度达172.25m，针对溪洛渡拱坝基础帷幕灌浆工程量大、地质条件复杂、施工强度不均匀、钻孔灌浆施工难度大等特点，为使溪洛渡特高拱坝高效进行基础深孔帷幕施工，深入开展了复杂地质条件下深孔帷幕灌浆新技术综合应用研究，主要包括在坚硬地质条件下快速成孔技术、斜坡廊道帷幕灌浆安全快速施工技术等方面，并取得了一系列创造性科研成果，帷幕灌浆灌后检查结果全部满足设计标准，并成功经受了大坝蓄水至高程560m水位的考验，确保了溪洛渡拱坝工程按合同工期进行蓄水发电等节点目标的实现。

12.3 混凝土浇筑

溪洛渡混凝土拱坝主要合同工程量为：混凝土浇筑672万m^3，钢筋制安3.5万t，金属结构安装9 753t。合同进度计划总工期60个月。溪洛渡拱坝混凝土浇筑具有规模大、强度高、工期紧、技术要求严等特点，且对混凝土质量、温度控制和体型控制要求严格；坝址地形、地质条件复杂，施工场地狭小，工程施工受地形、地质、水文和气象等多方面影响因素制约明显。为了确保工程质量，加快施工进度，节省工程投资，深入开展特高拱坝施工关键技术研究与应用显得尤为重要。

溪洛渡拱坝施工作为一个系统工程，具有约束条件多、边界条件复杂等特点，其结构复杂、工序多、工作量大、工期长，且多专业交叉作业，施工难度很大，受自然环境、结构形式、施工工艺、施工组织、施工机械等诸多因素的影响，并且还需要考虑施工导流、度汛、蓄水发电等阶段性的目标要求。

坝体混凝土施工进度因受坝基地质缺陷处理和基础固结灌浆工程量增加等综合影响，相对于合同工期滞后。溪洛渡水电站作为西部大开发的重点工程和“西电东送”的骨干电站，2013年6月发电目标不容推迟。在溪洛渡大坝工程施工过程中，参建各方以溪洛渡拱坝整体施工布置、施工组织、各施工工艺创新等主要的技术难点和特点为突破口，深入开展了溪洛渡大坝施工关键技术系列科研攻关，在新技术、新材料、新工艺等方面取得了一系列创造性科研成果，在工程整体施工进度计划的编排及调整、混凝土高效入仓技术、夜间施工照明系统的布置、混凝土仓层备仓浇筑工艺、孔口特殊部位施工、基础处理、金结安装工艺等方面取得了以下一系列创造性科研成果，至2012年赶回了较合同工期滞后的工期，确保了溪洛渡拱坝工程按合同工期进行蓄水发电等节点目标的实现，为特高拱坝快速高效施工提供了宝贵借鉴。

（1）混凝土快速高效入仓技。

在同层平台布置五台缆机条件下，研究并实施缆机群混凝土多仓同浇配仓优化及控制、混凝土水平运输线的优化与布置、自动生产调度识别系统、侧卸车配立罐不摘钩高效入仓技术、缆机快速更换主索技术、缆机群与塔机联合运行安全技术等，实现溪洛渡特高拱坝混凝土快速高效入仓。

（2）混凝土温控技术。

溪洛渡拱坝混凝土内部通水冷却施工遵循“小温差、早冷却、慢冷却”的温控防裂设计理念，开展智能通水等多项技术研究，使拱坝温度按预期进行控制，坝体横缝接缝灌浆有序高效进行，满足拱坝施工进度要求。

（3）仓面成套标准化施工工艺。

研究制定拱坝混凝土施工成套标准化施工工艺，实现高效优质施工。

（4）拱坝倒悬结构部位施工技术。

研究并实施特高拱坝倒悬部位成套模板施工技术，保障安全高效施工，实现拱坝均衡上升。

（5）泄洪深孔钢衬混凝土快速施工技术。

通过对深孔钢衬吊装施工及仓面备仓工序进行优化，实现深孔钢衬混凝土快速施工。

项目相关技术成果获得2015年电力建设科学技术进步奖一等奖。

12.4 智能大坝建设

针对超过200m的特高拱坝建设须处理好建基面开挖、基础处理、混凝土质量控制、温控防裂等关键技术问题，依托溪洛渡特高拱坝建设，在“感知、分析、控制”思路指引下，首次建立了闭环智能控制的大坝智能化建设理论，攻克了一批大坝智能化建设关键技术，研发了成套智能控制设备并全面应用；实现了拱坝全生命周期精细实时仿真预测；构建了开放性的信息化门户（DIM和iDam），实现了大坝优质高效建设的目标，引领水电行业由传统走向现代化，具有明显的自主创新和集成创新特色，取得了以下三个方面的主要创新性成果。

（1）首次创建了特高拱坝智能化建设理论和体系，攻克了智能拱坝建设的关键技术。创建了感知、分析、控制闭环智能控制的大坝智能化建设理论；建立了拱坝混凝土和基础岩体的全过程质量监控和综合定量评估体系；攻克了精细爆破、数字灌浆、智能振捣和智能温控等关键技术，并研发了智能控制设备。首次在施工中全面采取了智能温控系统与成套设备，创世界先例。

（2）首次建立了特高拱坝施工进度与真实工作性态的动态耦合仿真分析模型与方法，实现了大坝建设全过程实时工作性态的动态可控。首次开展了全级配混凝土真实断裂性能和关键热/力学参数的系列试验和动态跟踪反演研究；提出了进度仿真优化模型和工作性态仿真模拟方法，实现了全坝施工进度、温度、变形、应力、渗流全过程的多场、实时、动态、耦合分析；开展了特高拱坝施工过程中基础固灌、横缝开合、悬臂高度、冷却降温、封拱灌浆等关键变形过程特性的精细仿真分析，提出了满足大坝整体协调变形机理的控制方法，实现了特高拱坝及基础建设全过程工作性态的预测、反馈与控制。

（3）首次创建了全生命周期拱坝全景信息模型（DIM），并研发了智能拱坝建设与运行信息化平台（iDam）。解决了复杂环境下海量数据的实时采集和双向传输难点，实现了拱坝及基础整体三维结构设计和建设全过程多源数据的融合与信息的提取、分析，构建了拱坝智能化建设的信息化平台，达到了拱坝建设多目标、多专业、多工序的协同，实现了特高拱坝智能化建设。

项目成果已获国家科技进步奖二等奖 1 项（2015 年），省部级科技进步奖特等奖 1 项（2014 年水力发电科学技术奖）、一等奖 1 项（2014 年教育部科学技术进步奖），国家级工法 1 项、省部级工法 4 项，授权发明专利 12 项、实用新型专利 18 项、软件著作权 17 项，并发表学术论文 215 篇（SCI 30 篇，EI 94 篇）。

13 主要经验总结与思考

溪洛渡大坝建设过程中，实施精细化实时动态管控，克服了混凝土材料特性与结构变化带来的混凝土温控防裂、大坝体型调整后带来的大坝与地基的工作性态及结构安全、坝基加深加密固结灌浆与深帷幕施工与质量、水文地质条件变化后的分年度汛与按期蓄水等建设问题的挑战，实现了优质高效的建设目标。大坝蓄水以来，大坝与基础的变形、应力、渗流均控制在设计标准范围以内，现场巡视检查未发现异常情况，从全坝仿真和监测数据分析来看，大坝处于正常工作状态。

（1）通过创建特高拱坝全生命周期的大坝全景信息模型，建立基于该模型的智能拱坝建设与运行信息化平台，为溪洛渡大坝建设提供了先进的软件环境与工作平台。实现了大坝设计成果的全面继承、施工过程的数字化管理及运营期的信息追溯，工程建设全过程信息在业主、设计、施工、监理及科研单位之间的共享与有序流动。

（2）针对溪洛渡大坝工程总进度、资源配置优化、复杂地质基础处理方案论证、复杂孔洞结构施工、个性化温控技术要求、接缝灌浆进度与导流度汛面貌、缆机群调度、大坝浇筑形态控制等大坝混凝土施工中若干关键问题展开进度仿真与控制研究，结合工作性态控制，优化技术控制要求，实现大坝均衡上升。

（3）溪洛渡大坝建设过程中，以全坝约束为基本条件，严格控制最高温度，进行个性化仓面设计与冷却通水，优化同冷层数与厚度，研究高温季节浇筑混凝土入冬前的冷却时机，制定陡坡坝段基础约束区和孔口部位的专项措施，采用数字温度计、无线测温和智能通水等先进技术，克服了混凝土材料自生体积变形不满足设计要求的困难，实现温度裂缝的有效控制。

（4）结合大坝进度仿真分析成果，进行了不同悬臂高度、相邻坝段高差、全坝高差的敏感性分析，确定了分区控制标准，在全坝各阶段和整体工作性态受控的前提下，实际最大悬臂高度 83m、相邻高差 18m、全坝高差 36m，实现大坝快速均衡上升。

（5）将网络化管理技术引入到灌浆领域，推出了基础灌浆数字监控系统，实现了多机、集中监测和灌浆过程全面自动化、数字化，有效提高灌浆效果与效率。通过质量检测与蓄水检验，基础灌浆质量优良。

（6）基于定量化爆破设计方法、拱肩槽施工专项设备研发应用、爆破降尘技术等，结合精细爆破施工工艺和管理体系，形成了一整套高精控制精细爆破施工技术，使得建基面开挖质量达到优良水平。

（7）基于感知、分析、控制闭环智能控制的大坝智能化建设理论，攻克了精细爆破、数字灌浆、智能振捣和智能温控等关键技术，并研发了智能控制设备，拓展了精细化建设的内涵，实现了信息化应用的突破。